はじめての大気環境化学

博士（理学） 松本 淳 著

コロナ社

まえがき

　著者の所属する早稲田大学人間科学部（以下「本学」）は「文理融合」を謳い，学生は多様な学問分野に触れることができる。大気環境化学は「自然」の現象だけでなく「人間」の営みも重要という点で，文理融合の一例といえる。さて本学には，いわゆる文系科目は得意だが理系科目が不得手な学生が多いのが実情である。化学になじみのない学生が多い。理系寄りの学生でも，化学は自信がない，数値計算・数式変形・論理的思考は得意ではない，という場合もある。一方で，大気環境化学を扱う和書の多くは，大学化学（最低でも高校化学）の習得を前提として，学部4年生や大学院生を対象とする。環境化学全般を扱う本もあるが，多様な環境問題に広く浅く触れるものが多く，大気環境に特化して学ぶにはそぐわない（そうした本で勉強したつもりになっても困る）。本学での講義に適する教科書が見当たらないのである。本書の執筆依頼を頂戴したことは「渡りに舟」であった。

　以上の経緯から，本書の対象としては本学学生のような化学になじみのない方を想定した。化学の基礎のうち本書と深く関連する事項には最低限の説明を加えた（ただし，一から十まで説明する余裕はないので詳細は各自で高校化学の教科書を勉強すること）。大気環境化学を扱う講義・実習・演習・卒業研究などに際して，予習や復習に本書を活用すれば理解は深まるであろう。また，宿題や研究でのデータ解析の際に，本書を辞書代わりに使ってもよい。例題を各所に配したので，最初は独力で考え解いてほしい。例題には解答例などを付したので，自分の考えが合っているか，何が違ったかを確かめて理解を深めてほしい。実際の大気環境問題を考えるには，学んだことを正しく応用する必要がある。応用としての練習問題も用意したので，ぜひチャレンジしてほしい。考え方や解き方の鍛錬を通して，知識・経験・能力を身につけよう。本書の該当箇所や他資料を正しく参照しつつ，電卓やPCも使いこなしながら，正しい結論にたどりつく練習をしよう（大学での研究はこの作業の繰り返しである）。題材にかかわらず，物事を地道にこなして問題を解決する経験は，社会に出て活きるはずである。

　なお本書は，一般の方々にも読んでほしい。環境問題対策は，多くの人の理解と協力が重要である。近年の環境への関心は高いものの，内容の難しさや取っ付きにくさもあり，理解できないことも多いのではないか。本書が，「大気環境を知りたい」「ほかの人にも伝えたい」という読者の要望に応じる選択肢の一つとなれば幸いである。無論，これから大気環境化学を専門に深く学ぼうという方々にも，本書を入門書の一つとして活用してほしい。他書

と本書で補完しあえれば嬉しい。

　本書に触れて，光化学オキシダントをはじめとする大気環境化学にいっそう興味を持ったなら，ほかの書籍や文献なども調べて，専門的な内容を深く勉強してほしい。

　最後に，本書の執筆にあたり，コロナ社の皆様には多大なる御助力をいただきました。ここに深く御礼申し上げます。

2015 年 2 月

著　者

目　　次

第1章　環境と化学

1.1　環　　　境 1
  1.1.1　「環境」の持つ曖昧さと多様性 1
  1.1.2　自然環境と科学と化学 2
  1.1.3　人間社会と環境 3

☛コラム：「環境」に関する情報の注意点 3

1.2　人間と環境問題 4
  1.2.1　地球と人類の歴史 4
  1.2.2　環境問題の規模，現象，分野 5
  1.2.3　環境問題の代表的パターン 6
  1.2.4　原因物質の種類 7

1.3　化　　　学 8
  1.3.1　現代の化学 8
  1.3.2　物質の特性の例 9

1.4　元素と原子 9
  1.4.1　元　　　素 9
  1.4.2　原　　　子 10
  1.4.3　原子の質量と原子量 10
  1.4.4　アボガドロ定数と物質量「モル」 10
  1.4.5　元素の周期表 11

1.5　分子とモル質量 11
  1.5.1　分子と分子式 11
  1.5.2　分子量とモル質量 12

1.6　環境化学における「数値」の重要性 13
  1.6.1　定性と定量 13
  1.6.2　環境は「定量」が必要 14
  1.6.3　環境に関する量とリスク 15

第2章 大気環境化学の基礎

- 2.1 「大気」とは ……………………………………………………… 16
- 2.2 大気の状態を表す基礎的な量 ………………………………… 17
  - 2.2.1 気体とは ……………………………………………………… 17
  - 2.2.2 圧力・気圧 …………………………………………………… 18
  - 2.2.3 気温 …………………………………………………………… 20
  - 2.2.4 気体の占める体積 …………………………………………… 21
  - 2.2.5 気体の物質量 ………………………………………………… 21
- 2.3 気体の状態方程式 ……………………………………………… 22
  - 2.3.1 ボイルの法則 ………………………………………………… 22
  - 2.3.2 シャルルの法則 ……………………………………………… 23
  - 2.3.3 ボイル=シャルルの法則 …………………………………… 23
  - 2.3.4 理想気体の状態方程式 ……………………………………… 23
  - 2.3.5 気体定数 R ………………………………………………… 24
  - 2.3.6 質量との関係 ………………………………………………… 25
  - 2.3.7 理想気体と実在気体 ………………………………………… 26
- 2.4 気体成分の量の表し方 ………………………………………… 27
  - 2.4.1 全圧と分圧 …………………………………………………… 27
  - 2.4.2 体積混合比 …………………………………………………… 28
  - 2.4.3 数密度 ………………………………………………………… 29
  - 2.4.4 量の換算 ……………………………………………………… 30
  - 2.4.5 重量密度 ……………………………………………………… 32
  - 2.4.6 水蒸気の量 …………………………………………………… 33
  - 2.4.7 蒸発と蒸気圧曲線 …………………………………………… 34
- 2.5 典型的な大気の構造と組成 …………………………………… 36
  - 2.5.1 地球の大きさと大気の厚さ ………………………………… 36
  - 2.5.2 典型的な気温・気圧の高度分布 …………………………… 37
  - 2.5.3 地球大気の組成 ……………………………………………… 39
- 2.6 大気微量成分の重要性 ………………………………………… 40
- 2.7 大気微量成分の挙動 …………………………………………… 40
  - 2.7.1 発生源 ………………………………………………………… 41
  - 2.7.2 輸送と拡散 …………………………………………………… 42
  - 2.7.3 反応と二次生成 ……………………………………………… 42
  - 2.7.4 沈着 …………………………………………………………… 43
  - 2.7.5 数式化 ………………………………………………………… 43
- 2.8 大気成分の発生源と消失先と収支 …………………………… 45

2.8.1	人為起源と自然起源	45
2.8.2	窒　素　N$_2$	46
2.8.3	酸　素　O$_2$	47
2.8.4	窒素酸化物 NOx	47

2.9　気体分子の反応 …… 48
- 2.9.1　反応速度式と数密度 …… 49
- 2.9.2　一　次　反　応 …… 51
- 2.9.3　一次反応の時定数 …… 51
- 2.9.4　二体反応（二次反応）の補足 …… 52
- 2.9.5　擬　一　次　反　応 …… 53
- 2.9.6　大　気　寿　命 …… 54
- 2.9.7　三　体　反　応 …… 55
- 2.9.8　数　値　計　算 …… 56
- 2.9.9　定　常　状　態 …… 59
- 2.9.10　反応に関する基礎事項の補足 …… 60

第3章　光化学オキシダント問題

3.1　大気汚染の歴史 …… 62
- 3.1.1　明治期の煙害 …… 62
- 3.1.2　ロンドン型スモッグ …… 63
- 3.1.3　ロサンゼルス型スモッグ（光化学スモッグ） …… 63
- 3.1.4　日本での光化学スモッグ …… 64
- 3.1.5　光化学オキシダントと酸化還元 …… 65
- 3.1.6　燃焼に伴う汚染物質の放出 …… 68
- 3.1.7　その他の大気汚染 …… 68

3.2　オ　ゾ　ン　と　は …… 69

3.3　大気光化学反応 …… 70
- 3.3.1　大気化学反応と微量成分 …… 71
- 3.3.2　分子の光解離とラジカル生成 …… 71
- 3.3.3　「光」に関する補足 …… 76

3.4　大気ラジカルと連鎖反応 …… 77
- 3.4.1　大気ラジカルとは …… 77
- 3.4.2　大気ラジカルの生成・消失と存在量 …… 79
- 3.4.3　OHラジカルと大気寿命 …… 80
- 3.4.4　連鎖反応とは …… 83

3.5　対流圏オゾン生成のメカニズム …… 86
- 3.5.1　概　　　略 …… 86

3.5.2　前駆体の放出 ··· 87
3.5.3　VOC と OH の反応による RO_2 生成 ······························· 88
3.5.4　RO_2 と NO の反応 ··· 88
3.5.5　NO_2 の光解離 ·· 89
3.5.6　オゾン生成メカニズムの要約 ·· 89
3.5.7　オゾンの生成・消失の数式化 ·· 90
3.5.8　オゾン生成効率の支配要因 ··· 92
3.5.9　NOx, VOC とオゾン生成レジーム ······································ 94
3.5.10　メタンのオゾン生成メカニズム ··· 97
3.5.11　CO のオゾン生成メカニズム ·· 97
3.5.12　非メタン炭化水素 NMHC ·· 98
3.5.13　地球規模での対流圏オゾンの収支 ······································ 99
3.5.14　オゾンの日変化の例 ··· 100

3.6　光化学オキシダント対策 ·· 101
3.6.1　国内のオキシダント対策 ··· 102
3.6.2　オゾン生成効率を考慮した VOC の把握 ······························ 104

3.7　最近の状況 ··· 106
3.7.1　国内の近況 ·· 106
3.7.2　近年のオキシダント増加に関連して ···································· 107
3.7.3　「減らないオキシダント」の解決のために ···························· 110
3.7.4　オゾン通年観測の例 ··· 111

3.8　光化学オキシダントのまとめ ·· 113

3.9　略語・用語 ··· 114

☕ コラム：NOx 反応系の復習と補足 ·· 115

第4章　大気とその周辺の環境問題の概略

4.1　成層圏オゾンの減少 ·· 116
4.1.1　鉛直分布 ·· 116
4.1.2　対流圏との状況の違い ·· 117
4.1.3　反応メカニズム ··· 118
4.1.4　オゾン全量とドブソンユニット ··· 120
4.1.5　南極オゾンホール ·· 120
4.1.6　CFCs ·· 122
4.1.7　成層圏オゾン減少の対策 ··· 123
4.1.8　成層圏オゾンのまとめ ·· 124

4.2　温室効果と気候変動 ·· 124
4.2.1　黒体放射 ·· 125

4.2.2　放射平衡 ………………………………………………… 126
　4.2.3　赤外吸収と温室効果 ……………………………………… 127
　4.2.4　地球温暖化問題と人間活動 ……………………………… 129
　4.2.5　地球温暖化ポテンシャル GWP …………………………… 129
　4.2.6　IPCC 報告書 ………………………………………………… 130
　4.2.7　対策と将来予測 …………………………………………… 131
　4.2.8　環境問題を複数の視点から考える ……………………… 131
4.3　浮遊粒子状物質 ……………………………………………………… 132
　4.3.1　基礎的な特性 ……………………………………………… 133
　4.3.2　浮遊粒子状物質の生成 …………………………………… 135
　4.3.3　$PM_{2.5}$ の問題 …………………………………………… 136
　4.3.4　環境との関わり …………………………………………… 137
4.4　室内空気の汚染 ……………………………………………………… 138
　4.4.1　室内空気汚染の例 ………………………………………… 139
　4.4.2　シックハウス症候群 ……………………………………… 140
　4.4.3　室内空気汚染対策の考え方 ……………………………… 140
4.5　酸性雨と水質 ………………………………………………………… 142
　4.5.1　水圏環境と水質 …………………………………………… 142
　4.5.2　酸性雨とは ………………………………………………… 143
　4.5.3　広義の酸性雨 ……………………………………………… 144
　4.5.4　酸性雨の被害と監視 ……………………………………… 144
☕コラム：受動喫煙と分煙 ………………………………………………… 144

第5章　大気環境化学への理解を深める

5.1　大気環境化学の研究 ………………………………………………… 146
5.2　大気環境の計測 ……………………………………………………… 147
　5.2.1　大気観測の種類 …………………………………………… 147
　5.2.2　大気観測の特徴 …………………………………………… 149
　5.2.3　大気観測の考え方 ………………………………………… 149
　5.2.4　分析とは …………………………………………………… 150
　5.2.5　分析機器の校正 …………………………………………… 150
　5.2.6　測定の時間分解能 ………………………………………… 150
　5.2.7　定量的なデータとの接し方 ……………………………… 151
　5.2.8　大気観測の準備と実施 …………………………………… 151
5.3　曝露量とリスク ……………………………………………………… 152
　5.3.1　環境問題における有害物質への曝露のリスク ………… 153
　5.3.2　曝露量 ……………………………………………………… 153

- 5.3.3 有害物質の危険性 ……………………………………… *153*
- 5.3.4 有害物質のリスクに関する補足 ……………………… *154*

5.4 大気汚染への対応 …………………………………………………… *155*
- 5.4.1 環境基準と排出規制 …………………………………… *155*
- 5.4.2 除去・浄化のための技術の例 ………………………… *156*

5.5 補足とまとめ ………………………………………………………… *157*
- 5.5.1 環境負荷とは …………………………………………… *157*
- 5.5.2 安全と安心 ……………………………………………… *158*
- 5.5.3 さいごに ………………………………………………… *158*

付録

- A.1 物理量と単位 …………………………………………………… *159*
- A.2 SI単位系と単位換算 …………………………………………… *160*
- A.3 有効数字 ………………………………………………………… *161*
- A.4 数学の補足 ……………………………………………………… *162*
- A.5 二体反応の反応速度定数 ……………………………………… *167*
- A.6 数値計算（2.9節の練習問題の解答例）……………………… *168*
- A.7 元素の周期表 …………………………………………………… *169*
- A.8 大気環境関連の基礎データの例 ……………………………… *169*
- A.9 後方流跡線解析による気塊起源の推定 ……………………… *171*
- A.10 ひとこと〜報告書や記事を書くときは〜 …………………… *172*

引用・参考文献 ……………………………………………………… *174*
索　　引 ……………………………………………………………… *176*

第1章
環境と化学

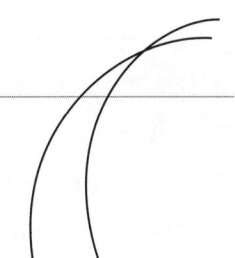

　日本の高度経済成長期における大気汚染と公害問題や，地球規模のオゾンホールや地球温暖化など，環境問題が叫ばれて久しくなりつつある。本書では，おもに大気環境に関する基礎的事項の説明を通して，環境問題を「化学」の視点から学ぶこととする。この章では，前提・基礎となる「環境」「人間と環境の関わり」「化学」の考え方を概説する。

1.1 環　　　境

　最近は「環境問題」「環境に良い」のようにさまざまな場面で「環境」という言葉を聞くようになった。読者諸氏も，「環境」と聞いてさまざまに思い浮かべるだろう。地球温暖化やオゾンホールなど「地球規模の環境」から，近所のゴミ捨て場や喫煙所の臭いなど「局所的な環境」まで，規模・スケールはさまざまである。こうした「物質の挙動」と関連する「環境」以外でも，「私の家の住環境は申し分ない」「職場の環境として理想的だ」「恵まれた教育環境だ」などと，人間関係・インフラ・社会的状況に関連する「環境」もある。また，企業の広告やマスコミの記事・報道でも「環境にやさしい」といった表現に触れることが多い。これらの例は，現代人の日常生活と「環境」の緊密さや「環境」に対する私たちの関心の高まりと同時に，「環境」や「環境問題」の多様性も示している。本書を読もうという読者諸氏は，「環境」に対する親近感や興味は顕著であろう。しかしながら，現段階で「環境問題とは何か？」を簡潔に説明できるだろうか。著者の講義を受講する学生の環境に対する関心は強いだろうが，いざ問われると必ずしも皆が自信を持って答えられない（それだけ「環境」という言葉が浸透して用いられ独り歩きしている，ともいえる）。そこで冗長かもしれないが，本書の導入として「環境とは何か」を整理しておこう。

1.1.1 「環境」の持つ曖昧さと多様性

　「環境」という単語を国語辞典で調べると，「人間や生物などの周囲を取り囲んでいる世界で，人間や生物などとの相互作用を及ぼしあうもの。また，その外界の状態。」といった趣旨が説明されている。「環境」という語は"周りの状況"を漠然と指し，さまざまに適用さ

れうる。「環境」の持つ適用範囲の広さが，多様性や身近さにつながっている。逆に，「環境」といっても範囲が広すぎて，どんな状況や分野を指すのか，混乱を招くことも多い。例えば，「環境」に興味を持つ高校生が進路を検討する際，名称に「環境」が含まれる学科から選ぶとしよう。ところが，国内の大学の学科名で「環境」を含むものは多く，学科によって学べることも多様である。もともと化学や生物学の学科で近年「環境」を含む名称に変更した例は多いが，そのほかに建築系など工学系の学科や，人間社会に近いいわゆる文科系の学科もある。受験生は事前に，どのような「環境」に興味があるかを確認しつつ，該当する学科をよく調べなければならない。大学入学後に興味あることを学べない，という事態もありうる。また，「環境は最近流行っていてなんとなくカッコいい」「環境を謳えば企業や商品のイメージが良い」などと，具体的な内容を理解できなくとも，「環境」という語の持つ印象が独り歩きしてしまう場合もある。行動や考えの正当性を担保するために，「環境のため」「環境のことを考えている」といった理由付けが都合良くなされることもある。その逆に，正当な活動をしても，「環境に良くない」など根拠の乏しい非難・中傷によってイメージ低下や風評被害を受けるおそれもある。情報を受け取って人に伝えるには，「環境」という語の多様性や曖昧さに惑わされず，該当する「環境」がどのようなものかを明確に把握しておくことが重要である。

　本書で伝えたい「環境」を明確にするなら，「自然環境」のうち特に「大気」に関連する環境問題であり，「化学」の視点を中心に説明をする。取り扱う環境問題は，大気汚染のうち特に光化学オキシダント問題が中心だが，周辺領域として成層圏オゾン，地球温暖化，浮遊粒子状物質，室内環境，なども含む。大気環境化学のすべてを網羅できないが，本書の題材を通して興味を持つきっかけをつかんでもらえれば幸いである。

1.1.2　自然環境と科学と化学

　環境問題の把握・解決のために，**自然環境**（environment）を対象として，おもに自然現象の解明を目指す自然科学（science）の学問分野を**環境科学**（environmental science）という。自然科学とは，物質や物体や生体などの自然がどうなっているのか，現象がどう起こるのか，仕組みがどうなっているのか，どう説明できるのか，を明らかにする学問で，高校までの理科に相当すると考えてよい。ただし，ものの作り方や制御方法を開発・改善する技術（technology）の分野も理科と関連する。厳密には科学と技術は区別すべきだが，一般的にはまとめて科学技術（science and technology）と捉えられることが多い。

　科学と化学は，日本語ではともにカガクと発音するため，しばしば混同されやすい。口頭で述べる場合，区別のために科学を「のぎへんのカガク」「サイエンス」などといい，化学は「バケガク」「ケミストリー」などということがある。パソコンなどで漢字変換機能を活

用する際には，誤字・誤用に注意したい。「大気」は主として，空気の運動（輸送・拡散など）や成分の化学反応など「自然の仕組み・現象」によって支配される。大気環境を研究する「大気科学」「大気環境科学」は自然科学の分野の一つである。大気科学や大気環境科学のうち特に化学（chemistry）の視点を中心として研究する分野を「大気化学」「**大気環境化学**」と呼ぶ。同様に，環境科学のうち化学の視点から環境を研究する分野を**環境化学**（environmental chemistry）という。

1.1.3 人間社会と環境

自然環境とは別に，人が生活するうえでの周囲の状況のように，人間を中心とする「社会的環境」も取沙汰される。教育環境，労働環境・職場環境，住環境，など多様な社会的環境がある。これらはおもに人間の活動や社会の仕組みによって状況が決まる。大気環境は自然の仕組みによって支配されるが，近年の人間活動の活発化以降は，大気中に放出される汚染物質も急増するなど，人間や社会からの影響が重大となっている。大気環境を知るには，自然の仕組みだけでなく人間活動や社会環境の影響も把握する必要がある。大気など環境が劣化すると人間社会も影響を被る。大気を含む自然環境は，自然だけでなく人間社会とも密接な関係にある。かといって，労働環境のような人間社会そのものと深く関連する「環境」の多くは，自然環境や大気環境とは深く関係しない。本書で取り扱う大気環境と特に密接な関係にあるのは，環境中への汚染物質の放出を決める人間活動や社会的環境（例：自動車排出ガスの状況）に限られる。

☛ コラム：「環境」に関する情報の注意点

「環境」に関しては，一般的には理解が浸透しているとはいえない。そのため，発信者に都合の良い情報をつなぎ合わせた世論の誘導も起こりやすい。別の環境問題との混同や，都合の良い部分の恣意的な抜粋によって，もっともらしい意見を述べるのである。思い込み・無知・先入観・固定観念による場合も含めて，「先に結論ありき」で都合の良い情報だけを示す，少ない事例や特殊な事象を普遍的かのようにセンセーショナルに強調する，のである。誤報やデマは，情報発信者が問題に詳しくない場合や能力が十分でない場合に多いが，発信者が何らかの意図を持って積極的に誤報を流す場合もある。誤った情報は，社会を混乱させるうえ，自分の無知や底の浅さや不勉強さをさらすことになる。インターネットが発達し情報伝達が高速化している社会では，得られる情報も玉石混淆である。身近な日常生活への影響の大きい「環境」の情報を発信する者は，情報や文面の妥当性を事前に慎重かつ十分に検証することが求められる。無論，あらゆる場面で情報や意見の正しさには，発信者が責任を持つべきである。専門家だけでなく，広く一般に情報を発信できる人には，自覚が求められる。また，情報を受け取る側も，複数の視点から比較検証するなどして，誤った情報を鵜呑みにしないよう心がけたい。

4 　1. 環 境 と 化 学

1.2 人間と環境問題

　人間活動が許容範囲内なら，深刻な環境問題は起こらない。しかし，環境中に放出される物質などが増大して自然の許容範囲を超えると，環境問題が起こる。本節では，人間活動と自然環境や環境問題の全体像を確認しよう。

1.2.1 地球と人類の歴史

　長い時間をかけて徐々に形成された地球の自然環境の歴史と人類の関連を眺めてみよう。
　地球の誕生は約46億年前とされる。地球誕生からしばらく経過した原始大気には，二酸化炭素（CO_2）が大量に含まれ，その温室効果によって大気は高温だったらしい。水（H_2O）は，大気中に気体として存在した水蒸気が凝結して液体の雨となって地表に降り注ぎ，海洋ができたという。その後，海中で生命が誕生し，水中で光合成をする植物プランクトンが現れると，酸素（O_2）が放出されて大気中の酸素濃度が上昇した。上空の「成層圏」と呼ばれる高度領域では酸素と太陽光によってオゾン（O_3）が生成していった（オゾン層の形成）。生物に有害な波長の太陽紫外光はオゾン層によって吸収・低減される。生物が棲む地表に到達する紫外線強度は，オゾン層があることで低く保たれるようになり，陸上にも生物が現れるようになった。その後も生物は進化・多様化を続けて，特に約6億年前を過ぎた頃に大規模な生物の多様化が起こった。石炭などの化石燃料はこの頃から形成されたといわれる。1億年前頃には恐竜が全盛期を迎えたが，その後絶滅した。こうした生物の進化・絶滅の歴史の中で，人類の祖先として約6000万年前に霊長類が現れた。人類の祖先は進化し，約20万年前に現在の人類（ヒト，ホモ・サピエンス）が出現した。約10万年周期で氷期と間氷期を繰り返している。ヒトは，約1万年前から農耕を開始したと考えられている。それまでは狩猟採集など自然から得られる食料で暮らしていたが，農耕によって積極的に食料を確保するようになった。農耕によるヒトの生存可能性と生活安定性の向上に伴い，生活様式も変化したであろう。そして，紀元前3000年頃に文明が現れた。文明は，農耕や牧畜によって支えられていた。ヒトは文明の維持・拡大のために，森林伐採や過放牧・乱獲によって環境を破壊していった。文明の出現は人類による環境破壊の始まりといえる。人間活動に伴う環境破壊は，比較的小さい地域・規模に限られていたが，18世紀に産業革命が始まると状況は一変した。大量生産や大量輸送が実現すると，近代化した国では食料やエネルギーを大量に消費し，人口は急増した。人々の暮らしは便利になり，物質的にも豊かになっていった。また，多くの人々や国々が，競って豊かさを追い求めるようになった。特に，20世紀から21世紀にかけて，資源や商品の生産・輸送・消費や人の移動が地球規模で（グローバルに）行

われ始め，現代は世界的な資源・エネルギーの大量消費時代となっている。1800年頃には10億人前後だった世界人口が，2010年代には70億人を突破したと推計され，200年あまりで約7倍になった。人間活動の急拡大に伴う資源の大量消費と廃棄物や排気ガスの大量排出は，自然環境の許容量を超える影響をもたらし，環境破壊の深刻化と広域化が問題となりつつある。

自然環境と人間の歴史を眺めると，「人類による地球環境の破壊とは，長年の自然現象によって形成した自然環境を，人類がごく短期間の活動で急激に変質させること」といえる。地球規模の環境に限らず，都道府県・市町村・町内会などの狭い規模の環境も含めて，不用意な行動や開発などによっていったん環境を破壊すると，元に戻すのに長い年月が必要な「後の祭り」となってしまう。環境問題の前例・知識・考え方を学ぶことで，今後の環境破壊を低減・予防できるだろう。

1.2.2 環境問題の規模，現象，分野

代表的な環境問題の「規模（スケール）」による分類例を図1.1に示す。規模とは，原因や影響のある空間的な範囲である。"地球規模（global scale）"では地球全体で問題となり，気候変動（地球温暖化）がこれに当てはまる。南極オゾンホールを含めた成層圏オゾンの減少は，南極に限らず地球全体への影響が懸念されている。次に大きい規模を"地域的（regional）"なスケールと呼び，おもに「国」が関係する程度の環境問題に相当する。酸性雨（酸性降下物）や光化学オキシダントは，国境を越えて周辺諸国にも影響を及ぼす（越境汚染）点でregionalな問題といえよう。最も狭い範囲を"局所的（local）"なスケールといい，幹線道路周辺（沿道）や工場地帯周辺など発生源近傍の大気汚染や室内空気が相当する。多種多様な環境問題があると同時に，規模（スケール）もさまざまである。

次に，「環境」と「学問の分野」の関連を述べておこう。自然環境を知るには，自然科学の各分野が必要である。例えば，自然環境中での物質の変化は化学の領分といえる。大気中

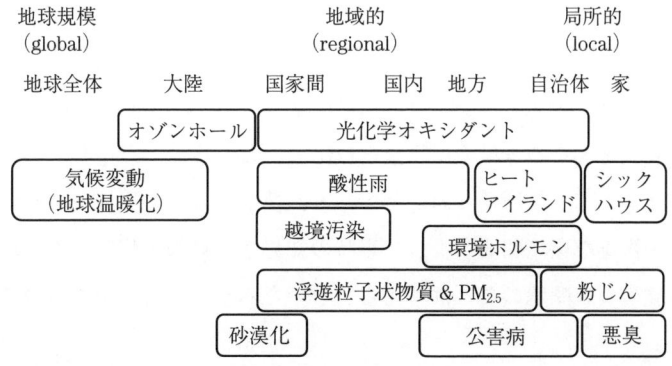

図1.1　環境問題の「規模（スケール）」による分類例

での物質の移動・循環は物理学の対象である。海・陸・火山など地形との関連は地学の知見である。生物との相互作用なら生物学が貢献する。重要なことは，現象ごとに単一の分野によって解決するわけではなく，複数の分野が関連することである。例えば大気成分の挙動を考える場合，反応は化学，風による輸送は気象学，海などの地形の寄与なら地学，動植物の呼吸に伴う大気中への放出なら生物学と関わる。さらに，人体や人間活動との相互作用を把握するには，自然科学（理科）以外の分野も重要である。ヒトへの健康影響は医学，産業からの汚染物質放出なら工学，経済活動との関連なら経済学，といった具合である。さまざまな分野にまたがった研究分野を学際的（interdisciplinary）といい，環境科学はまさに学際的な分野である。環境問題は種類や規模が多様なだけでなく，個々の現象も複数の学問分野からアプローチする必要がある。古くからの学問や高校までの勉強のような特定分野からの一面的な見方では，環境問題は解決しない（☞†4.2.8項）。

1.2.3　環境問題の代表的パターン

環境問題の多くは，人間活動によって環境中に放出される原因物質が，自然現象のメカニズムに入り込むことによって，当初想定しなかった影響を人類や生物を含む環境に及ぼす，というパターンで起こる。自然はいつも人間に都合よく働くとは限らない。例えば，フロン類と呼ばれる物質の大気環境への放出が，上空の成層圏大気中の化学反応という自然のメカニズムを通してオゾンホールという環境問題をひき起こした（☞4.1節）。また，地球温暖化問題は，人間活動に伴って濃度上昇する大気中のCO_2などによる赤外線吸収で温室効果が増大して，気温が上昇しうる（☞4.2節）。自動車排出ガスなどに含まれる窒素酸化物（NOx）〔一酸化窒素（NO），二酸化窒素（NO_2）〕および揮発性有機化合物（VOC）という物質は，対流圏では光化学反応を通してオゾンを生成し，光化学オキシダント問題の原因となる（☞3章）。環境問題の解決には，人間活動に伴う原因物質の放出状況や，自然の中での原因物質の挙動を把握したうえで，効果的で実現可能な対策を検討しなければならない。人間活動により環境が悪化すると結局，人間生活にも悪影響が及ぶ。

環境問題の原因と対策の特徴を補足しておこう。日本では高度経済成長期に**公害**が問題となった。環境問題を多くの人が意識していなかった時代では，「地球と比較して人間はちっぽけな存在で，大気を含む地球環境に物質を放出したところで，たいした影響はなかろう，大丈夫だろう」と考えても無理からぬことである。慎重な人々が環境破壊の可能性を考えても，メカニズムが複雑な環境問題の場合，当時の知見から結果を想定するのは困難だっただろう。そもそも経験のない問題のことは考えられないだろう。過去の公害への国や法による救

---

†　詳しくは，☞の先の項目で述べているので参照のこと。

済にも限界があるようだ．だからといって，汚染物質を大気中に垂れ流した結果として公害が頻発し，多くの被害者を生んだことを忘れてはならない．公害の発生は「想定できなかった」といわれても，被害を受けた人々はたまったものではない．現代は公害時代と異なり，すでにいくつもの環境問題を経験し，知見や技術が蓄積されている．こうした経験などをもとに，一定の予防や対策も可能なはずで，対策に消極的な人々は不作為とのそしりを受けよう．「公害」という語には，少数の特定の人による多量の放出だけでなく，不特定多数の人が皆で少しずつ原因物質を放出して不特定多数の人に害を及ぼした，というニュアンスも含まれる．多数の人や集団による影響は大きい．多くの人は，原因物質の排出や集団による影響に関して「悪気はない」「何が問題かを知らない」「そもそも気づいていない」であろう．公害を含む環境問題の対策としては，原因物質の放出量を段階的に皆で減らしていく必要がある．環境問題は，皆が少しずつ原因となっている場合が多く，国や企業や研究者など一部の人・組織だけで解決できる問題ではない．さらに，いつだれがどのように被害者の側に回るか分からない．広く多くの人々が正しい知識と高い意識を持って，できることから少しずつ取り組むことが重要であろう．また，日本国内だけの問題ではなく，世界の中の日本としての問題と自覚して，世界の人々と協調することも課題となろう．本書が，特に大気環境問題に関する基礎や考え方を広める一助となれば，また読者諸氏が新たな興味を持つきっかけとなれば，幸いである．

1.2.4 原因物質の種類

　環境問題において特に重要となるのは，原因物質の「種類」や「量」である．どんな成分がどの程度の濃度に達するとどう有害なのか，現状はどうなのか，を知ることが重要となる．感覚的には，人間活動に伴う環境中への有害成分の放出が限度を超えると問題が発生するだろうから，当該成分の放出量を減らせば環境問題は改善・解決できる，と思われるだろう．しかし，環境問題はそう単純なものばかりではない．環境に影響を及ぼす物質のパターンとして

　① 人体などに直接有害な成分
　② 大気に放出される成分の反応の結果「二次的に」生成する成分

がともに重要である．①の例として，二酸化硫黄（SO_2）による四日市ぜんそくが挙げられる．発生源の近くでSO_2が高濃度となって多くの人がぜんそくの症状を発した．このパターンでは，典型的には空気の輸送・拡散に伴って有害成分は希釈され，遠方までは問題とならない場合が多い．発生源からの放出量を減らせば，発症者数は減り，状況は改善される．一方で②の例として，光化学オキシダント問題が挙げられる．これは，放出されたNOxとVOCに太陽光が関与する光化学反応によって，オゾンが二次的に生成し，その濃度が上昇

することで起こる。こちらは大気が輸送されながらオゾンが生成する場合もあり，近傍だけでなく遠方にも影響しうる。また，光化学オキシダントの例では，NOx や VOC を単純に減らしてもオゾン生成は必ずしも抑制されない場合もある（☞3章）。なお，環境における物質の「量」の重要性は後述する（☞1.6節）。

1.3 化　　　　　学

1.3.1 現代の化学

　本書はおもに大気の環境について「化学」の視点から勉強する。読者諸氏は「化学」という言葉から何を思い浮かべるだろうか。例えば，中学や高校の化学で実験する「試験管の中で液体を混ぜると色が変わる」「反応により白い煙が出る」「酸性の水溶液にアルカリ性の水溶液を滴下して指示薬の色から pH を決める"中和滴定"」などだろうか。それとも，入学試験対策のために反応式や化学式を勉強したことだろうか。たしかに，「化学」の現象や特徴の一端・一面としては，そうしたものも含まれるだろう。"物質の変化"や周辺の事象を学ぶのが化学の代表的な側面である。しかし現代の化学はそれだけにとどまらず，「分子」を中心とした「物質」の挙動全般に関する広範囲の現象まで扱う。例えば「有機化学」とは，おもに炭素原子や水素原子からなる化合物「有機化合物」の合成・反応・活用をする分野で，石油化学工業，医薬品やバイオなどのライフサイエンス，そのほか現代生活に広く関わっている。「無機化学」は金属や非金属など「無機化合物」に関する分野で，錯体，触媒，材料，の領域も含まれる。「分析化学」では，化学的な視点・手法を活用した分析の研究を行っている。物質の量を正しく把握する「定量分析」はあらゆる分野で必要とされる。「物理化学」は，光や電磁波などの物理的現象と物質・分子との相互作用を利用して，物質の挙動を分子レベルで把握する分野である。これら化学の分野に共通するのは「原子」「分子」といった単位（ナノメートル＝十億分の一メートルのレベル）で，物質の性質や現象を把握し，その特性をわれわれの生活に役立てることを目指す点である。そのうち，分子レベルで起こる「化学反応」として「物質の変化」を探求するのは，特に「化学的」といえる。

　さらに近年は，旧来の有機化学，無機化学，物理化学，などのほかのさまざまな分野との複合や応用が求められている。例えば，生物学が扱ってきた生物や生体も，物質としてつき詰めれば「分子の集まり」であり，生物を分子の視点から扱えば化学の研究である。また，「分子」そのものを物理法則に従う物体と考えれば，物理学と化学を組み合わせることになる。多様な分野との連携が現代化学の特徴である。複数分野にまたがる学際的な学問領域を「境界領域」「複合領域」と呼ぶ。環境問題は，人間活動に伴って環境中に放出される物質が原因となり，問題解決にはまず原因物質の挙動を詳しく知る必要がある。原因物質の分子レ

ベルでの特性を把握する「化学の視点」が不可欠となる。こうした立場に基づく「環境化学」は，化学を中心として多様な分野と連携した学際的分野である。

1.3.2 物質の特性の例

大気環境関連物質の分子レベルでの性質について補足しておこう。物質の「揮発性」は，成分の気体（ガス，気相）への蒸発のしやすさを表す。物質の沸点や蒸気圧は，揮発性と密接に関連する。大気中のある成分がおもに気相中に存在するのか，粒子相（粒子状物質の内部や表面）に存在するのか，ほとんど気相中に出てこないのか，といった大気成分の存在形態は揮発性に左右される。揮発性は，成分の分子構造などによって決まる。

大気中に放出される成分がどのくらい長時間・遠方まで輸送されるのか，二次生成の影響はどの程度か，を考えるには，成分の「反応特性」が重要となる。反応特性には，反応のしやすさ・速さ，どの成分と反応するか，反応の結果どんな成分が生成するか，などを含む。例えば，すばやく反応して別の成分となる物質Aは，大気に放出されてもすぐに反応して大気から消失するので，物質Aの直接的な影響は短時間で狭い範囲に限られる。

「光吸収特性」とは，分子がどのように「光」を吸収するか，の特性である。大気成分の化学反応の多くは，分子の太陽光吸収による分解（光分解）にて開始される。大気中での熱・エネルギーの収支にも光吸収が重要である。また，大気微量成分の代表的な計測法として，分子の光吸収特性を活用した吸光分析法がある。

1.4 元 素 と 原 子

ここからは，化学の基礎となる「元素」「原子」について概説する。「基礎」といっても化学は奥が深いため，2章以降の理解に必要となる最低限の記述にとどめる。詳しく学びたい人は，しかるべき教科書や参考書を用いて勉強するのがよい。

1.4.1 元　　　素

「もの」は，どこまで細かく分割でき，どんなものから成っているのだろうか。身の回りで起こる現象の解明のために，昔からこうした問いがなされてきた。その答えとして，「世の中の物質は元素（element）の組合せでできている」という，化学物質を理解する基本概念が確立された。化学での**元素**とは，陽子数の同じ原子（後述）の集まりのことである。現在（2015年2月）までに，118種類の元素（自然に存在する90種類の元素と，その他の人工元素）が発見されている。元素を表すには**元素記号**を用いる。例えば，陽子数（原子番号）1の元素を「水素」と呼び，元素記号はHと書く（**図1.2**）。

1.4.2 原子

原子(atom)は物質を分割した単位の一種で,正電荷を持つ「陽子」,電荷を持たない「中性子」,負電荷を持つ「電子」,からなる。電気的に中性の原子では,陽子数と電子数は同じである。陽子と中性子は同程度の質量を持つが,電子は陽子や中性子の約 1/1 800 の質量を持つ。原子の質量を決めるのは陽子と中性子で,電子は無視できるほど軽いので,陽子数と中性子数の和「質量数」を用いて原子の質量を表す。陽子数(原子番号)が同じだが中性子数の異なる(質量数の異なる)原子を「同位体」という。水素には,質量数1(陽子数1,中性子数0)の水素原子Hのほか,質量数2(陽子数1,中性子数1)の重水素原子Dが,安定同位体として天然(地球上)に一定割合で存在する(**表 1.1**)。原子番号と質量数を含めた記号の書き方は**図 1.2**を参照してほしい。

表 1.1 天然に存在する水素原子の同位体と存在比

同位体	陽子数	中性子数	質量数	天然での存在比
^1_1H	1	0	1	99.9885 %
^2_1H	1	1	2	0.0115 %

※質量数3の放射性同位体もごく微量にある。(半減期 12.32 年)

水素原子(原子番号1,質量数1)
図 1.2 元素記号の例

1.4.3 原子の質量と原子量

原子の質量はどのくらいだろうか。水素原子1個の質量は,およそ 1.7×10^{-27} kg と非常に小さく,この値を計算に直接用いるのは便利ではない。原子の質量を簡便に表す方法として,**原子量**が考案された。原子量は,「質量数12の炭素原子 ^{12}C の原子量をちょうど12と定義して,ほかの原子の質量を"相対的"に表したもの」である。例えば,水素原子 ^1H の原子量は 1.008,重水素原子 ^2H (^2D) の原子量は 2.014,である。^1H の質量は ^{12}C の 1.008/12.00 倍である。また,元素の平均的な質量を「元素の(平均)原子量」といい,天然における同位体存在比を考慮した原子量の加重平均として求められる。例えば,水素について元素の(平均)原子量を求めると次のようになる(有効数字4桁)。

(^1H の原子量)×(^1H の存在比)+(^2H の原子量)×(^2H の存在比)
= 1.008 × 0.999885 + 2.014 × 0.000115 = 1.008

1.4.4 アボガドロ定数と物質量「モル」

原子の量については,質量だけでなく「個数」も重要である。

(問)12.0 g の炭素原子には,何個の原子が含まれるか?

この問いに対する答えは,「6.022×10^{23} 個」である(有効数字4桁)。この数を**アボガドロ**

定数（Avogadro constant）といい，記号 N_A で表す．言い換えれば，原子量とは原子 N_A 個分の質量をグラム〔g〕で表したときの数値部分である．例えば水素原子 H は N_A 個集めると 1.008 g である．「N_A 個の原子」では煩わしいので，原子などの物質 N_A 個の集まりを**モル**〔mol〕と呼ぶ．水素原子 1 mol には原子 N_A 個が含まれる（$N_A = 6.022 \times 10^{23}$ mol^{-1} と書く）．モルを単位とする量を**物質量**と呼ぶ．水素原子 N_A 個（1.008 g）には物質量 1 mol が含まれる．

【例題 1.1】 原子量 19.00 の原子 1 mol の質量は何 g か求めなさい．

解説 原子量は原子 1 mol の質量を g で表したときの数値部分である．（答）19.00 g

【例題 1.2】 原子量 19.00 の原子 12.044×10^{23} 個は何 mol か，また何 g か求めなさい．

解説 1 mol は，$N_A = 6.022 \times 10^{23}$ 個の原子の集まりであるから，問題文の原子の個数は

$$\frac{12.044 \times 10^{23}}{6.022 \times 10^{23} \text{ mol}^{-1}} = 2.000 \text{ mol}$$

例題 1.1 から，この原子 1 mol の質量は 19.00 g．よって，2.000 mol の質量は

19.00 g mol^{-1} × 2.000 mol = 38.00 g

⚠ 注意：「数値」だけでなく「単位」も含めて式を考えよう．数値と単位がそろってはじめて，定量的に意味を持つ（☞1.6 節）．なお，g mol^{-1} とは，1 mol あたりの原子の質量〔g〕の単位（☞1.5 節）．また，mol^{-1} とは 1 mol あたりを表す．

1.4.5 元素の周期表

世の中に存在する多様な元素を，わかりやすく整理するために一定の規則に基づいて並べた表を**元素の周期表**という（☞付録 A.7 節）．原子番号の小さい元素から順に左から右に並べ，右端に到達したら次の行とする．表の縦方向を「族」と呼び，同族元素は「最外殻電子数」が同じで反応性などの化学的性質が類似している．表の横方向を「周期」と呼ぶ．周期表には，各元素の元素記号，原子番号，（平均）原子量，を記載する．

✎ 練習問題 1.1 周期表を参照して，次の元素記号（原子番号を含む）と平均原子量を調べなさい．
（a）水素　（b）酸素　（c）炭素　（d）窒素　（e）硫黄

1.5 分子とモル質量

1.5.1 分子と分子式

世の中の物質の多くは**分子**（molecule）という構成単位からなる．分子は「共有結合」にて複数の原子が集まったもので，物質の性質を理解する基本となる．化学の視点での現象解明とは，物質挙動の分子レベルでの理解である．簡単な構造の分子として，2 個の原子が共有結合した二原子分子がある．水素分子は，2 個の水素原子 H が単結合（2 個の原子が 1 個ずつ電子を出し合う共有結合）にて結びついている．化学物質の構成元素を表すには化学式

を用いる。分子の成り立ちを表す化学式を分子式と呼ぶ。水素原子2個からなる水素分子は分子式 H_2 で表す。分子の構成原子と個数を併記するが，個数は元素記号の右に下付きで書く。ただし，ある構成原子の個数が1個のとき，個数は表記しない。水分子は2個の水素原子 H と1個の酸素原子 O から構成され，分子式は H_2O と書く。

　分子の形や結合はさまざまだが，分子式は「分子の構造（分子中での原子の結合の仕方）」を反映しない。分子の構造を表すには「構造式」を用いる。構造式は，分子に含まれる各原子間の結合の仕方を記して構造を示すものである。分子の構造式の例を**図1.3**に示す。水素分子 H_2 は2個の水素原子 H が一定の距離（結合距離という）だけ離れて直線状に結合している。水分子 H_2O は，中央の酸素原子 O の左右両側に1個ずつ H が結合しているが，三つの原子は O を要とした折れ線型をしている。酸素分子 O_2 は，2個の O が直線状に二重結合（各原子が電子を2個ずつ出し合う共有結合）によって結びついている。二酸化炭素分子 CO_2 は，1個の炭素原子 C と2個の O が C を中心に直線状に結合しており，二つの結合はともに二重結合である。窒素分子 N_2 は，2個の窒素原子 N が直線状に三重結合（各原子が電子を3個ずつ出し合う共有結合）によって結合している。

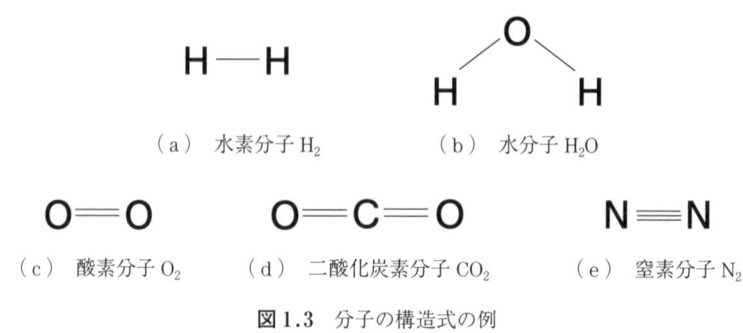

図1.3　分子の構造式の例

1.5.2　分子量とモル質量

　分子の質量は，原子量と同様に質量数12の炭素原子 ^{12}C の原子量をちょうど12と定義した**分子量**によって相対的に表す。分子量は，分子を構成する原子の原子量の総和である。原子量1.008の水素原子2個からなる水素分子 H_2 の分子量は $1.008 \times 2 = 2.016$ で，H_2 の質量は ^{12}C の $2.016/12.00$ 倍である。分子の個数と質量の関係も原子と同様である。分子量2.016の水素分子 1 mol（$N_A = 6.022 \times 10^{23}$ 個）の質量は 2.016 g である。

　分子量と類似の用語として，分子 1 mol あたりの質量を**モル質量**と呼ぶ。モル質量を表す記号は一般的に M を用いる。モル質量の単位は，1 mol あたりの質量をグラム〔g（g mol^{-1}）〕かキログラム〔kg（kg mol^{-1}）〕で表す。例えば，水素分子のモル質量は 2.016 g mol^{-1} または 2.016×10^{-3} kg mol^{-1} である。用語として「分子量」と「モル質量」が混同されることが

多いが，厳密に区別しなくとも相手に通じる場合も多い。ただし，気体の状態方程式（☞2章）などの数式やその変形を通して気体成分の質量・体積・気圧・気温・物質量・濃度（数密度や体積混合比）などの「量」を計算する場合には，式中の単位を整合させるために，単位を持つモル質量 M を用いる必要がある（厳密には分子量や原子量は数値のみで単位を持たない）。

> **【例題 1.3】** 分子量 18.02 の分子 18.02 g は何 mol か，また，分子の個数は何個か求めなさい。
>
> **解説** この分子 1 mol の質量は 18.02 g。よって，18.02 g の分子の物質量は
> $$\frac{18.02 \text{ g}}{18.02 \text{ g mol}^{-1}} = \underline{1.000 \text{ mol}}$$
> 分子の個数は，1 mol あたり 6.022×10^{23} 個。よって，1.000 mol の分子は
> $6.022 \times 10^{23} \text{ mol}^{-1} \times 1.000 \text{ mol} = \underline{6.022 \times 10^{23}}$ 個

> **【例題 1.4】** 水分子 H_2O のモル質量を，有効数字 4 桁で求めなさい。ただし，計算には次の各原子量を用いること。H = 1.008，O = 15.999。
>
> **解説** 水分子は，2 個の水素原子 H と，1 個の酸素原子 O からなるので，分子量は
> $1.008 \times 2 + 15.999 \times 1 = 18.015 ≒ 18.02$（有効数字 4 桁）
>
> である。本題では水分子のモル質量を求めるので，正しい単位をつければよい。
>
> （答）$\underline{18.02 \text{ g mol}^{-1}}$

✎ **練習問題 1.2** 以下の各分子についてそれぞれ，分子式を調べなさい。さらに分子量とモル質量を有効数字 4 桁で求めなさい。ただし，計算には次の各原子量を用いること。H = 1.008，C = 12.011，N = 14.007，O = 15.999，S = 32.065。
（a）窒素　（b）酸素　（c）二酸化窒素　（d）二酸化炭素　（e）オゾン
（f）硝酸　（g）一酸化窒素

⚠ ヒント：分子量・モル質量は，例題 1.4 と同様に構成原子の原子量の総和として求められる。

1.6　環境化学における「数値」の重要性

1.6.1　定性と定量

自然環境に関連する現象を説明するには，気温・気圧などの環境条件や原因物質の状況をどう把握すればよいか。「地球温暖化」について記した 2 通りの例文を比べてみよう。

> **【例題 1.5】** 次の二つの例文から読み取れる事項を比べなさい。
> 例文 1：今後の大気中 CO_2 濃度の増加は，温暖化を悪化させると考えられる。
> 例文 2：CO_2 濃度が 2050 年までに〇〇 ppmv を超える場合，地球の平均気温は△℃まで上昇する可能性がある，と予測される。

14　　1. 環 境 と 化 学

解説　二つとも「将来のCO_2濃度と温暖化」について述べた文だが，記載内容の性質は大きく異なる。例文2は年数・濃度・気温の具体的な「数値」を示すが，例文1には具体的な数値を含まない。

　例文1のように数値や量を用いない記述を**「定性的」**という。新聞記事やニュースのように，まず「何が起こったか」を伝える場合には，手短にわかりやすく事実を把握できる定性的な表現が好まれる。選挙の際に政治家が示す公約も「〇〇をします」のように定性的な表現が多い。「するか，しないか」「起こるか，起こらないか」「あるか，ないか」である。概要の定性的な把握には，一定の重要性がある。ただし，「〇か×か」の両極端に偏る危険性があるうえ，情報発信者の主観や表現方法によって大きく影響される。一方で例文2のように，数値や量を用いるものは**「定量的」**な記述という。定量的な記述は，定性的なものより具体的な内容を多く含む。特に，数値で情報を示すと状況が明確となり，基準値との比較など客観的な判断も可能となる。ただし，定量的な記述が多すぎると，情報量が多くなり混乱する，優先的に述べたいことが不明確になる，といった場合もある。状況や場合に応じて，定性と定量をバランスよく使い分けよう。

　環境の状況把握には，実際に測る**「分析」**が重要である（☞5.2節）。「成分が含まれるか」を測る**定性分析**と「成分の量がどのくらいか」を調べる**「定量分析」**がある。環境分析では**定量分析**が必要である。分析によって量を決めることを**「定量」**という。定性分析も定量分析も，化学的な分析法では「検出・分析が可能な量・濃度の範囲」が重要となる。例えば，「コップの水に溶けている砂糖の濃度を，$0.1\,\mathrm{g\,L^{-1}}$まで測れる方法にて測ったところ，砂糖は有意には検出されなかった」という文を考えてみよう。この結果で「砂糖は検出されない」点を見れば定性的に「砂糖は入っていない」と報告できる。同じ結果でも「砂糖の濃度は$0.1\,\mathrm{g\,L^{-1}}$以下」との上限値を絡めた定量的な報告もできる。

1.6.2　環境は「定量」が必要

　環境問題に関連する情報として，定性と定量のいずれが望ましいだろうか。結論からいえば，環境問題を説明する際は，定量的な情報を含めるべきである。例えば，前述の定性的な例文を読むと，「CO_2の増加が将来の気温上昇をもたらす」と述べていることは分かる。しかし，この記述だけでは「"CO_2の増加"とは，どの程度の話だろう？」「どのくらいの時間スケールの話だろう？　1年後？　100年後？」「気温上昇の幅は0.1℃？　10℃？」といった重要な前提や情報が無いため，判断に困ってしまう。百歩譲ってこの曖昧さを容認しても，「記述が正しくとも，具体的な対策を検討・準備できない」のが問題となる。具体的な数値目標を立てずに「皆で適当に頑張ればよい」では，実効性や効果が不明確すぎる。環境問題で重要となる「原因物質の放出」や「汚染物質への曝露」を論じるには，「どのくらいの量

なら問題ないか，危険か」「どのくらい放出したか」「放出量をどのくらい低減すべきか」のように，定量的な情報を明確にしなければならない．

1.6.3 環境に関する量とリスク

環境における原因物質の「量」と影響の関係の典型的な考え方を補足しておこう．

（問）汚染物質がごく低濃度なら，まったく問題は無いか？

この問いに対する答えは，「必ずしもいつもそうではない」という意味で No である．汚染物質の人体影響は，① 高濃度の成分による短時間での影響と，② ごく微量の成分による長時間の影響，に分けられる．① は高濃度の有害成分に接触する場合の短時間での危険性（急性毒性）である．② は，ごく微量・低濃度であればただちには影響しないが，長時間接し続けると症状などを発する可能性がある危険性（慢性毒性，中長期毒性）を指す．例えば，「50 ppmv のオゾンに 1 時間接し続けると生命に危険がある」というのは，オゾンのヒトに対する急性毒性である．毒性や危険性は，成分ごとに異なる．同じ成分でも量によって影響が大きく変わる．「一般に危険ではないと考えられる成分も，限度を超えて過剰に摂取・曝露すれば影響がある」「一般に有害物・毒物・危険物と認識されていても，ごく微量（許容範囲）であれば影響は少ない」ことを知ってほしい．何事も「適量」が重要である．物質による環境への影響は「**環境リスク**」として認識する（☞ 5.3 節）．

環境問題では，多様な成分ごとに固有の危険性と限度がある．物質による影響を正しく知るには，多種多様な成分それぞれについて，存在量や濃度，時間変化や空間的な挙動，毒性や危険性との関係を，「数値」と「単位」を用いて把握する必要がある．環境と物質の関わりを学ぶ環境化学では，数値を用いた定量的で客観的な考え方が重要である．数値に単位を伴ってはじめて正しい意味が伝わるので，単位に注意しよう（☞ 2.4 節，付録 A.1 節）．

本書には，数式や数値が頻繁に出てくるので難しく思うかもしれないが，繰り返し読む，自分の手でノートなどに書いてみる，など理解する努力をしてほしい．例題などは，まず各自で考えてみて，それから本文や解説を読んで，繰り返し解いてほしい．

第 2 章
大気環境化学の基礎

　大気環境問題や大気汚染には，光化学オキシダント，PM$_{2.5}$，酸性雨，地球温暖化，ほか多様な問題がある。共通するのは，人間活動に伴い大気中に放出される原因物質が，人体や生態系に直接的・間接的に影響を及ぼすことである。原因物質・発生メカニズム・空間や時間のスケールは問題ごとに多様だが，原因物質の量が限界を超えると問題が生じるという点は共通している。環境問題について，原因物質の種類・量・リスクや影響を知るには，物質を分子レベルで把握する「化学」の考え方が不可欠である。おもに気体成分からなる大気を扱う際は，気体分子の基礎理論が不可欠となる。そこで本章では，気体成分の量に関する基本法則「気体の状態方程式」を説明したうえで，成分量の表し方を紹介する。さらに，大気環境問題の主役となる「大気微量成分」と気相反応の考え方を学ぶ。

2.1 「大気」とは

　宇宙空間に浮かぶ地球は，ほぼ球形の陸や海の表面（平均海水面に相当する仮想的な楕円球を「ジオイド」と呼ぶ）の周りを，気体の層「大気圏」が取り巻いている。地球上に暮らしている人間は，生きるために呼吸している。呼吸に適する気圧と酸素濃度を有する空気の存在が，人間の居住と生存の最低条件である。また，太陽から地球への熱エネルギーの供給を考えると，太陽からの距離や公転・自転の周期・大気組成などの自然条件が，現在の適度な気温など安定な環境の要因である。さらに，快適で安全な生活には，空気中の汚染物質量を許容範囲内に抑えることが重要である。私たちが安心して暮らすための要素の一つである空気や大気の成分について，しっかりと学ぼう。

　「**大気**」とは，惑星表面を覆う気体の層のような，大規模な気体の集まりを指す。日本語では，惑星の一部分としての気体の層を特に「**大気圏**」という（英語では大気も大気圏もatmosphere）。本書で扱う大気汚染や大気環境問題の場合，惑星規模に相当する global スケールや越境汚染を含む regional スケールだけでなく，local スケールでも「空気」ほど範囲が狭くないものも大気と呼ぶ（例：都市大気）。**空気**（air）は，気体の集まりのうち身近な狭い範囲を指す。例えば，個々の人が呼吸する気体は空気と呼ぶ。建物の壁や屋根で外界から隔離された空間の気体は室内空気（indoor air）という。大気と空気の境界を厳密に決

定できず，実際にはいずれを用いても通用する場合も多い。学問分野や業界によって慣用的にいずれかが用いられる場合もある。

✎練習問題 2.1 詳しくは 2.5 節にて説明するが，各自の考えをまとめておこう。
- 地球はどのくらい大きいだろうか。赤道直径を調べなさい。
- A君は，次のように考えた。
  「大きな地球を覆う大気も十分に大きいので，汚染物質を大気中に放出し続けても，大きな大気で薄まるから，たいしたことはない」
  この考えは，つねに正しいか？それとも，どのような場合に正しくないか？

2.2 大気の状態を表す基礎的な量

環境問題は定量的な取扱いが必須である。また，大気は要するに気体分子の集まりなので，大気環境問題では気体成分の挙動把握が重要となる。そのために気体分子の特性や状態を量（物理量☞付録 A.1 節）にて表現する。気体分子の状態を表す量について単位と記号を定義し，各量の関係を数式で表現する。本節では，気体成分の状態を表す基本的な量を順次紹介していくが，最低限の説明にとどめるので，高校化学（気圧などは高校物理も）の教科書や参考書を傍らに，該当箇所を並行して学習するのが望ましい。

2.2.1 気体とは

物質の存在状態は，温度や圧力によって変わる。例えば水は常圧下（1 気圧），室温（25 ℃）ではおもに液体として存在するが，100 ℃に加熱するとすべて気体（水蒸気）に変化し，0 ℃に冷却すると固体（氷）ができる。気体，液体，固体を物質の三態といい，常圧・室温の地球表面付近の物質は三態のいずれかであることが多い。

物質が気体（ガス）として存在すると，各分子が空間をばらばらに（自由に）飛び回って，壁面や物体に衝突して跳ね返っている。気体状態では，分子一つひとつが飛び回るので，分子そのものの性質が表に出る。例えば，気体試料に光を照射すると，含まれる分子の光に対する性質を反映する。気体同士はすばやく混ざり合う。目には見えないが膨大な数の分子が飛び回るので，気体分子同士も頻繁に衝突するし，衝突した分子の一部は反応して別の分子になる。空間を飛び回る気体分子のイメージとして，学校のグラウンドで多くの生徒が目隠しをしながら好き勝手に走り回るようなもの，といえようか。走るのが速い人もいれば遅い人もいて，衝突が頻繁に起こるはずである。衝突した場合，穏やかに離れることもあるが，喧嘩を始める人もいるかもしれない。

次に液体を考えてみよう。気体を冷却していくと，分子運動の活発さが低下し，多くの分子が寄り集まって液体となる（凝縮）。正しくは，液体の表面ではつねに（温度に応じて）

液体から空間に飛び出して気体になる分子もあれば，気体分子が液体表面に衝突して取り込まれるものもある，というべきであろう（☞ 2.4.7 項）。液体では，気体と比較して分子が密に存在し，分子は自由にすばやく動き回れない。

最後に，固体について述べよう。液体をさらに冷却すると，近隣の分子間でたがいに結びついて固体になる。固体の中の分子は，一つひとつが細かく振動しているものの，空間を移動できない。また，分子間で結びつくことで，個々の分子でなく分子の集まりとしての性質を示すようになる。

大気成分を対象とする本書では，おもに気体分子の特性や取扱いを述べる。気体は個々の原子・分子の形で飛び回っており，原子・分子の性質をそのまま反映する。

2.2.2 圧力・気圧

天気予報で高気圧や低気圧といった言葉を見聞きしたことがあるだろう。**気圧**とは，気体によって生じる**圧力**（pressure）のことである。圧力とは物理学の用語で，気体や液体（流体）を通して物体表面にかかる力のことである。圧力は単位面積あたりの力として定義され，力（SI 単位はニュートン〔N〕）を表面積〔m^2〕で除して求められる。力は，物理学の運動方程式において質量〔kg〕と加速度〔$m\ s^{-2}$〕の積として求められるので，ニュートン N は $kg\ m\ s^{-2}$ である。圧力の単位は力〔$N = kg\ m\ s^{-2}$〕を面積〔m^2〕で除した $kg\ m^{-1}\ s^{-2}$ であり，これを圧力の単位パスカル Pa と定義する。1 Pa は面積 1 m^2 あたり 1 N の力が作用する圧力である。一般に，圧力は P，力は F，面積は S の各記号を用いる。圧力，力，面積の間には，$P = F/S$ の関係がある。

地球大気は上空ほど空気が薄い。例えば，地表付近では約 1 気圧（1×10^5 Pa）だが，標高 3 776 m の富士山頂では 0.6×10^5 Pa 程度しかない。気圧が低いとは，空気が薄く少ない状態に相当する。一方，海や水に潜ると，水深が深いほど周囲からの圧力（水圧）が高くなる。気圧も水圧も，周りの空気や水に全体的に押される圧力である。水は液体として分子が密に存在するので，数メートル潜っただけで耳に水圧を感じるようになる。通常の気圧には慣れていて気にならないが，じつはそれなりの圧力がかかっている。通常の気圧（1 気圧）として，水深 10 m の水圧に相当する圧力がつねに私たちに作用している。

大気などの気体は多数の分子からなる。気体分子は空間内をばらばらに飛び回っている。いま，気体分子が飛び回る空間として，密閉容器を考えよう（**図 2.1**）。容器内で飛び回る気体分子の一つに注目すると，そのうちに容器内側の壁面に衝突して跳ね返る。そしてまた空間を飛んで，反対側の壁に衝突して跳ね返る。容器内を飛び回る多くの分子も，同様に壁面への衝突を繰り返している。分子が跳ね返る際には，分子と壁面の間で力を及ぼしあう。壁面から分子に向かって力が作用することで，分子は跳ね返る。このとき，物理学の「作用

2.2 大気の状態を表す基礎的な量

反作用の法則」によって，分子から壁面にも同じ大きさの力が作用する。一つひとつの分子はごく小さいので壁面に及ぼす力も小さいが，空間を飛び回る分子の数が膨大なため，全体として無視できない力が壁面に作用する。気体分子が物体表面に衝突する際にかかる力によって，圧力・気圧が生じる。

次に，気圧の大きさについて説明しよう。私たちの暮らす地表付近の気圧は，およそ 1×10^5 Pa＝1 000 hPa 程度である。なお，常圧を表す「1 気圧」という量・単位は，SI 単位では 101 325 Pa である。実際には，同じ地表の圧力といっても，海抜高度，高気圧や低気圧の移動，などによって値は多少変化する。さて，地表付近の圧力がおよそ 1×10^5 Pa となるのは，おおむね次のように説明される。地面に

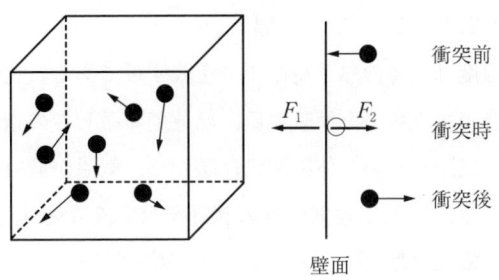

壁面への衝突時に，分子から壁に F_1，壁から分子に F_2 の力が作用する（作用反作用の法則により $F_1=F_2$）。

図 2.1 密閉容器内を飛び回る気体分子（●）のイメージ

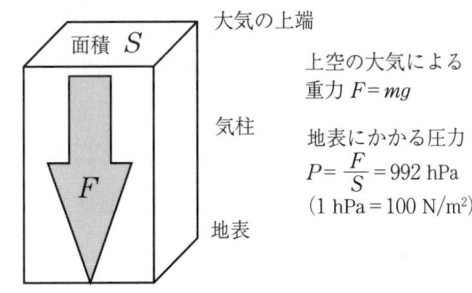

気圧は上空の大気の重さを反映。

図 2.2 地表における気圧のイメージ

は，上空の大気がのっていて，その柱状の気体分子の集まり（気柱）の重さ（重力）が地面にかかっている（図 2.2）。大気は目に見えないうえに普段から慣れているのでその重さを意識することは少ないが，質量を有する気体分子が地表の上空にたしかに存在し，地表面に気柱の重さが作用している。地表より上空のある地点・座標の気圧も，そこより上空にある気体分子の重さに由来する。

> **【例題 2.1】** 地表にかかる平均気圧を数値的に求めなさい。ただし，地球大気全体の質量を 5.2×10^{18} kg，重力加速度 $g=9.8$ m s^{-2} とし，地球を半径 6 400 km の球と仮定する。
> ⚠ ヒント：質量 m の物体に作用する重力は，鉛直下向きに $F=mg$ となる。

解説 地球全体の大気質量 $m=5.2\times10^{18}$ kg, 地球半径 $r=6\,400$ km $=6.4\times10^7$ m
→地球全体の地表面にかかる大気の重さ（重力） $F=mg=5.10\times10^{19}$ N
　地球の表面積 $S=4\pi r^2=5.14\times10^{16}$ m^2
→地表の平均気圧 $P=\dfrac{F}{S}=9.92\times10^4$ Pa＝<u>992 hPa</u>

2.2.3 気　　　温

温度は，物の熱さや冷たさを表す量である。化学の視点では，分子の集まりの持つ平均的な熱エネルギーを反映する，熱運動の激しさの指標が温度である。**気温**とは気体の温度である。気温が高いと体感的には暖かく，気温が低いと涼しく感じる。大気環境を化学的に考えるとき，気温は大気成分の状態や反応を左右するので重要である。なじみ深い温度の単位に，**摂氏温度**〔℃〕がある。日本の天気予報では気温に摂氏温度を用いる。摂氏温度は，水の物性を利用した温度のスケール（目盛）である。不純物を含まない純粋な水の温度に対する状態変化を考えよう。室温（25℃）では水はおもに液体として存在する。液体の水を冷却していくと，固体（氷）になる（凝固する）。1気圧のもとで水が凝固する温度（凝固点）を0℃と決める。一方，液体の水を加熱していくとすべて気体（水蒸気）になる（沸騰する）。1気圧下で水が沸騰する温度（沸点）を100℃と決める。水の凝固点と沸点を0℃と100℃としたうえで，0～100℃の間を100等分した目盛間隔の幅を1℃と決める。なお，水に不純物が含まれると「沸点上昇」「凝固点降下」により沸点や凝固点が変わるので，純粋な水に限定して温度の基準としている。また，沸点（100℃）未満でも，水の一部は水蒸気として存在する。液体の水の一部は，液体の表面から気体に飛び出す（蒸発）が，水の分圧が飽和蒸気圧に到達すると，見かけ上それ以上蒸発しなくなる（☞2.4.7項）。

摂氏温度は，身近な水の状態変化に基づいて決めており，日常生活にはなじみ深く便利である。しかし，水の凝固点を0℃と設定したが，0℃が温度の下限ではなく，0℃より低い（氷点下の）温度にもなりうる。北日本の冬で気温が氷点下になることはよくある。日本国内の地上での気象観測史上，−41℃が最低気温記録である。富士山頂など高度の高いところや，地球規模ではシベリアなど高緯度地方や南極・北極といった極域では，さらに低温になることも珍しくない。物体は0℃以下でも，分子レベルでは熱運動をし，熱エネルギーを有している。物体はどこまで冷やすことができるだろうか？物体を冷やしていったら，低温の極限は何℃だろうか？何℃で熱エネルギーはゼロになるのか？化学や物理の分野では，低温での物質の挙動を調べる低温実験が行われる。固体の二酸化炭素（ドライアイス）は1気圧では液体を経ずに気体になる（昇華）。ドライアイスを使えば昇華点（−79℃）まで冷却できる。液体窒素を使えば窒素の沸点（−196℃）まで冷却できる。物体を冷却していくと，ある温度ですべての分子の熱運動が停止し，熱エネルギーがゼロとなる。このときの温度（−273.15℃）を「絶対零度」と呼び，絶対零度を基準とした温度スケールを「**絶対温度**」「**熱力学温度**」という。絶対温度のスケールでは，絶対零度を0として，目盛間隔は摂氏温度と同じとする。一般には記号 T を用いる。絶対温度の単位はケルビン〔K〕である。摂氏温度 t〔℃〕と絶対温度 T〔K〕の間には

$$T\,[\mathrm{K}] = t\,[℃] + 273.15$$

の関係が成立する。例えば，絶対零度（$T=0$ K）は-273.15 ℃，水の凝固点（$t=0$ ℃）は273.15 K，水の沸点（$t=100$ ℃）は373.15 Kとなる。絶対温度と摂氏温度の換算は，目盛間隔は変わらず，273.15の加減だけなので，難しくない。化学反応や気体の状態方程式など分子レベルでの記述に絶対温度 T [K] は必須なので，よく理解してほしい。

2.2.4 気体の占める体積

一つひとつの分子は小さく，例えば窒素分子 N_2 の大きさは 380 pm（$=3.8\times10^{-10}$ m，p はピコと読み 10^{-12} を表す）である。目に見えずとも空気中には分子が多く飛び回っている。ゴム風船に息を吹き込み膨らますことを考えよう。息（空気）を吹き込むほど風船が膨らむのは，一定の圧力と気温の下，空気（気体）の占める「**体積**」が，気体の量に比例するためである。また，同じ圧力・気温・体積の気体には同じ分子数（物質量）の分子が含まれる（アボガドロの法則）。一定量の気体分子は，量に対応する体積を占める。気体の占める体積とは，気体分子が飛び回る空間の大きさを表す。体積とは，物体の占める三次元空間の大きさを表す指標で，長さの三乗の次元を持ち，一般的には記号 V を用いる。SI 単位系（☞付録A.2節）の単位は m^3（立方メートル）である。1 m^3 は一辺 1 m の立方体の体積である。1 m は 100 cm で，1 m^3 は 1×10^6 cm^3，逆に 1 cm^3 は 1×10^{-6} m^3 と換算できる（cm^3 は立方センチメートルで，一辺 1 cm の立方体の体積）。

$$1\,\mathrm{m}^3 = 1\,\mathrm{m}\times1\,\mathrm{m}\times1\,\mathrm{m} = 100\,\mathrm{cm}\times100\,\mathrm{cm}\times100\,\mathrm{cm} = 1\times10^6\,\mathrm{cm}^3$$

$$1\,\mathrm{cm}^3 = 1\,\mathrm{cm}\times1\,\mathrm{cm}\times1\,\mathrm{cm} = 10^{-2}\,\mathrm{m}\times10^{-2}\,\mathrm{m}\times10^{-2}\,\mathrm{m} = 1\times10^{-6}\,\mathrm{m}^3$$

体積の単位としてリットル [L] もよく用いられる。1 L とは一辺 10 cm の立方体の体積で，1 L$=1\times10^3$ $\mathrm{cm}^3=1\times10^{-3}$ m^3，1 $\mathrm{cm}^3=1\times10^{-3}$ L，1 $\mathrm{m}^3=1\times10^3$ L の関係がある（自習とする）。単位換算（特に10の何乗かの「乗数」）を間違えないよう，よく練習しよう（☞付録A.2節）。

2.2.5 気体の物質量

分子の集まりである気体の量を表すには，含まれる分子の個数「**分子数**」が重要となる。気体試料に含まれる分子数が多ければ，気体の量は大きい。分子数は一般に記号 N で表す。単位はあえていえば「個」だが，無次元量であり，省略される場合もある。分子数は膨大な値になるため，取扱いや表現がややこしく，おおよそのイメージを把握しづらい。原子や分子の多さを表す量として，物質量・モル数を用いるのが便利（☞ 1 章）なのは，気体も同様である。**物質量**は一般に，記号 n を用いて表し，単位は**モル** [mol] である。気体の分子数と物質量には具体例でなじんでおこう。室温（25 ℃ = 298.15 K），1 気圧（1.013×10^5 Pa），の空気 1.0 m^3 には 40 mol，2.4×10^{25} 個の分子が含まれる。体積が 1 L なら 2.4×10^{22}

個，1 cm³ なら 2.4×10¹⁹ 個で，空気に含まれる分子数は膨大な値になる。空気の平均分子量を考慮すると，例えば空気1Lの質量も計算できる（☞2.4.4項）。

2.3　気体の状態方程式

気体分子の状態を表す量として，気圧，気温，体積，物質量，を紹介してきた。本節では，各量の間の関連を定量的に表す式（法則）を学ぼう。ここで紹介する関係式は，大気成分の量を考える基礎中の基礎として特に重要なので，しっかりと勉強しておこう。ここでは，分子の大きさや分子間力が十分に小さい「**理想気体**」を仮定する。

2.3.1　ボイルの法則

まず，気体の体積と圧力の関係を考えよう。ロバート・ボイルは，温度 T が一定なら理想気体の体積 V は圧力 P に反比例することを示した（**ボイルの法則**）。

$$V = \frac{a_1}{P} \quad \text{または，} \quad PV = a_1 \ (a_1 = \text{一定})$$

この式から，温度一定の下で P を変化させたときの V，または V を変化させたときの P が分かる。変化前の圧力と体積を P_A，V_A とし，変化後を P_B，V_B とすると

$$P_A V_A = P_B V_B = a_1$$

となる。横軸 P，縦軸 V のグラフに「PV＝一定」の線を描いた一例を**図2.3**（a）に示す。例えば，密閉容器内の空気（$P_A = 1 \times 10^5$ Pa，$V_A = 1$ m³）を温度一定のままゆっくりと元の半分の体積（$V_B = 0.5$ m³）に圧縮すると

$$P_B = P_A \frac{V_A}{V_B} = (1 \times 10^5 \text{ Pa}) \times \frac{1 \text{ m}^3}{0.5 \text{ m}^3} = 2 \times 10^5 \text{ Pa}$$

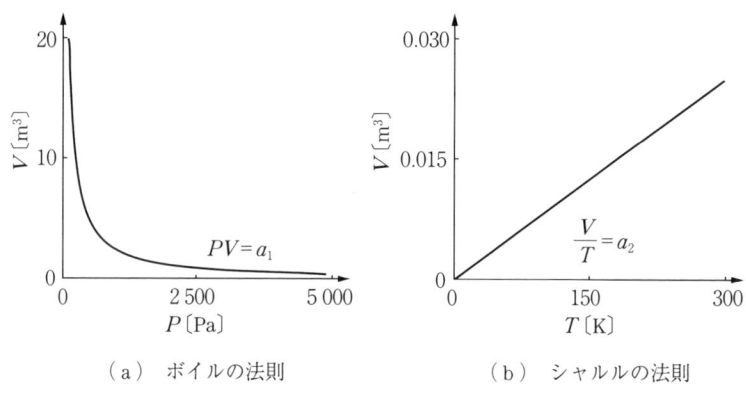

（a）ボイルの法則　　　　　　（b）シャルルの法則

図2.3　気体に関する基本的な法則

のように元の2倍の圧力となる。

2.3.2　シャルルの法則

次に，気体の体積と温度の関係を考えよう。ジョセフ・シャルルは，圧力 P が一定なら理想気体の体積 V は絶対温度 T に比例することを示した（**シャルルの法則**）。

$$V = a_2 T \text{ または,} \quad \frac{V}{T} = a_2 \ (a_2 = 一定)$$

P 一定下で T を変化させたときの V，または V を変化させたときの T を知ることができる。変化前の温度と体積を T_A, V_A，変化後を T_B, V_B とすると

$$\frac{V_A}{T_A} = \frac{V_B}{T_B} = a_2$$

となる。横軸 T，縦軸 V のグラフに「$V/T =$ 一定」の線を描いた一例を図2.3(b)に示す。例えば，圧力一定となるように体積が変化するピストン容器に入れた空気（$T_A = 300$ K, $V_A = 1$ m^3）を元の温度の1.1倍（$T_B = 330$ K）まで加熱すると

$$V_B = V_A \frac{T_B}{T_A} = 1 \text{ m}^3 \times \frac{330 \text{ K}}{300 \text{ K}} = 1.1 \text{ m}^3$$

となり，元の体積の1.1倍となる。

2.3.3　ボイル＝シャルルの法則

気体分子の量のうち P, T, V の三者について，ボイルの法則にて T 一定下での P と V の関係を，シャルルの法則にて P 一定下での V と T の関係を，それぞれ数式化した。二つの法則を組み合わせれば，三者の関係は次式のようにまとめられる。

$$\frac{PV}{T} = a_3 \ (a_3 = 一定)$$

「気体の体積 V は圧力 P に反比例し，絶対温度 T に比例する」という**ボイル＝シャルルの法則**である。この式で T 一定ならボイルの法則，P 一定ならシャルルの法則，に相当する。変化前後の各量をそれぞれ P_A, V_A, T_A, P_B, V_B, T_B とすれば，次式が成り立つ。

$$\frac{P_A V_A}{T_A} = \frac{P_B V_B}{T_B} = a_3$$

2.3.4　理想気体の状態方程式

さらに物質量 n とほかの三者 P, V, T との関連を知ろう。気体については，「圧力 P，温度 T，体積 V，が同じなら気体の種類によらず同数の分子が含まれる」「圧力 P，温度 T，が一定なら気体の種類によらず，体積は分子数に比例する」ことが知られている（アボ

ガドロの法則)。分子数Nは物質量nと比例するので,「P, Tが一定なら気体の種類によらずVはnに比例する」すなわち

$$\frac{V}{n} = a_4 \quad (a_4 = 一定)$$

と記述できる。ボイル＝シャルルの法則（VはPに反比例しTに比例する）も合わせ

$$\frac{PV}{nT} = R \quad (R = 一定)$$

と書ける。これを変形した式

$$PV = nRT$$

は，気体の状態を表す量の関係を示し，理想気体の状態方程式という。状態方程式（または状態式）は，気体分子の量を考える根幹であり，本書における最も重要な基礎事項である。

2.3.5 気体定数 R

状態方程式における定数Rを特に気体定数という。標準状態（$T = 273.15$ K，$P = 101\,325$ Pa）で$n = 1$ molの気体は$V = 22.4$ L（$= 2.24 \times 10^{-2}$ m³）を占めることからRが求められる。

$$R = \frac{PV}{nT} = \frac{101\,325\,\text{Pa} \times (2.24 \times 10^{-2}\,\text{m}^3)}{1\,\text{mol} \times 273.15\,\text{K}} = 8.31\,\text{J K}^{-1}\,\text{mol}^{-1} = 8.31\,\text{m}^2\,\text{kg s}^{-2}\,\text{K}^{-1}\,\text{mol}^{-1}$$

⚠ **単位の関係**：圧力 Pa = N m^{-2}，エネルギー J = N m，力 N = kg m s^{-2}

気体定数Rは，用いるP, V, n, Tの単位によって数値が変わる点に注意しよう。$R = 8.31$ J K^{-1} mol^{-1}を用いる際は，Pは Pa，Vは m³，nは mol，Tは K，のSI単位（☞付録A.2節）を用いた値を代入しなければならない。数値は単位とセットの物理量になって，はじめて情報として意味を持つ（☞付録A.1節）。

一方で，圧力Pに気圧 atm（1 atm = 101 325 Pa），体積Vに L（1 L = 1×10^{-3} m³），物質量nに mol，温度Tに K，の各単位を用いると，気体定数Rは 0.082 L atm K^{-1} mol^{-1}となる。複数のRを知っているとかえって混乱するため，計算を誤らないためには方法を一つに決めるのが望ましい。具体的には，各量に決められた単位〔Pa, m³, mol, K〕を用い$R = 8.31$ J K^{-1} mol^{-1}を用いることを原則としよう。もし，L，cm³，atmなどほかの単位で表された量を計算する場合は，各量をまずSI単位〔Pa, m³, mol, K〕に変換してから状態方程式に代入すればよい。例題を通してこれらの扱いに慣れてほしい。

【例題 2.2】 $P = 1.0 \times 10^5$ Pa, $n = 1.0$ mol, $T = 300$ K の気体の占める体積Vを求めなさい。

解答例 状態方程式を変形したVを求める式に，各量を代入して計算する。

$$V = \frac{nRT}{P} = \frac{1.0\,\text{mol} \times 8.31\,\text{J K}^{-1}\,\text{mol}^{-1} \times 300\,\text{K}}{1.0 \times 10^5\,\text{Pa}} = \underline{2.5 \times 10^{-2}\,\text{m}^3}$$

【例題 2.3】 気圧 1.0 atm，体積 24.9 L，気温 27 ℃の気体の物質量 n を求めなさい。

解答例 状態方程式を変形した n を求める式に，SI 単位に換算した各量を代入する。

$P = 1.0 \text{ atm} = 1.0 \times 10^5 \text{ Pa}$, $V = 24.9 \text{ L} = 2.49 \times 10^{-2} \text{ m}^3$, $T = (273.15 + 27) \text{ K} = 300 \text{ K}$

$$n = \frac{PV}{RT} = \frac{(1.0 \times 10^5 \text{ Pa}) \times (2.49 \times 10^{-2} \text{ m}^3)}{8.31 \text{ J K}^{-1} \text{ mol}^{-1} \times 300 \text{ K}} = \underline{1.0 \text{ mol}}$$

2.3.6 質量との関係

分子を 1 mol 集めたときの質量が分子量（モル質量）M なので，モル質量 M の成分を n mol 集めたときの質量 m は次のように書ける。

$$m = nM$$

逆に，モル質量 M の成分を質量 m だけ集めると，物質量 n は

$$n = \frac{m}{M}$$

となる。この n を気体の状態方程式に代入すれば，質量 m を含む状態式が書ける。

$$PV = nRT = \frac{m}{M} RT$$

モル質量 M が分かっている気体成分では，質量 m も状態を表す量の一つといえる。具体的には，m, M から n を求めて状態方程式に代入すればよい。単位は，M を kg mol^{-1} で表せば m は kg，M を g mol^{-1} で表せば m は g，のように $n = m/M$ の単位が mol となる組合せを用いる。また，1 mol の気体はアボガドロ定数 $N_A = 6.02 \times 10^{23}$ 個の分子からなるので，n mol の気体の分子数 N は

$$N = nN_A$$

となる。したがって，分子数 N の気体のモル数 n と状態方程式は次のようになる。

$$n = \frac{N}{N_A}$$

$$PV = nRT = \frac{N}{N_A} RT$$

分子数 N も，気体の状態を表す量の一つといえる。

【例題 2.4】 $M = 28.8 \text{ g mol}^{-1}$ の成分が $P = 1.0 \times 10^5 \text{ Pa}$, $T = 300 \text{ K}$ にて $V = 1 \text{ L}$ を占めるとき，その成分の質量 m を求めなさい。

解答例 状態方程式を変形した m を求める式に，SI 単位に換算した各量を代入する。

$$m = \frac{PVM}{RT}$$

$$= \frac{(1.0 \times 10^5 \text{ Pa}) \times (1.0 \times 10^{-3} \text{ m}^3) \times 28.8 \text{ g mol}^{-1}}{8.31 \text{ J K}^{-1} \text{ mol}^{-1} \times 300 \text{ K}} = \underline{1.16 \text{ g}}$$

【例題 2.5】 $P=1.0\times10^5$ Pa, $T=298$ K, $V=1.0$ m^3 の気体の分子数 N を求めなさい。

解答例 状態方程式を変形した N を求める式に，各量を代入する。

$$N = \frac{PVN_A}{RT}$$

$$= \frac{(1.0\times10^5\,\text{Pa})\times(1.0\,\text{m}^3)\times(6.02\times10^{23}\,\text{mol}^{-1})}{8.31\,\text{J K}^{-1}\,\text{mol}^{-1}\times298\,\text{K}} = \underline{2.4\times10^{25}}$$

2.3.7 理想気体と実在気体

ここまで，理想気体の法則を述べてきた。大気中に存在する実際の気体は「**実在気体**」と呼ぶ。理想気体では分子の大きさと分子間力は無視できると仮定していた。しかし，実際の分子は有限の大きさを持ち，分子の大きさ（排除体積）の分だけ飛び回る空間が小さくなり，状態方程式における体積 V に影響する。さらに，実際の分子は分子間力が働き，壁面などに衝突して圧力を及ぼす際に後ろから少し引っ張られる状態になって，壁面に及ぼす圧力が小さくなり，圧力 P に影響する。実在気体の状態方程式は

$$\left\{P + a\left(\frac{n}{V}\right)^2\right\}(V-nb) = nRT$$

と書く（**ファンデルワールスの状態式**）。左辺の P に分子間力の補正項，V に排除体積の補正項を含む。a, b は気体成分の種類によって決まる定数である。いくつかの大気成分について a, b の値を**表 2.1** に記す。この値を用いて，$P=1.0\times10^5$ Pa, $T=298$ K, $n=1$ mol について，体積 V を理想気体と実在気体のそれぞれの状態式から計算したところ，理想気体と実在気体の式のズレは，空気：0.1 %，CO_2：0.4 %，ベンゼン：2.6 % となった。実際に大気中に存在するのは大部分が空気なので，理想気体と実在気体は 0.1 % しかズレない。したがって，室温・常圧付近では，大気は理想気体として取り扱っても大差ない。以上の事情から，一般には，理想気体の状態方程式を用いて大気成分の量を考えてよい。

表 2.1 実在気体と理想気体の相違（代表的な気体成分を例に）

気体・成分	補正係数 a [*1]	補正係数 b [*2]	比 [*3]
空気	1.33	0.0366	0.999
二酸化炭素	3.60	0.0428	0.996
ベンゼン	18.0	0.115	0.974

*1 実在気体のファンデルワールスの式の分子間力補正の係数 a [atm L^2 mol^{-2}]。

*2 実在気体のファンデルワールスの式の排除体積補正の係数 b [L mol^{-1}]。

*3 $P=1.0\times10^5$ Pa, $T=298$ K, $n=1$ mol のときの，理想気体の状態式から求められる体積 $V(\text{ideal})$ と，実在気体の状態式から求められる体積 $V(\text{real})$ の比。値が 1 に近いほど，実在気体として扱っても理想気体として扱っても違いがない。

2.4 気体成分の量の表し方

　気体成分の量は，大気環境問題で重要である。解析や考察のためには，気体成分の量の表し方を理解して，数値や数式を正しく操作・換算しなければならない。ただし分野や場面によって用いる単位や量の表し方が多様である。本節では大気環境分野で用いられる代表的な気体成分量に特化して紹介する。なお，空気や大気は複数の気体成分が混じり合った「混合気体」なので，混合気体を構成する個々の気体成分量の表し方を説明する。

2.4.1 全圧と分圧

　混合気体の構成成分量を表すのに，最初に「**分圧**」を説明しよう。ジョン・ドルトンは，混合気体を構成する各成分気体が単独に存在したときに示すと考えられる圧力（分圧）と，混合気体の全体の圧力（**全圧**）の関係について，「混合気体の全圧は，構成する個々の気体成分の分圧の総和に等しい」という**ドルトンの法則**を示した。混合気体の全圧を P_{tot}，混合気体を構成する i 番目の成分の分圧を P_i とすると

$$P_{tot} = \Sigma P_i$$

が成り立つ。気温 T にて体積 V を占める混合気体全体の状態方程式を考えると

$$P_{tot} V = n_{tot} RT = \frac{N_{tot} RT}{N_A}$$

と書ける。n_{tot} と N_{tot} はそれぞれ混合気体全体のモル数および分子数である。一方，個々の成分の状態方程式は次のように書ける。

$$P_i V = n_i RT = \frac{N_i RT}{N_A}$$

n_i, N_i は i 番目の成分のモル数と分子数である。二つの式の比は

$$\frac{P_i}{P_{tot}} = \frac{n_i}{n_{tot}} = \frac{N_i}{N_{tot}}$$

となり，混合気体の各成分の分圧と全圧の比 P_i/P_{tot} は，各成分と混合気体全体のモル数の比（**モル分率**という）n_i/n_{tot} および分子数の比 N_i/N_{tot} と一致する。

　なお，分圧に用いる単位も圧力と同様で，SI 単位系では Pa である。

【**例題 2.6**】 1 気圧（1.0×10^5 Pa）の空気のうち，窒素分子 N_2 の分圧は 0.78 気圧（0.78×10^5 Pa）である。空気に占める窒素分子のモル分率を求めなさい。

解答例 空気中の N_2 のモル分率

$$\frac{n_{N_2}}{n_{tot}} = \frac{P_{N_2}}{P_{tot}} = \frac{0.78 \times 10^5 \, Pa}{1.0 \times 10^5 \, Pa} = 0.78 = \underline{78\%}$$

2.4.2 体積混合比

モル分率の考え方は，溶液などさまざまな混合物に用いられる。混合気体を構成する成分量を表す場合，モル分率のことを特に「**体積混合比**」と呼ぶ。一般に，混合物における成分量の割合を混合比（mixing ratio）という。気体の場合，状態方程式にて成分のモル数 n は体積 V に比例するので，モル分率のことを体積混合比（mixing ratio by volume）といって重量混合比（後述）と明確に区別する。混合気体の i 番目の成分（成分 i）の体積混合比を本書では C_i と表すことにする。モル分率の定義 n_i/n_{tot} から

$$C_i = \frac{n_i}{n_{tot}} = \frac{P_i}{P_{tot}} = \frac{N_i}{N_{tot}}$$

と書けるので，体積混合比 C_i は「全分子数に占める対象分子数の割合」といえる。成分が反応や状態変化をしないかぎり，混合気体全体の気温 T や気圧 P を変えても各構成成分の比率は変わらない。すなわち，体積混合比は気温 T や気圧 P に依存しないので，気温や気圧の異なる試料間での成分量比較の指標として用いられる。

体積混合比を示すのに mol/mol や（v/v）と書く。これは，成分 i と混合気体全体のモル数や体積（volume（v））の比を表す。ただし，この量は相対的な比・割合であり，実質的な次元を持たない「無次元量」である。

大気の構成成分は，主要な窒素や酸素を除けばわずかな存在割合で（☞ 2.5.3 項），体積混合比で表すと非常に小さな値となる。例えば，大気中の二酸化炭素 CO_2 の体積混合比は約 4.0×10^{-4}（v/v）$= 0.00040$（v/v）だが，乗数（10 の何乗か）や小数点以下の 0 の並びが煩わしい。数値を扱いやすくするために，乗数の部分を単位に含めて表現するのが一般的である。例えば，分子数の割合で 100 個のうちの 1 個を表すのにパーセント〔%〕を用いる。ただし，重量混合比の % と区別するために，%（v/v）と表記する。% は百分率とも呼ぶ。体積混合比で 1 %（v/v）といったら，混合気体試料中の分子数の割合が $1/100 (= 0.01$ mol/mol）である。同様に，体積混合比の百万分率は ppmv（parts per million by volume）と表記し，1 ppmv は分子数の割合で百万分の一（$= 10^{-6}$ mol/mol）を指す。ppbv（parts per billion by volume）は十億分の一（$= 10^{-9}$ mol/mol）を指し，pptv（parts per trillion by volume）は一兆分の一（$= 10^{-12}$ mol/mol）を指す。なお，空気などの混合試料全体の体積混合比 C_{tot} は，「全分子数に占める全分子数の割合」である。

$$C_{tot} = 1 \text{ mol/mol} = 100 \text{ \%(v/v)} = 1 \times 10^6 \text{ ppmv} = 1 \times 10^9 \text{ ppbv} = 1 \times 10^{12} \text{ pptv}$$

一方，各成分の重量の割合は重量混合比という。水に食塩を 10 g 溶かして 100 g の食塩水を作ると，食塩水中の食塩の重量混合比は 0.10（10 %）である。

【例題 2.7】 1気圧（1.0×10^5 Pa）の空気のうち，酸素 O_2 の分圧は 0.21 気圧（0.21×10^5 Pa）である。空気中の O_2 の体積混合比を求めなさい。

解答例 空気中の O_2 の体積混合比

$$C(O_2) = \frac{P_{O_2}}{P_{tot}} = \frac{0.21 \times 10^5 \text{ Pa}}{1.0 \times 10^5 \text{ Pa}} = 0.21 = \underline{21\%}$$

2.4.3 数密度

次に，気体成分の分子数を中心に据えた量「**数密度**（number density）」を紹介する。「密度（density）」というと，"単位体積あたりの質量（重量密度）"を連想されるかもしれない。例えば，「（重量）密度 0.01 g mL^{-1} の食塩水 100 mL」といえば，食塩 1 g を水に溶かして全体を 100 mL とした溶液である。一方，気体成分について"単位体積あたりの分子数"を「数密度」という。本書ではモル数 n と区別するため，試料全体の数密度を nd(tot)，i 番目の成分の数密度を nd(i) と書く。数密度は体積あたりの分子数なので

$$nd(\text{tot}) = \frac{N_{tot}}{V}$$

と書ける。n と N の関係 $N_{tot} = n_{tot} N_A$ や状態方程式 $V = n_{tot} RT/P_{tot}$ を考慮すると

$$nd(\text{tot}) = \frac{N_{tot}}{V} = \frac{N_A n_{tot}}{V} = \frac{P_{tot} N_A}{RT}$$

となり，全圧 P_{tot} と数密度 nd(tot) の関係式が得られる。i 番目の成分も同様に

$$nd(\text{i}) = \frac{N_i}{V} = \frac{N_A n_i}{V} = \frac{P_i N_A}{RT}$$

となって，分圧 P_i と数密度 nd(i) の関係式が得られる。

　数密度の単位は，体積 1 m^3 あたりの分子数なら m^{-3} と書く（分子/m^3，分子 m^{-3}，molecule/m^3，molecule m^{-3}，個/m^3，個 m^{-3}，とも書けるが，分子数や個数は無次元量なので単位を書かないことも多い）。大気環境化学の分野では，数密度の単位として 1 cm^3 あたりの分子数 cm^{-3} がよく用いられる。SI 単位系では m^{-3} が望ましいが，気体分子の化学反応（気体分子反応論）の分野で cm^{-3} の単位が慣習的に用いられ，特に文献やデータベースに掲載される反応速度定数 k の単位が cm^{-3} s^{-1}（または cm^3/分子/s）であるため，大気分野でも数密度の単位に cm^{-3} を用いるのである。気体成分の反応は分子数によって支配され，分子数を直接反映する数密度が不可欠となる（☞ 2.9 節）。

【例題 2.8】 1気圧（1.0×10^5 Pa），298 K の空気に含まれる分子の数密度 nd(tot) を，m^{-3} および cm^{-3} の単位にて求めなさい。

解答例 空気に含まれる分子の数密度は

$$nd(\text{tot}) = \frac{P_{\text{tot}} N_A}{RT} = \frac{(1.0 \times 10^5 \text{ Pa}) \times (6.0 \times 10^{23} \text{ mol}^{-1})}{8.31 \text{ J K}^{-1} \text{mol}^{-1} \times 298 \text{ K}} = \underline{2.4 \times 10^{25} \text{ m}^{-3}} = \underline{2.4 \times 10^{19} \text{ cm}^{-3}}$$

⚠ **重要な注意点**：

$1 \text{ cm}^{-3} = 1 \times 10^6 \text{ m}^{-3}$, $1 \text{ m}^{-3} = 1 \times 10^{-6} \text{ cm}^{-3}$

1 cm^{-3} とは，1 cm^3 あたり 1 個の割合で分子が存在する状態を表す。

同じ割合で V を 1 m^3 に（10^6 倍に）すると分子数も 10^6 倍となる。

【例題2.9】 1気圧（1.0×10^5 Pa），298 K の空気に含まれる窒素分子 N_2（分圧 0.78×10^5 Pa）の数密度 $nd(N_2)$ を，m^{-3} および cm^{-3} の単位にて求めなさい。

解答例 成分 i を N_2 に置き換えればよい。窒素分子の数密度は

$$nd(N_2) = \frac{P_{N_2} N_A}{RT} = \frac{(0.78 \times 10^5 \text{ Pa}) \times (6.0 \times 10^{23} \text{ mol}^{-1})}{8.31 \text{ J K}^{-1} \text{mol}^{-1} \times 298 \text{ K}} = \underline{1.9 \times 10^{25} \text{ m}^{-3}} = \underline{1.9 \times 10^{19} \text{ cm}^{-3}}$$

別解 空気全体の数密度に窒素の体積混合比を乗じてもよい（☞ 2.4.4 項）。

$$nd(N_2) = nd(\text{tot}) \times C(N_2) = 2.4 \times 10^{25} \text{ m}^{-3} \times 0.78 = \underline{1.9 \times 10^{25} \text{ m}^{-3}} = \underline{1.9 \times 10^{19} \text{ cm}^{-3}}$$

2.4.4 量 の 換 算

大気成分の量の表し方として，分圧，体積混合比，数密度を紹介してきた。また，分圧と数密度の間の換算式も紹介した。ここで，数密度と体積混合比の関係をおさえておこう。$nd(\text{i})$ の式と $nd(\text{tot})$ の式の各辺の比と，体積混合比に関する式を考慮すると

$$\frac{nd(\text{i})}{nd(\text{tot})} = \frac{N_i}{N_{\text{tot}}} = \frac{n_i}{n_{\text{tot}}} = \frac{P_i}{P_{\text{tot}}} = C_i$$

となり，個別成分 i の数密度 $nd(\text{i})$ の空気全体の数密度 $nd(\text{tot})$ に対する比は，体積混合比 C_i と一致する。ここで $nd(\text{tot})$ を含めた状態式を考慮すると，成分 i の数密度は

$$nd(\text{i}) = C_i nd(\text{tot}) = \frac{C_i P_{\text{tot}} N_A}{RT}$$

と書け，全体の状態を表す量 P_{tot}，T を用いて体積混合比 C_i と関連づけられる。

分圧，体積混合比，数密度，の求め方と相互換算について復習しておこう。

分圧　　　　$P_i = \dfrac{P_{\text{tot}} n_i}{n_{\text{tot}}} = \dfrac{P_{\text{tot}} N_i}{N_{\text{tot}}} = C_i P_{\text{tot}} = \dfrac{nd(\text{i}) RT}{N_A}$

状態方程式　$P_i V = n_i R T = \left(\dfrac{N_i}{N_A}\right) R T = \left(\dfrac{m_i}{M_i}\right) R T$

体積混合比　$C_i = \dfrac{n_i}{n_{\text{tot}}} = \dfrac{P_i}{P_{\text{tot}}} = \dfrac{N_i}{N_{\text{tot}}} = \dfrac{nd(\text{i}) RT}{P_{\text{tot}} N_A} = \dfrac{nd(\text{i})}{nd(\text{tot})}$

数密度　　　$nd(\text{i}) = \dfrac{N_i}{V} = \dfrac{N_A n_i}{V} = \dfrac{P_i N_A}{RT} = C_i nd(\text{tot}) = \dfrac{C_i P_{\text{tot}} N_A}{RT}$

空気全体について

$$P_{\text{tot}} V = n_{\text{tot}} RT = \left(\frac{N_{\text{tot}}}{N_A}\right) RT = \left(\frac{m_{\text{tot}}}{M_{\text{tot}}}\right) RT$$

$$C_{\text{tot}} = 1$$

$$nd(\text{tot}) = \frac{N_{\text{tot}}}{V} = \frac{N_A n_{\text{tot}}}{V} = \frac{P_{\text{tot}} N_A}{RT}$$

なお，m_{tot} は空気全体の質量（$=\Sigma m_i$），M_{tot} は空気の**平均モル質量**（$=m_{\text{tot}}/n_{\text{tot}}$）である。これまでに説明しなかった方向（体積混合比→分圧，数密度→分圧，数密度→体積混合比）の換算式も記してあるが，式の導出は自習とする。三つの量を，解析や考察の目的に応じて使い分ける。例えば，大気成分の反応を議論するには数密度が便利である。気圧や気温の異なる複数高度間での成分量比較や，外気とは気温気圧の異なる装置での測定には，体積混合比が有用である。また，分圧や全圧の考え方は，複雑な大気成分量の換算や式変形の際にわかりやすいうえ，成分の揮発や蒸発のしやすさ（飽和蒸気圧）と直結する。

【例題 2.10】 1気圧（1.0×10^5 Pa），298 K の空気に含まれ，体積混合比 $C_i = 1$ ppmv の成分 i の数密度 $nd(i)$ を，単位 cm^{-3} にて求めなさい。

解答例 空気全体に含まれる分子の数密度は

$$nd(\text{tot}) = \frac{P_{\text{tot}} N_A}{RT} = 2.4 \times 10^{19} \text{ cm}^{-3}$$

成分 i の体積混合比 $C_i = 1$ ppmv $= 1 \times 10^{-6}$ mol/mol を用いて

$$nd(i) = C_i nd(\text{tot}) = (1 \times 10^{-6}) \times (2.4 \times 10^{19} \text{ cm}^{-3}) = \underline{2.4 \times 10^{13} \text{ cm}^{-3}}$$

⚠ メモ：1 ppmv の気体成分は 1 atm，298 K の空気 1 cm^3 中に約 24 兆個の分子がある。
⚠ メモ：1 atm，298 K の空気全体では 1 cm^3 中に約 2 400 京個の分子がある。

【例題 2.11】 1気圧（1.0×10^5 Pa），298 K の空気に含まれ，体積混合比 $C_i = 30$ ppbv の成分 i の数密度 $nd(i)$ を，単位 cm^{-3} にて求めなさい。

解答例 $nd(\text{tot}) = 2.4 \times 10^{19}$ cm^{-3}，$C_i = 30$ ppbv $= 30 \times 10^{-9}$ mol/mol

$$nd(i) = C_i nd(\text{tot}) = (30 \times 10^{-9}) \times (2.4 \times 10^{19} \text{ cm}^{-3}) = \underline{7.2 \times 10^{11} \text{ cm}^{-3}}$$

【例題 2.12】 1気圧（1.0×10^5 Pa），298 K の空気に含まれ，数密度 $nd(i) = 1.0 \times 10^{12}$ cm^{-3} の成分 i の体積混合比 C_i を，単位 ppbv にて求めなさい。

解答例 $nd(\text{tot}) = 2.4 \times 10^{19}$ cm^{-3}，$nd(i) = 1.0 \times 10^{12}$ cm^{-3}

$$C_i = \frac{nd(i)}{nd(\text{tot})} = \frac{1.0 \times 10^{12} \text{ cm}^{-3}}{2.4 \times 10^{19} \text{ cm}^{-3}} = 4.2 \times 10^{-8} = \underline{42 \text{ ppbv}}$$

【例題 2.13】 1気圧（1.0×10^5 Pa），298 K の空気の平均モル質量を求めなさい。空気は N_2（$M_{N_2} = 28$ g mol^{-1}，$C_{N_2} = 0.80$）と O_2（$M_{O_2} = 32$ g mol^{-1}，$C_{O_2} = 0.20$）のみからなるとする。

解答例 まず，空気の平均モル質量 M_{air} を求めるために，空気 1 mol を考えよう。

題意より、空気 1 mol は N_2 0.80 mol と O_2 0.20 mol からなる。

$$n_{air} = 1\text{ mol}, \quad n_{N_2} = n_{air} C_{N_2} = 0.80\text{ mol}, \quad n_{O_2} = n_{air} \times C_{O_2} = 0.20\text{ mol}$$

1 mol の空気中に含まれる N_2, O_2 の各質量は

$$m_{N_2} = n_{N_2} \times M_{N_2} = 0.80\text{ mol} \times 28\text{ g mol}^{-1} = 22.4\text{ g}$$

$$m_{O_2} = n_{O_2} \times M_{O_2} = 0.20\text{ mol} \times 32\text{ g mol}^{-1} = 6.4\text{ g}$$

である。したがって、空気 1 mol の質量は

$$m_{air} = m_{N_2} + m_{O_2} = 22.4\text{ g} + 6.4\text{ g} = 28.8\text{ g}$$

となる。$n_{air} = 1$ mol を考えているので、空気の平均モル質量は下記となる。

$$M_{air} = \frac{m_{air}}{n_{air}} = \frac{28.8\text{ g}}{1\text{ mol}} = \underline{28.8\text{ g mol}^{-1}}$$

⚠ **メモ**：混合気体の平均モル質量は、組成（各成分のモル質量と体積混合比）で決まる。

【例題 2.14】 1 気圧（1.0×10^5 Pa）、298 K の空気 1 L の質量を求めなさい。

解答例 まず、気体の状態方程式から、空気 1 L のモル数を求める。

$$P_{tot} = 1 \times 10^5\text{ Pa}, \quad T = 298\text{ K}, \quad V = 1.0\text{ L} = 1.0 \times 10^{-3}\text{ m}^3, \quad R = 8.31\text{ J K}^{-1}\text{ mol}^{-1}$$

$$n_{air} = \frac{P_{tot} V}{RT} = 4.0 \times 10^{-2}\text{ mol}$$

ここで、空気の平均モル質量 $M_{air} = 28.8$ g mol^{-1} を用いて

空気 1 L の質量 $m_{air} = M_{air} n_{air} = \underline{1.15\text{ g}}$

2.4.5 重量密度

室内環境や作業環境のように、汚染物質の量を**重量密度**（重量濃度、質量濃度）にて表す分野もある（☞ 4.4.2 項）。成分 i の重量密度 d_i は体積あたりの成分の質量であるから

$$d_i = \frac{m_i}{V}$$

と書ける。気体成分量を重量密度で表す際、1 m^3 あたりの質量を μg（10^{-6} g）単位で表した μg m^{-3} がよく用いられる。質量 m_i はモル質量 M_i とモル数 n_i の積なので

$$d_i = \frac{m_i}{V} = \frac{M_i n_i}{V}$$

となる。成分 i のモル数 n_i と体積 V の比（i のモル濃度）は、状態方程式から

$$\frac{n_i}{V} = \frac{P_i}{RT}$$

と書ける。重量密度の式に上式や C_i と P_i の関係式を組み合わせると

$$d_i = \frac{m_i}{V} = \frac{M_i n_i}{V} = \frac{M_i P_i}{RT} = \frac{M_i C_i P_{tot}}{RT}$$

を導出できる。これが、体積混合比 C_i と重量密度 d_i の換算式である。体積混合比から重量密度への換算係数 $M_i P_{tot}/RT$ は、成分 i のモル質量 M_i に依存するので、成分が変わってモル質量が変われば換算係数も異なる。

【例題 2.15】 1気圧（1.0×10^5 Pa），298 K の空気にベンゼン C_6H_6（$M_i = 78$ g mol^{-1}）が $C_i = 1$ ppbv 含まれるとき，ベンゼンの重量密度を求めなさい。

解答例
$$d_i = \frac{M_i C_i P_{tot}}{RT} = (78 \text{ g mol}^{-1}) \times (1 \times 10^{-9}) \times \frac{1 \times 10^5 \text{ Pa}}{8.3 \text{ J K}^{-1} \text{ mol}^{-1} \times 298 \text{ K}}$$
$$= 0.032 \times 10^{-4} \text{ g m}^{-3} = 3.2 \times 10^{-6} \text{ g m}^{-3} = \underline{3.2 \, \mu\text{g m}^{-3}}$$

⚠ **注意**：1 g = 10^6 μg，1 μg = 10^{-6} g

補題 逆に，ベンゼン 1 μg m^{-3} = 0.31 ppbv となることを確かめなさい。

✎ **練習問題 2.2** ナフタレン（$M_i = 128$ g mol^{-1}）では 1 μg m^{-3} = 0.19 ppbv となることを示しなさい。また，逆に，1 pptv = 5.2 ng m^{-3} となることを示しなさい。

2.4.6 水 蒸 気 の 量

身近で重要な例として，大気中の水蒸気量の表し方を紹介しておこう。大気環境において水蒸気（水 H_2O）は，さまざまな面で重要なので，水蒸気量の表し方を知っておこう。

（1）**水の分圧 P_w〔Pa〕** 状態方程式に水蒸気の分圧 P_w，モル数 n_w，質量 m_w，モル質量 M_w を用いて次式のように書ける（水 H_2O のモル質量 M_w は 18 g mol^{-1}）。

$$P_w V = n_w RT = \frac{m_w}{M_w} RT$$

（2）**相対湿度 RH〔%〕** 天気予報での湿度は**相対湿度**を指す。記号 RH は relative humidity の略である。相対湿度とは「その気温での**飽和蒸気圧**（☞ 2.4.7 項）$P_{w,sat}$ に対する，その空気に含まれる水蒸気量（分圧 P_w）の比」を百分率で表した値のことを示し，次式のように書ける。

$$RH \, [\%] = 100 \times \frac{P_w}{P_{w,sat}}$$

ここで，飽和状態が 100 % に相当する。飽和していると，液体から気体に蒸発する速度と，気体から液体に戻る速度がつり合って，見かけ上は液体から気体にならない。相対湿度 50 % では，その温度における飽和蒸気圧の半分の分圧で水蒸気が存在する。（相対）湿度が低いと液体の水が蒸発しやすく，湿度が高いと蒸発する余地が小さい。湿度が低くカラッとしていると洗濯物が乾きやすい。温度が上がると飽和蒸気圧も高くなる点には注意しよう。同じ相対湿度 50 % でも，低温時と高温時では水の量（分圧）はまったく異なる。全圧一定のもと相対湿度が同じなら，低温時より高温時のほうが水の分圧・体積混合比・数密度は高い。

（3）**水の体積混合比** 分圧 P_w を用いれば，水蒸気の体積混合比 C_w を求めることができる。

$$C_w = \frac{P_w}{P_{tot}}$$

（4） 水の重量密度 ρ_w　空気中の水蒸気の密度 ρ_w は，m_w を体積 V で除して求める（状態式も考慮した次式による。ρ_w の単位は M_w の単位に対応し $g\,m^{-3}$, $kg\,m^{-3}$ などとなる）。

$$\rho_w = \frac{m_w}{V} = \frac{P_w M_w}{RT}$$

（5） 水の数密度　水蒸気の数密度についても，成分 i の数密度の式を考えればよい。

$$nd(H_2O) = C_w\, nd(tot)$$

【例題 2.16】 298 K にて飽和した水蒸気について，RH, P_w, ρ_w, C_w はそれぞれいくらか求めなさい。ただし 298 K での水の飽和蒸気圧 $P_{w,sat}$ は 31.7 hPa，全圧 P_{tot} は 1 000 hPa とする。

解答例　飽和 → RH = <u>100 %</u>，298 K での飽和蒸気圧 $P_{w,sat}$ = 31.7 hPa

→ 分圧　$P_w = \dfrac{RH\,[\%]}{100} \times P_{w,sat} = 31.7\,\text{hPa} = \underline{3\,170\,\text{Pa}}$

→ 重量密度　$\rho_w = \dfrac{P_w M_w}{RT} = 0.023\,\text{kg m}^{-3} = \underline{23\,\text{g m}^{-3}}$

→ 体積混合比　$C_w = \dfrac{P_w}{P_{tot}} = \underline{0.032}$

⚠ メモ：25 ℃ 1 気圧で相対湿度 100 % だと水蒸気は体積混合比 3.2 % 存在する。
（空気分子 100 個のうち 3 個以上を水分子が占めている。）

2.4.7　蒸発と蒸気圧曲線

共存する液体と気体（ここでは「系」と呼ぶ）の境界面では，液体の表面から気体に分子が飛び出す蒸発と，気体から液体表面に接触した分子の一部が跳ね返らず液体に取り込まれる凝縮が，起こっている（図 2.4）。液体と気体の系を広く開放されたところに置くと，液体から蒸発した気体分子は広く拡散していなくなるので，液体付近の水蒸気量はたいして増

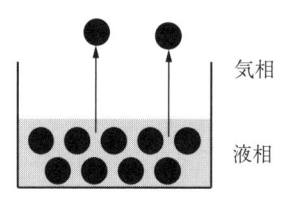

（a） 容器を密閉しないと…　蒸発した分子は外気に拡散し，液体がなくなるまで蒸発は続く。

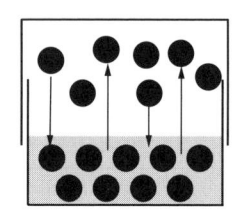

（b） 容器を密閉すると…　蒸発した分子は増え，液体に戻る分子も増え，最後は蒸発と凝縮がつり合い，蒸発が止まって見える。

図 2.4　蒸発と気液平衡のイメージ

えないまま，液体から気体への蒸発が続いて，しまいには液体が無くなってしまう。水を入れたコップに蓋をせずに広い屋外に置いたら，そのうち水が乾いてしまう。濡れた洗濯物を，広く通気の良い屋外に干すことも同様である。さて，液体と気体の系を容器内に密閉すると，容器内に閉じ込められた気体分子も徐々に増えて，そのうちに液体から気体への蒸発速度と気体から液体への凝縮速度がつり合う（**気液平衡**）。すると，液体も気体も分子数が一定となり，蒸発が止まったように見える。液体と気体の系が気液平衡に達しても，実際には蒸発や凝縮は止まっておらず，蒸発と凝縮の速さがつり合っただけである。温度を高くすると，分子の熱運動が活発となり，液体から気体に飛び出す分子数が増えるので，気液平衡に達した際の気体中の水蒸気分子数も多くなる。すなわち，温度が高いと，密閉空間内で存在しうる蒸気の分圧の上限値も高くなる。このときの蒸気の分圧の上限値を「**蒸気圧**」と呼び，成分の種類と系の温度によって決まる。気液平衡に達して気体分子が増加しなくなることを「飽和する」といい，蒸気圧を「**飽和蒸気圧**」ともいう。例として，水の蒸気圧の温度依存（**蒸気圧曲線**）を図 2.5 と表 2.2 に示す。蒸気圧曲線は，横軸を温度，縦軸を蒸気圧とし，各温度で水蒸気として存在しうる分圧の上限値を示す。25 ℃で水の蒸気圧は 31.7 hPa である。これは，25 ℃の下で液体の水を密閉容器に入れて放置すると，水蒸気の分圧が最終的に 31.7 hPa となることを意味している。相対湿度 RH を考えるには飽和蒸気圧 $P_{w,sat}$ が重要となる。例えば，気温 80 ℃，相対湿度 50 % とは図 2.5 の点 A に相当する。（液体がすべて気化する場合も含めて）気液平衡に達したときに蒸気圧曲線より下の領域は，「水分子が飽和せずに気相中に存在する状態」であり，水分子は気体として存在している。一方，蒸気圧曲線より上の領域は，「気相中の水蒸気は飽和していて（飽和蒸気圧の分は気相中に存在していて），残りは液体のままの状態」であり，水分子は気体と液体が共存する。

⚠ **メモ**：温度と圧力に対して物質の存在状態を表したものを相図と呼ぶ。蒸気圧曲線を境に液体と気体の存在状態を示した図 2.5 は，水の相図の一部ともいえる。

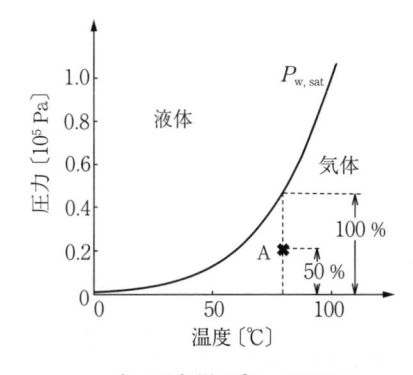

点 A は気温 80 ℃, RH 50 %

図 2.5 水の蒸気圧曲線と相図の一部

表 2.2 水の飽和蒸気圧の温度依存（抜粋）

温度 t 〔℃〕	飽和蒸気圧 $P_{w,sat}$ 〔hPa〕
0	6
20	23
40	74
60	199
80	473
100	1 013

2.5 典型的な大気の構造と組成

本節では，地球大気の物理的構造や化学組成について，典型例を示しつつ紹介する。

2.5.1 地球の大きさと大気の厚さ

2.1節にて示した練習問題2.1「地球やその大気は十分に大きいか？」の解説をしよう。地球の形状や大きさに関する情報を図2.6に示す。地球の半径は，東西方向の赤道半径で約6 400 kmであり，赤道直径は2倍の約12 800 kmである（ただし地球は南北方向にわずかにつぶれた楕円球）。赤道一周で約40 000 kmである。一方，私たちが通勤・通学する距離は，高々数十km程度だろうか。出張など国内の移動でも，例えば東京-大阪間の直線距離は約400 km，新幹線や高速道路の経路で500 km台である。私たちの日常生活の感覚では，地球の赤道直径は十分に大きいといえる。それでは「大気は十分に大きい」「いくらでも汚染物質を放出しても薄まる」だろうか？答えは，「汚染物質の放出量が地球大気の許容範囲を超えない限りYes」である。では「許容範囲」は十分に大きいだろうか？これは「時と場合による」としかいえない。有害な成分による問題は，それぞれについて「このくらいを超えると問題が起こりそう」と考えなければならない。判断材料として，大気が占める体積を考えてみよう。地球を直径12 800 kmの球体とすると，表面積はおよそ5.1×10^8 km^{2}であり，大気はこの表面を覆っている。日本の面積が約3.8×10^5 km^{2}なので，大気が覆う表面積はその約1 300倍である。しかし，上空ほど気圧が下がり大気は薄くなる（☞2.5.2項）。大気として対流圏（☞2.5.2項）を考えると，その厚さは10〜15 km程度しかない。大気の厚さを15 kmとしても，赤道半径の1/400程度である。厚さ15 kmの大気の体積を，簡単に表面積と厚さを乗じて求めると，7.7×10^9 km^{3}である（実際には，対流圏の高さ・対流圏界面高度は場所により変わる）。「大気は大きいか？」への解答例としては「汚染物質の放出量が地球大気の許容量を超えないうちは問題ないと考えられる。しかし放出量が

地球は南北に少しつぶれた楕円球
($d_1 = 12 756$ km, $d_2 = 12 714$ km)

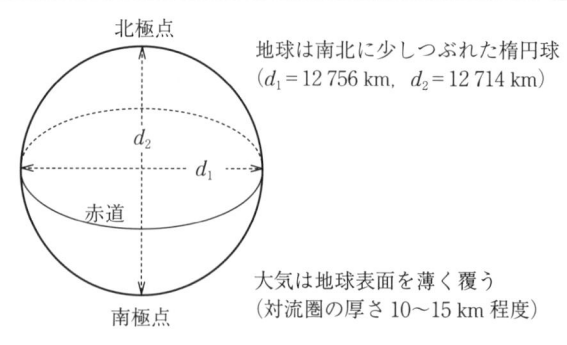

大気は地球表面を薄く覆う
（対流圏の厚さ10〜15 km程度）

図2.6 地球の形状と大きさ

大きくなると，地球大気の許容量を超え，問題が起こる可能性がある。」というところだろう。特に近年，人間活動が世界規模で拡大し汚染物質放出量も増大している。以前は，工場近傍での汚染を防ぐため煙突で上空に放出しておけば拡散・希釈するので問題ない，と考えただろう。そもそも何も考えずに放出したかもしれないが，放出量の少ない時代は問題が起きなかったかもしれない。しかし，その後の大気環境問題の歴史を鑑みるに，人間活動の急激な拡大に伴う汚染物質の大量放出は，「大して分厚くない地球大気」の限界を超えつつある（環境問題によっては超えてしまった），といえるのではないか。

わかりやすくイメージするため，具体的な数値を絡めて考察した。問題文の「大きい」という曖昧な表現のため，回答に窮したかもしれない。A君の曖昧さを指摘できたなら，（本筋ではないにせよ）よくぞ気がついた，といいたい。環境問題を報じる情報は，わかりやすく伝えるためか，定量的でない曖昧な表現を使うことも多い。判断基準として，定量的な数値を示すか，ほかとの比較が必要である。ニュースや記事を読む際には，いったん立ち止まって表現の曖昧さを含めて何が書いてあるかを自分なりに考えて，発信者の立場や意図や能力を含め情報を精査してほしい（自分の意見はとりあえず置いておき，表現や内容を客観的に考えることで，情報に触れるトレーニングをしてほしい）。

2.5.2 典型的な気温・気圧の高度分布

次は，地球大気の上下（鉛直）方向の構造を説明しよう。東西方向（経度）や南北方向（緯度）の地球上の空間的な位置（座標）により，また太陽との位置関係により変わる季節によって，気象学的な大気の運動も異なり，鉛直方向の構造も変わる。ここでは，鉛直方向の典型的な構造として，北緯30度の3月（春先）の例を紹介する。

大気の構造として，気温と気圧の高度分布を考えよう。3月の北緯30度では，**図2.7**の

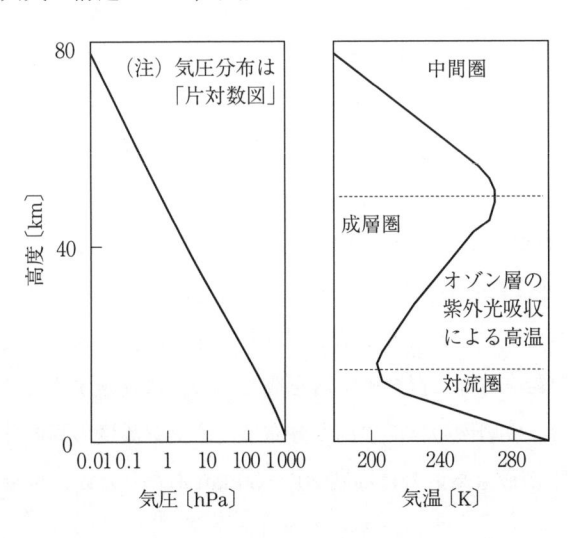

図2.7 気温と気圧の高度分布の例（3月，北緯30度）

ような高度分布が典型的である。大気の高度分布を図示する際は，縦軸に高度，横軸に対象の変数をとって書くことが多い。縦軸を高度としたほうが，実際の上下方向の状況を直感的に把握しやすいからである。グラフに触れる際には，縦軸や横軸が何か，各データは何を表すかに気をつけよう。

さて，気温の高度分布のグラフでは，横軸に気温を絶対温度 K 単位にて，縦軸に高度 z を km 単位にて，示してある。気圧 $P(z)$ は，地表（およそ 1 気圧，1.0×10^5 Pa）から上空までに数桁にわたり減少するため，線形プロットではなく，横軸の気圧に常用対数（☞付録 A.4 節）$\log P(z)$ を用いる「片対数プロット」が便利である。各高度の気圧は，その高度より上空の空気の重さにより決まる（☞ 2.2 節）ため，地表付近でほぼ 1 気圧だが，高度が高いほど気圧も減少する。大気の気圧の高度分布は

$$P(z) = P(0) \exp\left(-\frac{M_{air}\, g\, z}{RT}\right)$$

となる。両辺の対数をとると

$$\ln P(z) = \ln P(0) - \frac{M_{air}\, g\, z}{RT} = 2.303 \log P(0) - \frac{M_{air}\, g\, z}{RT}$$

となり，高度 z と $\ln P(z)$ および $\log P(z)$ は直線関係がある（図 2.7）。気圧は，高度 20 km で地表の約 1/100 になる。一方で気温の高度分布は，各高度における大気への熱の供給の違いによって説明される。地球に供給される熱エネルギーとして太陽光が最も重要である。まず太陽光によって地面や海面など地表面が温められ，続いて地表面から下層大気に熱が伝わる。下から温められた大気は密度が軽くなる。実際には水蒸気の役割などが複雑だが，簡単にいえば気温 T が高くなると，状態方程式から求められる空気の重量密度

$$d_{air} = \frac{m_{air}}{V} = \frac{M_{air}\, n_{air}}{V} = \frac{M_{air}\, P_{tot}}{RT}$$

は小さくなり，空気は軽くなる。軽くなった空気は上空へ動こうとする。地表から高度 10 〜 15 km まで気温が低下するのは，地表面の熱源によって説明される。鍋や風呂を下から加熱すると水が上下に循環（対流）するのに似ている。対流が支配的な大気の高度領域を「**対流圏**（troposphere）」と呼ぶ。さらに上空へ行くと，気温が上昇に転じ，高度 50 km 程度まで気温が上昇し続ける領域「**成層圏**（stratosphere）」が現れる。成層圏には，オゾン O_3 が比較的多く存在するオゾン層と呼ばれる高度範囲があり，太陽光に含まれる紫外光をオゾンが吸収することで大気に熱を供給する。成層圏では上空ほど気温が高く，大気の鉛直混合が起こりにくい。各高度の大気が鉛直方向に混合せず層を成したように安定すると考えられたことから，成層圏と呼ぶ。なお，成層圏の気温の高度分布は，オゾン濃度の高度分布とは傾向が一致しない。オゾンの分圧が最も高いのは高度 20 〜 30 km あたりだが，気温は

高度50 km あたりに極大を持つ。成層圏の気温は，オゾンの分圧だけでなく，太陽紫外線の強さも重要となる。高度が高い方が太陽に近く，その高度より上層の大気による紫外線吸収も小さいため，紫外線が強い（☞4.1節）。対流圏と成層圏との境界を対流圏界面と呼ぶ。成層圏の上端を成層圏界面と呼ぶ。成層圏の上には中間圏や熱圏がある。

2.5.3 地球大気の組成

次に，大気に含まれる成分（組成）について，典型例を紹介しよう。地表付近の大気を例に，代表的な成分の名称と典型的な量（体積混合比）を**表 2.3**に示す。なお，水蒸気量は空間（緯度，経度，高度）や時間（季節，月，時刻）によって大きく変動する。例えば，夏の地表付近（例：気温35℃，湿度70%）では水蒸気の体積混合比が4%になる一方で，上空ではほとんど0%に近い場合もある。水蒸気を考慮すると，最大で体積混合比4%（0.04）の相違が生じて混乱を招くので，この表では水蒸気を除外した乾燥空気の組成を掲載してある。この表はあくまで典型例であり，成分によっては大きく変動する。

表 2.3 典型的な大気組成（乾燥大気）

気体成分	体積混合比〔mol/mol〕
窒素　N_2	0.78
酸素　O_2	0.21
アルゴン　Ar	0.0093
二酸化炭素　CO_2	400(−6)*
ネオン　Ne	18(−6)
ヘリウム　He	5.2(−6)
メタン　CH_4	1.8(−6)
クリプトン　Kr	1.1(−6)
水素　H_2	500(−9)
一酸化二窒素　N_2O	310(−9)

* $a(b)$ は，$a \times 10^b$ を表すものとする。

乾燥大気を構成する主要成分は窒素N_2と酸素O_2で，合わせて大気の分子数・体積混合比の99%を占める。残りの1%も，その多くが第3位のアルゴンである。以下，二酸化炭素，ネオン，と続く。アルゴンやネオンは，ヘリウムやクリプトンとともに希ガスと呼ばれ，化学的に安定で，ほとんど反応しない。希ガスは存在量が少なく，人工的に作り出すことも困難なため，希少価値の高い戦略物資である。二酸化炭素は，近年注目される地球温暖化（気候変動）の主役とされる成分で，本書執筆時点で約400 ppmvとなっているが，この量は人間活動の活発化とともに上昇し続けている（☞4.2節）。オゾン，メタン，一酸化二窒素なども温室効果気体として注目される。オゾンの体積混合比は，成層圏のオゾン層でppmvオーダーに達する（ただし全圧が低いため分圧は抑制される）が，対流圏では光化学反応によって日中の汚染大気で100 ppbvのオーダーになる（夜間はあまり存在しない）。オ

ゾンは場所や時間による変動が大きいため，表には値を掲載しない。主要成分以外の大気中に微量に存在する成分を，大気微量成分と呼ぶ。表に掲載したのはごく一部の成分のみで，人間活動に伴って放出される成分や，反応により生じる成分など，多様な成分がほかにも存在する。部屋を換気して汚染空気を外に排出する，自動車を運転して排気口から排出ガスを出す，工場で煙突を通して数十mの高度に煙を放出する，などの排気に含まれる成分は大気中で薄まるものの，すぐに消えてなくなるわけではなく，しばらくは何らかの形態で存在する。大気環境化学の主役は，主要成分ではなく微量成分である。

2.6 大気微量成分の重要性

大気中には，多様な成分が存在している。また，大気成分の存在形態はいくつかあるが，本節では，個々の「分子」の形で空間を飛び回っている「気体（ガス）」について取り扱う（気体以外に「浮遊粒子状物質」がある☞4.3節）。成分の種類，場所や季節・時間帯によって，量や濃度はさまざまである。多くの大気環境問題では微量成分が原因となる。例えば，地球温暖化（☞4.2節）に関わる成分のうち，二酸化炭素の体積混合比は約400 ppmvだが，これは空気分子100万のうち400個がCO_2ということで1/2 500の割合，メタンは1.8 ppmv，一酸化二窒素は310 ppbv，というように，100万分の1程度またはそれ以下しか存在しないが，重要である。光化学オキシダント（☞3章）で問題となる成分として，都市大気でのオゾンや窒素酸化物NOx（NOとNO_2の総称）がともに最大200 ppbv程度であり，空気分子10億のうち200個がO_3やNOx，という比率である。光化学オキシダント生成には，化学的に不安定な大気微量成分の反応が特に重要である。微量成分，特に反応活性が高い成分は，量や濃度の空間的・時間的な変動が大きい。発生源の近傍では濃度が高いが，発生源から離れると拡散・消失によって濃度が低くなるため，濃度の空間的なバラつきが大きくなる。対流圏オゾンのように光化学反応によって生じる成分は，日中の日射が強い時間帯は濃度が高いが，夜間は濃度が低い。大気微量成分の空間分布や時間変動の詳しい把握が，大気環境問題解決の大前提として重要である。

2.7 大気微量成分の挙動

大気中には，主要成分や微量成分を含めて，多種多様な成分が存在するが，成分によらず同じように振る舞うわけではない。長い間どこでも同じように存在する窒素や酸素のように安定な成分もあれば，オゾンやNOxのように条件のそろった場所や時間に多く存在する成分もある。CO_2やメタンのように，反応性が低いために地球規模で発生源近傍以外では空間

的に均一の濃度分布を示す成分もある。成分ごとに挙動や濃度分布もさまざまである。本節では，大気成分の挙動の概要を紹介する。

2.7.1 発　生　源

大気成分の挙動を簡略化したイメージを**図 2.8** に示す。大気中に成分を放出する場所や要素のことを**発生源**（source）と呼ぶ。また，成分が大気から消失する要素を**消失先**（sink）と呼ぶ。自動車の排出ガスや工場の煙突から出る煙には，窒素酸化物 NOx，一酸化炭素 CO，二酸化炭素 CO_2，二酸化硫黄 SO_2，揮発性有機化合物 VOC，など多様な成分が含まれる。例えば，自動車の排出ガスや工場からの排気は，NOx の大気への発生源である。植物は呼吸の際に O_2 を吸って CO_2 を出すので，植物の呼吸は CO_2 の発生源だが，O_2 の消失先であるし，光合成の際にはその逆である。海は，その表面（気液界面）から CO_2 を取り込む（大気-海洋間の物質交換の一種）が，NaCl などの海塩成分を大気に放出している。このように，成分ごとにそれぞれ発生源や消失先を持つうえ，各要素の役割は対象成分ごとに違うことも多い。成分ごとの発生源や消失先の概要は後ほど紹介する（☞ 2.8 節）。

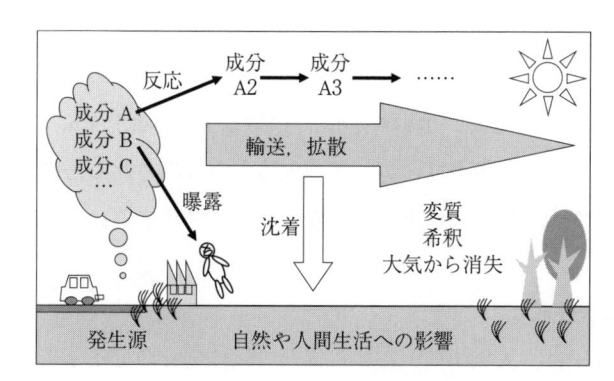

図 2.8 大気成分の挙動の概要

発生源の近傍では，成分の濃度は概して高い。自動車排出ガスや工場からの煙への直接接触をイメージすれば，放出直後でなおかつ拡散前の排気（プルーム（plume）と呼ぶ）は汚染物質を特に多く含むことが分かるであろう。放出された成分に大量に接触（曝露）すると，人間や生物に有害な影響を及ぼすことがある。どんな成分も，成分ごとに固有の摂取量や曝露量の許容限度があり，それを超えると人間の健康に悪影響が及ぶ，と考えられる（☞ 5.3 節）。発生源近傍では成分濃度が高く，曝露の許容限度を超えやすい状況にあり，人や動植物に直接的な影響をもたらすことがある。日本の公害病の一つ，四日市ぜんそくを例に挙げると，工場周辺の住民にぜんそくの被害が多かったが，これは工場という発生源から出た SO_2 のような有害成分が，近傍の住民に直接影響したためと考えられる。

2.7.2 輸送と拡散

　発生源から放出された成分は，最初はある程度かたまっているが，時間の経過とともに，空気の運動によって徐々に周辺に散らばり，薄まっていく（**拡散**）。排気の拡散・希釈は，線香の煙をイメージしてみよう。発生源から離れたところにある，排気の影響を受けない大気は，排気よりもずっと「キレイな」「清浄な」大気である。排気など人間活動の影響を受けない大気をバックグラウンドと呼ぶことがある。発生源から大気中に出た排気は，周辺のキレイな空気と混合しながら広い空間に拡散していくことで，汚染物質は希釈されて濃度は低くなる。排気成分がすぐに希釈されるかは，発生源近傍での排気と空気の拡散・混合のしやすさに依存する。例えば，発生源周辺に排気の拡散を妨げるものがなく，ある程度の風が吹いていれば，発生源から放出される成分は速やかに拡散・希釈されながら吹き払われるので，発生源近傍での局所的影響は抑えられる。一方で，周辺に高い建物や地形があって拡散しにくく，冬の寒い夜のように空気の拡散・対流・輸送の弱い気象条件では，発生源から放出される排気は近傍に長時間高濃度のままとどまり，発生源周辺への影響が大きくなりやすい。放出から長い時間が経過して発生源から遠ざかるにつれて，成分濃度は低くなっていく。さらに，大気や空気は，風や気流に乗って遠くの場所まで移動する（移流，輸送）。例えば，火山が上げる噴煙は，徐々に拡散しながら，風下へ流れていく。風といっても，身の回りの狭い範囲の風だけでなく，偏西風のように数百 km，数千 km，の大規模な大気の運動も考えなければならない。例えば，アジアの大陸から放出される汚染物質の一部が，拡散や反応により薄まりつつ，偏西風に乗って日本や北米に到達する。

2.7.3 反応と二次生成

　微量成分の気体分子は，大気中に存在するほかの気体成分の分子と衝突して，化学反応を起こす場合がある。また，大気中を漂っている浮遊粒子状物質，地表にある植物の葉，地面に付着している水滴など，各種の「表面」に気体分子が接触しても化学反応を起こす場合がある。前者は，気体・液体・固体のうち同じ状態（相）である気体として存在する分子同士が反応するので均一反応と呼ぶ。後者は，気体分子が液体や固体の表面・界面で反応するという，異なる相の間での反応であり，不均一反応と呼ぶ。大気微量成分が反応すると，元の成分（**反応物**）から別の成分（**生成物**）を生じる。化学反応に伴って別の成分に変化することを，ここでは反応による変質と呼ぶ。図 2.8 の例では，発生源から放出される成分 A が，1 段目（1 ステップ目）の反応で成分 A2 に変化し，さらに成分 A2 が 2 段目の反応によって A3 に変化する様子を表している。微量成分の中には，拡散・輸送とともに大気中で次々と反応して，多種多様な生成物を生じるものがある。なお，大気成分をその由来によって分類すると，発生源から大気中に放出されて直接影響を及ぼす**一次放出物**と，続く反応によって

生成する**二次生成物**がある。大気に最初に供給される方を一次的（primary）といい，続く反応により間接的に供給される方を二次的（secondary）という。大気環境問題には，四日市ぜんそくのように発生源近傍で一次放出物が直接問題となる場合と，光化学オキシダントや酸性雨のように輸送・拡散しながら生じる二次生成物が問題となる場合がある。最近注目されている $PM_{2.5}$ などの浮遊粒子状物質も，ディーゼル排気粒子（DEP）に含まれる黒いススなどの一次放出と，光化学反応による**二次生成**が，ともに重要である。地球温暖化の原因物質として注目される二酸化炭素（CO_2）の場合は，各種発生源から一次放出されるが，CO_2 自体は人体への有害性が高くないうえ，CO_2 による温室効果は短時間で起こる現象でもないので，発生源近傍の局所的な影響は問題にならない。CO_2 の大気中での反応は重要でないため，放出された CO_2 はそのまま地球規模に拡散・輸送され，地球全体で CO_2 濃度が上昇して温暖化に影響すると考えられる。対象とする環境問題によって，また原因物質の反応性や輸送・拡散の特性によって，一次放出と二次生成の重要性が異なるうえ，発生源近傍の局所的な問題か，数時間〜数日程度の輸送拡散中の反応か，地球全体での濃度上昇か，といった空間・時間的な規模も異なってくる。

2.7.4 沈　　　着

大気中に放出された成分や，反応によって生成した成分は，どのように大気から消失するのだろうか。大気成分の消失過程としてまず，反応による変質が挙げられる。別の成分に変わるので，化学的には元の成分は消失する。その他の消失過程としては，大気から物理的に除去される過程が挙げられる。地表付近の大気では，成分が表面に取り込まれる「**沈着**（deposition）」が重要である。大気中の成分が雨や雪に取り込まれて地面に洗い流される過程を**湿性沈着**（wet deposition）といい，大気中の気体分子や粒子状物質が地表や植物など各種表面に接触して一部が取り込まれる過程を**乾性沈着**（dry deposition）と呼ぶ。

2.7.5 数　式　化

大気環境問題に取り組むには，発生源からの放出，物理的な拡散・輸送・沈着，化学的な反応，といった大気微量成分の挙動を把握し，自然や人間への曝露量や影響を正しく評価することが重要となる。具体的には，「いつ，どこで，どんな成分が，どの程度の量あり，時間の経過とともに量や存在形態がどう変化するか」を，数式や数値にて定量的に把握しなければならない。時刻 t，空間的な座標 (x, y, z)，成分 i，の数密度を $[X_i](t, x, y, z)$ と定義する。発生源からの放出，反応による生成と消失，拡散・輸送による別座標への移動，沈着による消失，の諸過程を通して各成分濃度（数密度）は場所や時間により変化する。

$$\frac{\partial [\mathrm{X_i}](t, x, y, z)}{\partial t} = P - L[\mathrm{X_i}](t, x, y, z) + (流入・流出の項)$$

$\partial/\partial t$ は偏微分の記号で，上式の左辺は時刻 t，座標 (x, y, z) における $[\mathrm{X_i}]$ の単位時間あたりの変化量（数密度の変化の速さ）を表す．右辺第1項の P は反応によるiの生成速度である．第2項のうち L はiの反応による消失速度を表す値，である．一般に，反応による消失速度は，$[\mathrm{X_i}]$ が大きいと単位時間に減る数密度も大きくなるので，本書では上式のように $[\mathrm{X_i}]$ に比例する形とし，その比例係数を L とした．右辺第3項の流入・流出の項は，放出や沈着や輸送・拡散によってその座標に出入りする成分iの量を正味の流入速度（$[\mathrm{X_i}]$ が増える場合を＋とする）で表す．上式は，固定した座標 (x, y, z) に立ってそこでの成分の変化量を表した式で，オイラー形式の**連続の方程式**という．本書では数学や物理の領域に深く立ち入らず概略のみを紹介したが，詳細は各自で参考書を参照されたい．この式は，反応による生成・消失や発生源からの放出，および流入・流出がなければ，右辺各項は0であり，成分の量は変化しない（保存される），「**質量保存則**」も表す．反応・放出・沈着・輸送拡散のないところに，成分が突然湧くことも消えることもない．

　発生源の近傍では濃度が高いが，発生源から離れて大気から消失するにつれて濃度が低くなっていき，その結果，緯度・経度・高度による空間的なバラつきが大きくなる．対流圏オゾンのように光化学反応によって生成する成分は，日中の日射の強い時間帯は濃度が高いが，夜間は濃度が低い．大気微量成分の空間分布や時間変動を詳しく把握することが，大気環境問題の解決のための大前提として重要である．諸過程（放出，反応，輸送拡散など）は成分ごとに同時に起こり，その結果としての現象もさまざまで複合的となる．大気の環境問題を考えるうえでは，少数の特定の成分や過程のみでなく，それらの複合的な挙動や影響を含めた多面的な検討が求められる．例えば，NO_2 の環境基準を達成するために，NOxの排出量を減らすだけではうまくいかない．NOx排出量を都心部で減らすのと全国的に減らすのは，いずれが効果的なのか，といったことを考えるには，NOxを中心とした関連物質の放出・反応・輸送拡散などを把握したうえで，対策の結果いつどこでどの成分がどのくらいの濃度になるか，評価しなければならない．また，NOxを減らしたら，光化学オキシダントや粒子状物質の視点でどのような影響があるかなど，あらゆる視点から検証しなければならない．単純に「こうすればよい」という「正解」は簡単には見つからない．安直に対策を考えても，実際には想定外の多面的・複合的な原因や現象が効いて，結局効果が得られないことにもなりかねない．このあたりが大気化学のややこしい面でもあるが，読者諸氏は地道に一つずつ勉強して，知識や経験を積み重ねてほしい．

2.8 大気成分の発生源と消失先と収支

　大気成分量の把握には，大気への放出・供給と大気からの消失，すなわち成分の「収支」が重要である．成分ごとの発生源と消失先，その結果としての濃度分布や時間変動，を把握することは，化学物質が原因となる大気環境問題や影響を知るために特に重要である．発生源や消失先は，大気という系と大気以外の系との成分の出入り，と考えるのがよい．ここでは，いくつかの代表的な成分について，発生源と消失先を紹介し，大気への成分の出入りの考え方や具体例を学ぶ．なお，環境化学で一般的な「元素としての物質循環」は，本書では大気に関連する部分のみ，代表的な成分を例に挙げるにとどめる．

2.8.1 人為起源と自然起源

　大気成分の発生源は，自然の営みに伴う「**自然起源**」と，人間活動に伴う「**人為起源**」に大別できる．自然起源と人為起源の例を，表2.4に示す．自然起源は，太古の昔から大気中に成分を供給してきた発生源で，人間活動による影響を受けない大気の濃度レベルを支配すると考えられる．人間活動の影響を受けない大気を「**バックグラウンド大気**」と呼び，人間活動による大気環境への影響を考える際に重要な概念である．ただし，南極などバックグラウンドと期待される遠隔地の大気でも，世界規模で活発化する人間活動の影響が近年は無視できない．反応が遅く大気寿命の長い成分は発生源から遠方まで生き残るため，人間活動による大量放出はバックグラウンドを含めた地球規模での濃度上昇をもたらす．

表2.4 自然起源と人為起源の例

自然起源	人為起源
生物（呼吸，光合成，分解）	化石燃料燃焼
海洋（気液交換）	バイオマス燃焼
火山（噴火，噴煙）	産業活動
土壌（微生物，湿地）	家畜
燃焼（山火事）	農業
雷放電	燃料などの揮発
成層圏からの輸送	

　人間活動から放出される成分により，自然の起源や消失先が影響を受ける場合もある．例えば，人間活動の活発化により大気中CO_2量が増加すると，海洋への気液交換や生物の呼吸によるCO_2の吸収量が増大するなど，自然による放出や消失が人間活動に左右される．人間活動の影響で自然の営みが変化した結果，さらに人間活動に影響する，というように自然と人間活動は幾重にも影響を及ぼしあうかもしれない．人間活動が活発化して大気CO_2

濃度が上昇すると，自然のメカニズム（温室効果）による気温上昇が懸念されるが，気温上昇によって海水温が上昇すると，海水中に溶けている CO_2 の大気への放出量が増え，大気中の CO_2 量を増やし，さらに温暖化を促進しかねない。このように，一方（原因）が他方（結果）に及ぼした影響が，前者に戻ってくる場合を「**フィードバック**」と呼ぶ。CO_2 の例のように，フィードバックによってさらに影響が促進される場合を「正のフィードバック効果」といい，逆に影響が低減される場合を「負のフィードバック効果」という。人間活動による自然環境への影響を考えるにはフィードバックも重要である。

2.8.2 窒 素 N_2

窒素 N_2 は，モル分率（体積混合比）78 % を占める大気の主要成分である。N_2 は，常温常圧下ではきわめて不活性・安定であり，大気化学反応にはほとんど寄与しない（ただし三体反応における第三体としては関与する）。かといって，生成・消滅が皆無ではない。年に，大気中の存在量の 1 000 万分の 1 程度のオーダーで，N_2 は大気と別の系を出入りする。大気と別の系との N_2 の出入りがつり合っているため，大気中 N_2 の量は短期間で大きく増減しない。例えば，大気の存在下でものを燃やすと（燃焼），大気中の N_2 と O_2 が高温で分解し，窒素酸化物 NOx を生成する。雷放電でも同様に N_2 と O_2 が分解して NOx を生成する。大気中の N_2 の一部が NOx に変換されると，N_2 の消失として働く。大気からの N_2 の消失はほかに，バクテリアなどによる別の窒素分への変換（固定）が挙げられる。この過程を通して，生物が窒素分を利用可能となる。一方，大気への N_2 の供給源としては，土壌中微生物による硝酸塩 NO_3^- から N_2 への変換が重要である。以上を含めて，大気中 N_2 の発生源と消失先を，**図 2.9** にまとめておく。図には，各過程における N の放出速度と消失速度を併記した。各値には不確定性があり，大まかなオーダーを知る程度に考えてほしい。大気中には約 4×10^9 TgN（単位 TgN は N 原子に換算して Tg の意味）が存在するが，大気と各系との 1 年あたりの放出速度と消失速度は，数十〜数百 TgN 程度である。大気 N_2 の生成や消滅はいくつかあるが，いずれの過程も 1 000 万年程度経過してようやく大気 N_2 に影響しうる程度の速度である。

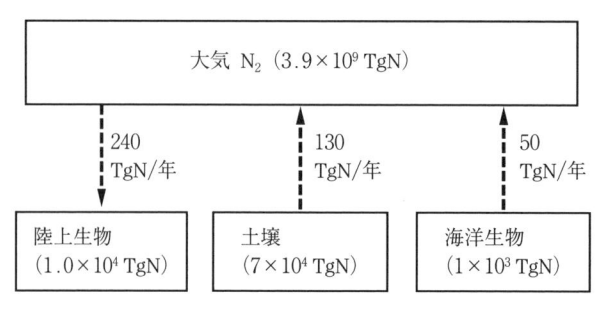

```
        大気 N₂ (3.9×10⁹ TgN)
         │         ↑         ↑
      240│      130│       50│
      TgN/年    TgN/年     TgN/年
         ↓         │         │
   陸上生物      土壌       海洋生物
  (1.0×10⁴ TgN) (7×10⁴ TgN) (1×10³ TgN)
```

図 2.9 N_2 の発生源と消失先の例

2.8.3 酸　素　O_2

酸素 O_2 は，モル分率21％を占める大気の主要成分である．大気化学反応では，三体反応における第三体として重要だが，数時間〜数日程度の大気汚染や大気光化学反応を考えるなら，O_2 が気相反応に直接寄与することは稀である．常温常圧下での大気微量成分の光化学反応は，非常に遅い酸素との反応ではなく，反応の速い大気ラジカルに支配される（☞3.3節，3.4節）．ただし，燃焼のように高温になると O_2 が重要となるほか，常温でも岩石の風化のように長時間の反応では酸素が効く（本書は短い時間スケールの光化学反応に主眼を置いている．地球温暖化やオゾンホールに関連する成分は比較的安定で反応が遅いが，光化学オキシダントに関連する成分は数分〜数時間程度の速い反応が主である）．

酸素 O_2 の生成過程として，植物の光合成が重要である．枯れた植物などの有機物の分解や，生物の呼吸では，大気中の酸素を消費する．また，地表の岩石の酸化・風化でも酸素を消費する．人間活動での燃焼時には酸素を使う．酸素の収支は，光合成や有機物など，CO_2 を含めた炭素の循環・収支と深い関連がある．

2.8.4 窒素酸化物 NOx

一酸化窒素 NO と二酸化窒素 NO_2 を合わせて **NOx** と総称する（☞3.5節）ここでは，対流圏での NOx の発生源と消失先および地球規模での収支について，概略を紹介する．NOx の発生源として最も重要なのは，**化石燃料の燃焼**である．現代は，石油や石炭など化石燃料を燃やすことでエネルギーを確保するが，燃焼に伴って NOx を大気中に放出している．燃焼によって生成する NOx は NO が主である．窒素 N_2 と酸素 O_2 を含む空気の高温での燃焼時に生成する NOx を **thermal NOx** といい，高温で N_2 や O_2 が分解・結合しておもに NO として放出される．thermal NOx は空気に含まれる N_2 と O_2 に由来するので，低減するには燃焼条件を工夫する必要がある（ただし NOx 低減にとらわれすぎて一酸化炭素 CO といったほかの有害成分が増えてもよくない）．一方，燃料に微量に含まれる窒素分が，燃焼時に空気中の O_2 によって酸化されて NOx を生成するものを，**fuel NOx** と呼ぶ．燃料に含まれる窒素分を減らせば fuel NOx の抑制は可能である．化石燃料燃焼の次に多く NOx を放出するのが**バイオマス燃焼**である．バイオマスとは，生物体や生物由来のもの全般を指す．世界規模では，熱帯での農業（例：焼畑農業）や森林伐採がバイオマス燃焼の大部分を占める．化石燃料は，昔の植物や動物の死骸が長時間かけて化石となったものである．地中の埋蔵分を燃やして排気を出すので，大気中の微量成分を増やす．バイオマス燃焼は，CO_2 に関しては最近植物に取り込まれた分を燃やすので影響は大きくないとされるが，急激な森林伐採や焼き畑によって短時間で大量に燃やされるのは問題である．NOx から見れば，fuel NOx とともに thermal NOx も効く．化石燃料もバイオマスも，ものを燃やせば NOx は出てしま

う。CO_2 に関する温暖化対策としての植林事業のような「植物の取り込み量を燃やすから正味排出はゼロ」という考えはNOxには成り立たない。NOxの環境影響の規模はlocalからregionalで,挙動がglobalな CO_2 と同様に考えてはならない。ほかのNOx発生源としては,土壌中微生物の放出,雷放電,生物放出 NH_3 の大気中酸化,航空機の排出,成層圏からの降下,などがある(☞3.5.2項)。

　大気中に放出されたNOxは,大気化学反応(☞3章)を経由して酸化され,酸化生成物(硝酸 HNO_3 や有機硝酸など)となる。NOxの酸化生成物は地表への沈着速度が速く,大気から消失しやすい。酸化生成物が浮遊粒子状物質に取り込まれて地表に沈着する経路もある。また,NOxから生成する有機硝酸の一種に**ペルオキシアセチルナイトレート(PAN)**やその類似化合物(PANs)がある。PANは熱に弱く,高温期にはすぐに分解してNOxに戻るが,寒い冬季や上空では長時間存在できる。したがって,地表の発生源からNOxとして放出されたあと,反応しながら低温の上空に輸送されると,PANの形で遠方に輸送され,地表付近に降りてくるとPANの熱分解によってNOxに戻る,というNOxの長距離輸送も重要となる。NOxや HNO_3 の形では大気中に長時間存在できない(大気寿命が短い)が,いったんPANという仮の姿を借りることで遠くまで輸送される。ここでいう「仮の姿」のことを**貯留成分**(reservoir)と呼ぶ。PANという貯留成分としてNOxが蓄えられ,遠くまで輸送され,条件がそろうと,蓄えたNOxを再度放出する。NOxの挙動の概要を**図2.10**に示す。実際は,日中と夜間でNOxの反応は大きく変わる(☞3章コラム)。

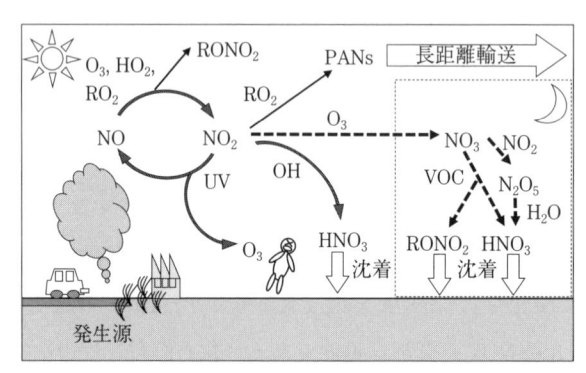

夜間はOH, HO_2, UVの寄与が小さく,点線の反応が重要となる。

図2.10 NOxの挙動の概要

2.9　気体分子の反応

　大気中の微量成分の気体分子は,光の吸収,加熱,他分子との衝突,などにより別の成分に変わる「**反応**」を起こすことがある。大気中の気体分子の反応は,有害物の二次生成や大

気からの消失の点で，環境問題と深く関わる．本節では，気体分子の化学反応の基礎である気体分子反応論のうち，大気化学反応に絞って概要を説明する．

2.9.1 反応速度式と数密度

大気微量成分の挙動を考えるには，気体成分の反応の定量的な把握が必要である．ある成分が別の成分と反応するとき，反応の速さはどの程度か，生成する成分は何か，反応する成分と生成する成分の比率は何対何か．例えば，成分AとBが1：1で反応して，成分CとDが1：1で生成する場合，次のように書く．

$$A + B \rightarrow C + D$$

化学反応による成分の変化を表す式を「**化学反応式**」と呼ぶ．反応の原料となる成分A，Bを**反応物**といい，反応によって生成する成分C，Dを**生成物**と呼ぶ．AとBが反応してCのみを生成し，A，B，Cの比率が1：1：2の場合

$$A + B \rightarrow C + C \text{ または，} \quad A + B \rightarrow 2C$$

と書く．2分子のAが反応してCとDを1分子ずつ生成する場合

$$A + A \rightarrow C + D \text{ または，} \quad 2A \rightarrow C + D$$

と書く．1分子のAが単独で分解して1分子ずつのCとDになる場合は

$$A \rightarrow C + D$$

と書く．以上をまとめて，あらゆる場合を想定した「一般形」として

$$aA + bB + \cdots \rightarrow cC + dD + \cdots$$

と書く．$a, b, c, d,$ などを化学反応式の「係数」と呼び，各成分の比率を表す．

反応式の左辺の係数の和が2となるA＋BやA＋Aのような反応を**二体反応**と呼ぶ．二体反応では，まず反応物同士が分子レベルで「衝突」するのが第一段階となる．単位時間あたりの反応の起こる速さである**反応速度**は，分子同士の**衝突頻度**に比例する．衝突頻度が大きければ反応も起こりやすく，反応速度も大きくなる．では，衝突頻度は何によって決まるであろうか？反応に関与する分子（A，B）の単位体積あたりの個数，すなわち数密度が大きい（分子が密に存在する）ほど，衝突も頻繁に起こる．通勤電車の中で周囲の人と接触する場合を考えれば，立っている人数が多いほど，電車が揺れるたびに周りの人と接触する頻度が多くなるだろう．分子の衝突もこれと似ていて，衝突頻度は対象分子の密集度合いに相当する数密度に比例する．

衝突した分子のペアはすべて反応して必ず生成物に変化する，というわけではない．反応の第二段階として，衝突した分子のペアA＋Bのごく一部が反応して生成物となる．衝突しても反応が進行しなかったペアは元のA＋Bに戻る．通勤電車の例では，周りの人と接触しても相手と必ず喧嘩になるわけではなく，当事者の性格や気分によってまれに喧嘩になる，

という程度である。分子衝突に続く反応の進みやすさは、衝突する分子の持つエネルギー（気体分子なら気温と関連）、反応する分子ペアの相性、によって支配される。

反応 A＋B を例に、反応速度を定量的な数式で表現する方法を説明しよう。A と B の衝突頻度（単位時間あたりの衝突回数）は、A, B の数密度に比例する。A と B の反応の速さは衝突頻度に比例するが、衝突後の反応の進みやすさも影響する。衝突と反応の進みやすさを合わせて比例定数 k で表すと、成分 A, B の反応の速さは

$$\frac{d[A]}{dt} = \frac{d[B]}{dt} = -k[A][B]$$

と書ける。ここで、$[A]$, $[B]$ は成分 A, B の数密度、その時間微分 $d[A]/dt$, $d[B]/dt$ は $[A]$, $[B]$ の単位時間あたりの変化量（変化の速さ）、を表す。反応速度は、反応物 A および B の変化の速さとして表す。A や B の変化量の式を「**反応速度式**」と呼び、化学反応の進む速さ（単位時間あたりに反応する分子の個数・数密度）を定量的に表す。反応速度は、反応物 A, B の数密度と**反応速度定数** k に比例する。この場合、A＋B が 1 回（1 単位）起こると、A も B もそれぞれ 1 分子ずつが消費される。A＋B の反応のみが起こるこの例では、A と B の減る量は同じで、A と B の変化の速さは一致するので、$d[A]/dt$ と $d[B]/dt$ は等号でつなぐ。さらに、1 単位の反応が起こると、A, B の数密度も減少するため、式の右辺にマイナスをつけなければならない。左辺は「数密度の変化の速さ」で、数密度が増加する際はプラス（＋）、減少する際はマイナス（－）、の値を持つ。上式のように左辺を増加の速さ（＋）として反応速度式を書く場合に、右辺にマイナスを伴って記載される項は成分の減少を、プラスを伴う項は成分の増加を、それぞれ表す。

⚠️ **注意**：反応に伴う減少を表すのに「左辺を－、右辺を＋」として書く文献もあるが、その場合は両辺に－1 を乗じて書き直せば、上述の通りとなる。

右辺は「A と B の反応速度が、A と B の数密度に比例し、その比例定数が k である」ことを表す。上述の反応速度式は、本節で説明してきた内容（衝突頻度、数密度、反応の進みやすさ）をすべて含み、「A と B の反応に伴う各成分の変化」を定量的に表している。反応式と反応速度式は、化学反応に伴う成分変化を考える基礎事項として重要である。

なお、反応式の左辺の係数の和が 3 以上の、3 個以上の分子の反応は、実際には 3 個以上の分子が同時に衝突するわけではない。例えば 3 個の分子の反応（**三体反応**）A＋B＋C では、始めに A と B が衝突して中間体を作り、中間体に C が衝突して最終的な生成物となるが、見かけ上は A, B, C が 1 個ずつ反応した関係になる。反応の過程を詳細に調べると、じつはいくつかの反応（おもに二体反応）がひき続いて段階的に起こる。トータルとして見かけ上 3 個以上の分子の反応として表現するのである。個々の段階を**素反応**と呼ぶ。連続する素反応のトータルとしての見かけ上の反応式を「**正味の反応式**」と呼ぶ。

2.9.2 一次反応

ここからは，気体分子の反応のうち，大気成分の挙動と関連が深いものを紹介する。気体分子Xに光や熱を作用させると分解することがある。

$$X \rightarrow 生成物$$

反応式の左辺に係数1の成分が1種類のみあるものを**一次反応**と呼び，1個の分子が単独で別の成分に変化する。Xに光を照射しての分解（**光解離**）の反応速度は

$$\frac{d[X]}{dt} = -J[X]$$

と書ける。Jは反応速度定数に相当する。光解離では「**光解離係数**」と呼んでJと表記するのが慣例である。光解離係数は，単位時間あたりに光分解するXの分子数の割合である。例えば，1秒あたり分子数の10％が分解する場合，$J = 0.10 \, \text{s}^{-1}$である。光解離反応に伴うXの反応速度は，Xの分子数（数密度）に比例する。「一次反応」の呼称は，反応速度が数密度の一次に比例することに由来する（上例では右辺は数密度の1乗に比例）。

- ✎ **練習問題 2.3** $J = 0.10 \, \text{s}^{-1}$，$[X] = 100 \, \text{cm}^{-3}$でのXの反応速度〔$\text{cm}^{-3}\text{s}^{-1}$〕を求めなさい。
- ✎ **練習問題 2.4** $J = 0.10 \, \text{s}^{-1}$，$[X] = 1\,000 \, \text{cm}^{-3}$でのXの反応速度〔$\text{cm}^{-3}\text{s}^{-1}$〕を求めなさい。
- ✎ **練習問題 2.5** $J = 0.10 \, \text{s}^{-1}$のとき，$[X] = 100 \, \text{cm}^{-3}$の大気試料と，$[X] = 1\,000 \, \text{cm}^{-3}$の大気試料とでは，反応速度（単位時間あたりに反応するXの数密度）が大きいのはどちらか求めなさい。

2.9.3 一次反応の時定数

一次反応での成分Xの反応速度式において，反応速度・変化量は，ある瞬間（時刻t）において成分Xがどのくらい速く変化するか，というtの関数である（数密度$[X]$も反応速度$d[X]/dt$も時間とともに変化する。「時刻tの関数」を明確にするならば$[X](t)$，$d[X](t)/dt$と表記すべきだが，このtはしばしば省略される）。大気環境では，「この成分は光分解すると何時間で数密度が半分に減るのか」「10分後や10年後にはXの量はどのくらいになるのか」といった，反応を考慮した成分量の時間変化や将来状況の予測が重要である。ある時点（$t = 0$）での成分量（初期値）$[X](0)$が分かれば，反応速度式を用いて，その後の成分量の時間変化$[X](t)$を計算できる。ここでは，最も単純な一次反応を例に，成分量の時間変化の計算方法を紹介する。Xの反応速度式は，Xに関する微分を含む方程式「微分方程式」である。微分方程式は，いつも必ず解けるとは限らないが，一次反応の式は解析解を持つ（「数式の変形などによって数学的に解ける」「解としての関数が求められる」ことを「解析解を持つ」という）。上記の一次反応の式の解は

$$[X](t) = [X](0)e^{-Jt}$$

となり，底を e とする指数関数を含む（e は自然対数の底，$\ln e = 1$，$e = 2.71828\cdots$；☞付録A.4節）。ここで

$$\tau = J^{-1} = \frac{1}{J}$$

とおくと，次のように書ける。

$$[X](t) = [X](0)e^{-Jt} = [X](0)e^{-t/\tau}$$

このとき，時間とともに反応が進行して，$t = \tau$ では初期値の $1/e (= 0.368)$ 倍に減少する。同様に，$t = 2\tau$ では初期値の $1/e^2 (= 0.135)$ 倍となる。τ のことを特に「**反応の時定数**」と呼び，反応進行に要する時間を表す指標の一つである。例として，横軸を反応開始からの経過時間 t の τ に対する比 t/τ，縦軸を X の t における数密度 $[X](t)$ の初期値 $[X](0)$ に対する比 $[X](t)/[X](0)$，として一次反応に伴う X の時間変化を**図2.11**に示す。一次反応では，1τ で初期値の 0.37 倍，2τ，3τ，4τ と反応進行とともにそれぞれ初期値の 0.14，0.05，0.02 倍に減少していく。

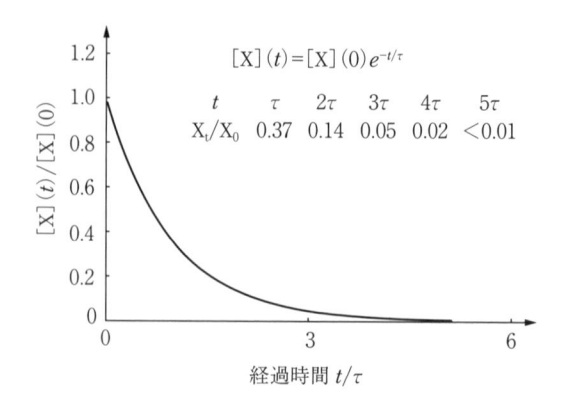

図2.11 成分 X の一次反応における数密度の時間変化の例

✎ **練習問題 2.6** $[X](t)$ の解を反応速度式に代入して，解として正しいことを示しなさい。

✎ **練習問題 2.7** $J = 0.10 \text{ s}^{-1}$ のとき，$[X] = 100 \text{ cm}^{-3}$ の大気試料と，$[X] = 1\,000 \text{ cm}^{-3}$ の大気試料とでは，反応の時定数が小さい（速く反応が完了する）のはどちらか求めなさい。

2.9.4 二体反応（二次反応）の補足

ここでは，2分子の衝突によって起こる二体反応について，復習と補足をしておこう。

$$A + B \to \text{生成物}$$

という二体反応の反応速度は，A と B の衝突と反応進行のしやすさを考慮して

$$\frac{d[A]}{dt} = \frac{d[B]}{dt} = -k[A][B]$$

と表され，A，B の数密度，および反応速度定数 k に比例する。2個の分子が反応する二体

反応を「**二次反応**」とも呼ぶ．二次反応の呼称は，反応速度が数密度の二次（2乗）に比例することに由来する（右辺は数密度の二次の項 [A][B] に比例）．

　二体反応の速度式は，微分方程式として必ず解けるとは限らない．解けるほうが特殊なケースで，通常は解析的には解けない．A＋Bの二体反応では，[A]，[B] の2変数が同時に変化するので，解を関数として求めることは一般には不可能である．二体反応に関与する成分の変化を定量的に知るには，数値計算が有効である（☞ 2.9.8 項）．

　二体反応の速度定数 k についてもう少し詳しく学んでおこう．二体反応 A＋B の反応速度定数 k は，A，Bの持つエネルギーや，AとBの組合せによって決まる反応のしやすさを反映する．k は，つぎの**アレニウスの式**により定量的に表すことができる．

$$k = A \exp\left(-\frac{E}{RT}\right)$$

A は温度によらず，反応しやすい組合せで大きな値を持つ．E は反応の際に越えるべきエネルギー障壁（**活性化エネルギー**）で，E が小さいほど反応が起こりやすい．R は気体定数，T は絶対温度で，気温が高い（A，Bの持つエネルギーが大きい）と k は大きく反応は速い．反応に関する文献では A と E/R が示される（☞ 付録 A.5 節）．

〈例〉　$NO + O_3 \rightarrow NO_2 + O_2$

$$k(T) = A\exp\left(-\frac{E}{RT}\right), \quad A = 1.4 \times 10^{-12}\,\mathrm{cm^3\,s^{-1}}, \quad \frac{E}{R} = 1310\,\mathrm{K}$$

$$\Rightarrow k(298\,\mathrm{K}) = (1.4 \times 10^{-12}\,\mathrm{cm^3\,s^{-1}})\exp\left(-\frac{1310\,\mathrm{K}}{298\,\mathrm{K}}\right) = 1.73 \times 10^{-14}\,\mathrm{cm^3\,s^{-1}}$$

2.9.5　擬一次反応

　二体反応の速度式は，微分方程式として必ず解けるとは限らないが，特定の条件を満たすと解析的に解ける場合もある．そのような特殊なケースの一例として，A＋Bの二体反応にて [B] がほとんど変化しない場合を考えよう．[B] と比べて [A] が十分に小さい場合（[A] ≪ [B]，≪は十分に小さいことを表す）は，A＋Bの反応によって [B] はほとんど減らず，[B] は t によらず一定の定数とみなせる．例えば，$t = 0$ の初期状態での A と B の数密度の比が [A](0)/[B](0) = 0.001（A は B の 1/1000 しかない）のケースでは，A＋B の反応が完全に進行して A がすべて消費されても，B は反応完了時に $1 - 0.001 = 0.999 = 99.9$ ％ が残る．反応を通して B の数密度は初期状態の 0.1 ％ しか変化せず，ほぼ一定とみなせる．二体反応で [B] ＝ 一定であれば，$k[B]$ は定数である．

$$\frac{d[A]}{dt} = -(k[B])[A]$$

これは A に関する一次反応の速度式といえる．前述の X に関する一次反応の式の定数 J を

$k[B]$ に置き換えれば，次のように解くことができる。

$$[A](t) = [A](0)e^{-(k[B])t} = [X](0)e^{-t/\tau}$$

このときの反応の時定数は $\tau=1/(k[B])$ である。このように，反応しても B の変化が無視でき，あたかも一次反応と同様に解ける二体反応を特に「**擬一次反応**」と呼ぶ。「擬（ギ）」は訓読みで「なぞらえる」と読み，「みなす」「真似する」「同様に考える」を意味する。擬一次反応が成立すれば，その時定数は $\tau=1/(k[B])$ であり，τ だけ反応が進行すれば A の量は $1/e$ となる。なお，条件 $[A]\ll[B]$ でなくとも，$[B]$ が一定となる状況を担保できれば，擬一次反応の仮定は成立する。例えば，B の発生源や消失先となる反応や要素がほかにも存在して，B がつねに（少なくとも反応の時定数の数倍以上の時間スケールで）一定とみなせれば，A に関する擬一次反応として解ける。

擬一次反応が成立しない一般の二体反応でも，反応の時定数は反応時間のおおよその目安になる。二体反応 A＋B にて，A との反応によって B が減少する反応時間の目安は $\tau(B)=1/(k[A])$，B との反応によって A が減少する反応時間の目安は $\tau(A)=1/(k[B])$，として算出できる。ただし，擬一次反応ではない「A, B ともに大きく変化する場合」には，時定数 τ だけ反応が進行しても A, B の量は初期値の $1/e$ とは厳密には一致しない。擬一次反応でない場合の τ は，あくまで反応時間の「目安」である。

2.9.6 大気寿命

発生源から放出される成分の大気環境への影響評価では，成分が大気中にどのくらい長くとどまるかという「**大気寿命**」が重要となる。大気寿命は，その成分が大気中に存在する時間の目安である。大気からの消失過程として反応が支配的なら，その成分の大気寿命は反応の時定数である。微量成分の多くは，大気中に存在する大気ラジカルなどとの反応の時定数によって大気寿命が決まる。反応相手は，日中の **OH ラジカル**や夜間の**ナイトレートラジカル NO_3**，終日存在するオゾン O_3 が重要である（☞大気寿命の算出は 3.4 節を参照）。

反応によって決まる大気寿命が短ければ，発生源から放出されても反応によってすぐに大気から消失するため，その成分は発生源のごく近傍のみで重要となる。この場合，発生源近傍では高濃度となるが，発生源から離れるにつれて濃度が低減し，ある程度離れると発生源の影響を受けない清浄大気の濃度（**バックグラウンド濃度**）となる。一方，反応による大気寿命が長い成分の場合，発生源から放出されても反応は遅く，長い時間大気中にとどまるため，発生源から遠く離れた地点まで輸送される。長寿命成分の放出量増加は，地球規模での濃度増加や環境影響をもたらす。また，反応が遅い成分の中には，反応以外の過程が濃度の増減を支配するものもある。CO_2 の収支や大気での滞留時間を考える際には，森林や海洋への吸収が重要である。大気寿命の長い成分は，放出量を減らしても効果はすぐには現れな

2.9.7 三体反応

大気成分の気相反応には，一次反応や二体反応のほかに，3個の分子が関与する「**三体反応**」がある。ここではその概略のみを紹介する。

関与する3成分をA，B，Mとすると，三体反応は普通次のように書く。

$$A + B + M \rightarrow AB + M$$

最終的にはA，Bが結合したABを生成する。三体反応といっても3分子が同時に衝突するわけではなく，3分子が関与する個々の段階（素反応）が逐次的に起こる。

$$A + B \rightarrow AB^* \quad (1)$$
$$AB^* \rightarrow A + B \quad (2)$$
$$AB^* + M \rightarrow AB + M \quad (3)$$

各段階は，（1）AとBから中間体AB^*を生成する，（2）AB^*は不安定なので大部分が分解してAとBに戻る，（3）AB^*のうち一部がMにより安定化されてABを生成する，というものである。（1）のあとに（3）が起こると，正味として三体反応となる（（1）と（3）の両辺を足し合わせると三体反応の式と一致する）。Mは「**第三体**」と呼び，不安定な中間体AB^*と衝突してAB^*の持つ余剰エネルギーを持ち去り安定化する役割を持つ。大気中では存在量の多い窒素N_2や酸素O_2がおもに第三体Mとして働く。三体反応は，まず2分子が衝突し，そこに残り1分子が関与する。なお，段階（1），（2），（3）のように，反応を段階的に追うときの個々の段階・要素を「**素反応**」と呼ぶ。また，複数の反応からなる全体的な反応メカニズムを「**反応系**」といい，全体の反応速度を支配する素反応を「**律速段階**」と呼ぶ。大気の反応を調べる際は，個々の素反応を解き明かし，律速段階を見極めて，反応を支配する要因を検証する。

上述の三体反応を「正反応」とすれば，逆方向に進む「逆反応」も無視できない。

$$AB + M \rightarrow A + B + M$$

逆反応には，次の三つの段階が関与する。

$$AB + M \rightarrow AB^* + M \quad (4)$$
$$AB^* \rightarrow A + B \quad (2)$$
$$AB^* + M \rightarrow AB + M \quad (3)$$

反応（4）で生成する中間体AB^*のうち反応（2）でAとBに戻る分が，全体として逆反応となる。十分に長い時間が経過すると，三体反応は逆反応との間で**平衡状態**に達する。$t = 0$の初期状態でのA，B，Mが，正反応によって徐々にABを生成し，時間の経過とともに生成物ABは増加する一方で原料A，Bは減少する。最終的には，ABの増加とA，Bの減

少は無視できるほど小さくなり，A，B，AB は一定となる（平衡状態）。平衡状態では，正反応と逆反応の速度がつり合って，反応が止まったように見える。正反応と逆反応の反応速度定数をそれぞれ k_+，k_- とすると，正反応と逆反応のつり合いは

$$k_+[\text{A}][\text{B}] = k_-[\text{AB}]$$

と書ける。一方，A，B，AB 間の平衡 $\text{A} + \text{B} + \text{M} \rightleftarrows \text{AB} + \text{M}$ の平衡定数 K は

$$K = \frac{[\text{AB}]}{[\text{A}][\text{B}]}$$

と定義される。この二つの式から，次の関係が成り立つ。

$$K = \frac{[\text{AB}]}{[\text{A}][\text{B}]} = \frac{k_+}{k_-}$$

K，k_+，k_- のうち二つを文献などによって調べれば，上式によって残りも算出できる。k_+ と k_- が分かれば，A，B，AB の時間変化の数値計算（☞ 2.9.8 項）もできる。

〈例〉 三体反応 $\text{NO}_2 + \text{NO}_3 + \text{M} \rightarrow \text{N}_2\text{O}_5 + \text{M}$ を例に，成分量の変化を数値計算してみよう。$T = 298\,\text{K}$ では，$k_+ = 1.2 \times 10^{-12}\,\text{cm}^3\,\text{s}^{-1}$，$K = 2.7 \times 10^{-11}\,\text{cm}^3$ とすると

$$k_- = \frac{k_+}{K} = 0.044\,\text{s}^{-1}$$

が求められる。$t = 0$ の初期濃度を仮定して，NO_2，NO_3，N_2O_5 の濃度変化を差分法により数値計算した結果，図 2.12 を得た。時間の経過とともに平衡状態に達する様子が見られる。

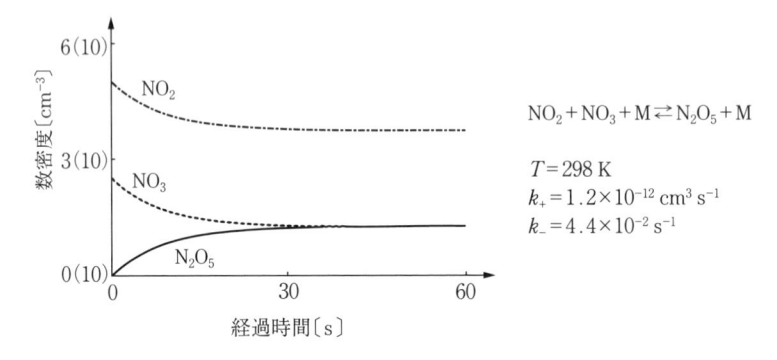

図 2.12 三体反応 $\text{NO}_2 + \text{NO}_3 + \text{M} \rightleftarrows \text{N}_2\text{O}_5 + \text{M}$ における各成分濃度の時間変化を差分法にて計算した例†

2.9.8 数値計算

A + B の二体反応では，[A]，[B] の 2 変数が同時に変化するので，解を関数として求めることは一般には不可能である。二体反応に関与する成分の変化を定量的に知るには，反応時間とともに変化する成分量を数値計算により追跡するのが有効である。本書では，微分方

---

† 軸の表記における $a(b)$ は，$a \times 10^b$ を表すものとする。本書では，たびたびこの表記を使用する。

程式（反応速度式）からパラメータの変化を追跡計算するのに，誤差は大きいがわかりやすく単純な「**差分法**」を用いる。実際の反応追跡計算では，差分法よりも高精度で信頼性の高い微分方程式計算法を用いるが，ここではあくまで反応速度式の数値計算の考え方に触れることに主眼を置いて，比較的わかりやすい差分法を紹介する。

反応速度式のような微分方程式について，解析解を持つ「解ける」ということは，解である関数によって各量の変化を正確に表現できることである。この場合，解である関数に時間 t を順次代入してグラフを作成すれば，量の時間変化の視覚化もできる。一方で，解析解を持たない（関数によって量の変化を表現できない）一般的な微分方程式で「数値的に計算する」とはどういうことであろうか。われわれが知りたいのは，反応開始から時間 t を経過したときの各量であり，適当な範囲の t に対する各量の変化（時間変化）である。つまり，時間 t に対して各量を知ることである。微分方程式では，ある時間 t における各量が分かれば，その時間 t における各量の変化率が決まる。変化率 $d[X]/dt$（時刻 t における [X] の変化の速さ）と，ごく短い時間間隔 Δt を考えてみよう。時刻 t から $t+\Delta t$ に時間が進むときの [X] の変化（$[X](t+\Delta t)-[X](t)$）が分かれば，[X] の変化の速さは

（差分式）$\dfrac{d[X]}{dt} \fallingdotseq \dfrac{[X](t+\Delta t)-[X](t)}{\Delta t}$

$[X](t+\Delta t) \fallingdotseq [X](t) + \Delta t \dfrac{d[X]}{dt}$

によって近似的に求められる（**図 2.13**（a））。
$d[X]/dt$ 自体が，微分の定義（☞付録 A.4 節）から

$$\dfrac{d[X]}{dt} = \lim_{\Delta t \to 0} \dfrac{[X](t+\Delta t)-[X](t)}{\Delta t}$$

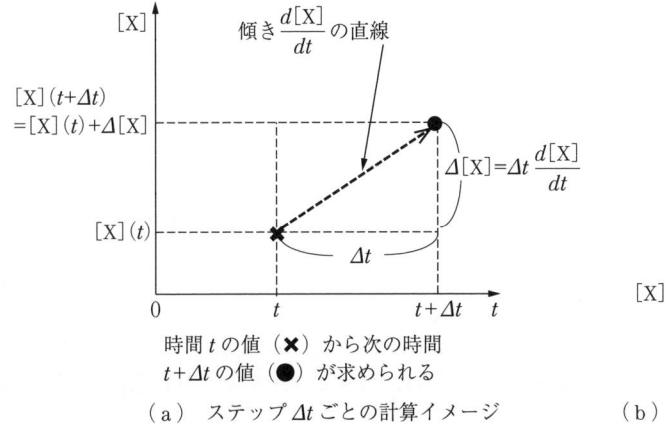

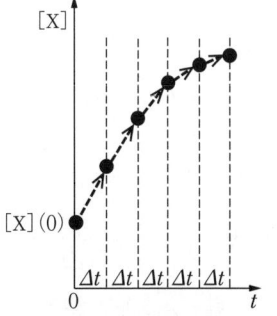

（a）ステップ Δt ごとの計算イメージ

（b）段階的な計算による時間変化の算出イメージ

図 2.13 差分法の説明図

のように，Δt を限りなく0に近づけたときのカッコ内の値の「**極限**」である。この式で極限 lim を外して有限値を考えれば，差分式と一致する。すなわち，Δt が有限値でも十分に小さければ，差分式によって $[X](t)$ から次の $[X](t+\Delta t)$ を近似的に求められる。時刻 t の $[X](t)$ が分かっていれば，次の時刻 $t+\Delta t$ の値 $[X](t+\Delta t)$ が分かる。Δt ごとに段階的に次の値を求める作業を $t=0$ から適当な時間まで繰り返すことで，その時間範囲での成分量の変化を数値的に把握できる（図 (b)）。例えば X の光解離反応では

$$\frac{d[X]}{dt} = -J[X](t)$$

を，差分式の $d[X]/dt$ 項に代入した次式によって，次時刻の X を求める。

$$[X](t+\Delta t) \fallingdotseq [X](t) + \Delta t \frac{d[X]}{dt} = [X](t) + \Delta t(-J[X](t))$$

✎ **練習問題 2.8** X の光解離反応において，$[X](0) = 1\,000\,\mathrm{cm^{-3}}$，$J = 0.10\,\mathrm{s^{-1}}$ のときの X の時間変化 $[X](t)$ を，$t=0\,\mathrm{s}$ から $10\,\mathrm{s}$ まで数値計算により求め，グラフに図示しなさい。ただし，計算の時間間隔（ステップ）は $\Delta t = 0.1\,\mathrm{s}$ とする（パソコン上で表計算ソフトを活用するとよい）。また，解析解もプロットして，数値計算と比較しなさい（解答例☞付録 A.6 節）。

⚠ **ヒント**：最初のステップを計算すると，$t=0.1\,\mathrm{s}$ での X は次のようになる。

$$[X](0\,\mathrm{s}+0.1\,\mathrm{s}) \fallingdotseq [X](0\,\mathrm{s}) + \Delta t(-J[X](0\,\mathrm{s})) = 1\,000\,\mathrm{cm^{-3}} + 0.1\,\mathrm{s}(-0.10\,\mathrm{s^{-1}} \times 1\,000\,\mathrm{cm^{-3}})$$
$$= (1\,000-10)\,\mathrm{cm^{-3}} = 990\,\mathrm{cm^{-3}}$$

⚠ **注意**：Δt を乗じるのを忘れないこと！

⚠ **ヒント**：さらにステップごとに順次計算していくと，$t=0.2\,\mathrm{s}$，$0.3\,\mathrm{s}$ では…

$$[X](0.2\,\mathrm{s}) = [X](0.1\,\mathrm{s}+0.1\,\mathrm{s}) \fallingdotseq [X](0.1\,\mathrm{s}) + \Delta t(-J[X](0.1\,\mathrm{s}))$$
$$= 990\,\mathrm{cm^{-3}} + 0.1\,\mathrm{s}(-0.10\,\mathrm{s^{-1}} \times 990\,\mathrm{cm^{-3}}) = 980.1\,\mathrm{cm^{-3}}$$
$$[X](0.3\,\mathrm{s}) = [X](0.2\,\mathrm{s}+0.1\,\mathrm{s}) \fallingdotseq [X](0.2\,\mathrm{s}) + \Delta t(-J[X](0.2\,\mathrm{s})) = 970.3\,\mathrm{cm^{-3}}$$

次に，解析解を持たない二体反応に数値計算を適用しよう。二体反応 A+B では

$$\frac{d[A]}{dt} = -k[A][B]$$

$$\frac{d[B]}{dt} = -k[A][B]$$

のように A，B の変化量の式を書ける。一次反応と同様に「差分式」に書き換えると

$$\frac{d[A]}{dt} \fallingdotseq \frac{[A](t+\Delta t)-[A](t)}{\Delta t} = -k[A](t)[B](t)$$

$$\frac{d[B]}{dt} \fallingdotseq \frac{[B](t+\Delta t)-[B](t)}{\Delta t} = -k[A](t)[B](t)$$

となる。これらを変形した下式にて，時刻 t の $[A](t)$，$[B](t)$ から次時刻の各値を求める。

$$[A](t+\Delta t) \fallingdotseq [A](t) + \Delta t \frac{d[A]}{dt} = [A](t) + \Delta t\{-k[A](t)[B](t)\}$$

$$[\text{B}](t+\Delta t) \fallingdotseq [\text{B}](t)+\Delta t\frac{d[\text{B}]}{dt}=[\text{B}](t)+\Delta t\{-k[\text{A}](t)[\text{B}](t)\}$$

✐ 練習問題 2.9 二体反応 $\text{NO}+\text{O}_3 \rightarrow \text{NO}_2+\text{O}_2$ にて，$[\text{NO}](0)=1.0\times10^{12}\,\text{cm}^{-3}$，$[\text{O}_3](0)=1.0\times10^{13}\,\text{cm}^{-3}$，$k=1.8\times10^{-14}\,\text{cm}^3\,\text{s}^{-1}$ のときの NO, O_3 の時間変化 $[\text{NO}](t)$, $[\text{O}_3](t)$ を，$t=0$ s から 10 s まで数値計算により求め，グラフに図示しなさい．ただし，計算の時間間隔（ステップ）は $\Delta t=0.1$ s とする（解答例☞付録 A.6 節）．

⚠ ヒント：$t=0.1$ s, 0.2 s での NO, O_3 は次のようになる．

$[\text{NO}](0.1\,\text{s})=9.820\times10^{11}\,\text{cm}^{-3}$, $\qquad$ $[\text{O}_3](0.1\,\text{s})=9.982\times10^{12}\,\text{cm}^{-3}$

$[\text{NO}](0.2\,\text{s})=9.644\times10^{11}\,\text{cm}^{-3}$, $\qquad$ $[\text{O}_3](0.2\,\text{s})=9.964\times10^{12}\,\text{cm}^{-3}$

変化量の式の数値計算は，反応に限らない．大気中への成分の放出・輸送・拡散・沈着などすべての過程について

$$\frac{d[\text{X}_i](t,\,x,\,y,\,z)}{dt}=P-L[\text{X}_i](t,\,x,\,y,\,z)+(\text{流入・流出の項})$$

と数式化できれば数値計算できる．反応以外の過程があっても，変化量の式の右辺に時刻 t の各値を代入して Δt の間の変化量を計算し，次の時刻 $t+\Delta t$ の成分量を算出する．

✐ 練習問題 2.10 体積 $V=1\,\text{m}^3$ の密閉空間内に，成分 X の分子が毎秒 1.0×10^{10} 個の速さで放出される場合，$t=0$ s での X の初期量を $0\,\text{cm}^{-3}$，計算のステップ $\Delta t=1$ s とし，$t=0$ s から 10 s までの X の数密度の変化を計算し図示しなさい（解答例☞付録 A.6 節）．

⚠ ヒント：$t=1$ s では $[\text{X}]=1.00\times10^{4}\,\text{cm}^{-3}$ になる．

✐ 練習問題 2.11 次に，X について上記の放出に加えて消失が起こる場合を考えよう．X の消失速度が $0.10\,\text{s}^{-1}$ のときの $[\text{X}]$ の時間変化を計算し図示しなさい（解答例☞付録 A.6 節）．

⚠ ヒント：$t=2$ s では $[\text{X}]=1.90\times10^{4}\,\text{cm}^{-3}$ になる．

✐ 練習問題 2.12 練習問題 2.11（放出と消失が共存する場合）について，十分に長い時間が経過したら，X の数密度はどうなるか図示して説明しなさい（解答例☞付録 A.6 節）．

2.9.9 定 常 状 態

成分の放出や生成のように成分量を増加させる過程と，消失や沈着のように成分量を減少させる過程が共存する場合，十分に長い時間が経過すると，成分量は一定値に到達する場合がある．成分量が変化しない状態を「**定常状態**」と呼ぶ．数式を使って定常状態を考えよう．簡単のために，生成項 P と消失項 L のみを考える．十分に長い時間が経過（$t\rightarrow$大）して定常状態に到達して成分 X の数密度が一定値 $[\text{X}]_\text{ss}$（変化量が 0）となるのは

$$0\fallingdotseq\frac{d[\text{X}]}{dt}=P-L[\text{X}]_\text{ss}$$

と書ける．この式は次のように変形できるので，成分の生成速度の項 P と，消失速度の項の係数 L の比として，定常状態での X の数密度が分かる．

$$[X]_{ss} = \frac{P}{L}$$

定常状態の考え方は，十分に長い時間が経った後の大気微量成分の量を見積もるのに便利である。「十分に長い」を正確にいえば「反応の時定数よりも十分に長い」である。反応の時定数にはいくつかの考え方があるが，ここでは単純に消失反応のみを考慮して

$$\tau(X) \fallingdotseq \frac{1}{L}$$

とする（厳密には，Xの生成があると定常状態への到達時間が変わる。また，擬一次反応でない二体反応では，t の経過とともに A，B とも減少して反応進行が遅くなる）。大気反応に伴う消失の時定数は，成分が発生源からどのくらい遠くまで輸送・拡散しうるかの大まかな把握に重要である。時定数の数倍〜十倍の反応時間があれば，十分に定常状態に到達する。前述のXの光解離反応では「消失反応のみ（$P=0$），定常状態の数密度は0」に相当し，時定数の約4倍の時間でXはほぼ0になる（図2.11）。また，**数値計算のステップ Δt** を決める際は，時定数に対して十分に小さくする。Δt の大きな「粗い」計算では，手間は少なくて済むが大きな誤差を伴う結果となり，実状と合わなくなってしまう。

🖉 **練習問題2.13** Xの光解離反応において，$[X](0) = 1\,000\ \mathrm{cm}^{-3}$，$J = 0.10\ \mathrm{s}^{-1}$ のときのXの時間変化 $[X](t)$ を，$t = 0\ \mathrm{s}$ から $10\ \mathrm{s}$ まで数値計算により求め，グラフに図示しなさい。ただし今度は，計算のステップは $10\ \mathrm{s}$ とする。さらに，練習問題2.8（ステップ $0.1\ \mathrm{s}$）の計算結果および解析解も同じグラフにプロットして，結果を比較しなさい。（解答例☞付録A.6節）

2.9.10 反応に関する基礎事項の補足

気体分子反応の説明の最後に，特に重要な事項を補足・確認しておこう。本書の中で，類似の内容の記述が繰り返されたら，それは特に重要であると思ってほしい。

（1）素反応　「成分Aと成分Bが反応して生成物を作る」ような化学反応は，実際には複数反応が連続して起こる場合が多い。例えば三体反応は，見かけ上は A と B と M から AB と M が生成するが，実際は3分子が同時に反応するわけではない。まず中間体 AB^* を生成して，大部分は A と B と M に戻るが，一部が AB と M になる（☞2.9.7項）。このように，見かけ上の反応全体を構成する個々の反応（三体反応の例では $A + B \rightarrow AB^*$，$AB^* \rightarrow A + B$，$AB^* + M \rightarrow AB + M$）のことを**素反応**と呼ぶ。大気では，**連鎖反応**（☞3.4.4項）を含めて多くの素反応が同時並行して起こり，結果として現象が生じる。複雑な素反応を解きほぐして，寄与の大きい反応を見極めるのが，大気化学研究では重要である。

（2）反応速度式の一般形　素反応 $aA + bB \rightarrow$ 生成物（速度定数 k）の反応速度式は

$$\frac{d[A]}{dt} = -ak[A]^a[B]^b, \qquad \frac{d[B]}{dt} = -bk[A]^a[B]^b$$

と書ける。同一成分同士の反応 A+A では，$a=2$，$b=0$ なので

$$\frac{d[\mathrm{A}]}{dt}=-2k[\mathrm{A}]^2$$

である。右辺の係数2は，1単位の反応でAが2個消費されることを表す。二体反応A+AでAの濃度が2倍になると，A+BにおけるAとBの両方が2倍になって右辺が4倍になるように，右辺はAの数密度の2乗となる。実際には，a, b, k の各値や式の形を実験的に決定した反応式が，文献やデータベースに蓄積されている。

（3） **律速段階**　反応系全体を構成する素反応のうち，系全体の進む速さを決めるものを**律速段階**と呼ぶ。大気化学反応メカニズム解明の研究にて，律速段階を見極めて重要な成分を見出すことが，反応系を効率良く制御するために肝要である。

第3章
光化学オキシダント問題

　大気環境問題は多種多様で，原因となる微量成分の種類や量，発生メカニズム，影響を及ぼす規模などもさまざまである．本章では，代表的な大気汚染の一つである光化学オキシダント問題を詳しく学び，大気微量成分の挙動と大気汚染の理解を目指す．オキシダント生成では大気ラジカルの反応が重要だが，近年注目される$PM_{2.5}$に代表される浮遊粒子状物質の一部も大気化学反応によって生成される（二次生成粒子）．また，光化学オキシダントは地表付近（対流圏）でのオゾンの問題だが，オゾンホール（成層圏オゾン減少）と混同されるので，明確に区別してほしい．同じ成分が関与するが状況が異なる別々の環境問題が存在する，という事例を通して大気環境問題を個別に理解する重要性を認識してほしい．

3.1 大気汚染の歴史

　大気汚染とは，何らかの原因物質（汚染物質と呼ぶ）の量や濃度が気相中で増えることにより，その大気を呼吸する多くまたは一部の人々の健康を損なうなどの影響を及ぼす問題である．多くの場合，人間活動の活発化に伴う汚染物質放出量の増大に起因する（火山の噴煙のように，自然活動に由来する大気汚染もある）．限度を超えて大気が汚染されると，安心して安全な生活を送るのに支障を来たす．現代社会で大気汚染は，安全・安心を脅かす不安要素の一つである．大気汚染の予防・解決には，現状の正しい把握と発生メカニズムの理解に基づいた適切な対応が望まれる．ここでは，国内を中心に，海外の状況も交えながら，大気汚染の歴史を大まかに振り返る．

3.1.1 明治期の煙害

　日本では19世紀後半，明治維新以降の富国強兵（国力向上）のために，産業革命の成果である先進技術を欧米から導入して，殖産興業（産業推進）政策を進めた．そこでは，石炭や蒸気機関を活用した工場の大規模集約化が進み，資源やエネルギーの消費量も増大し，大気や河川への汚染物質の排出も問題となっていった．例えば足尾銅山（栃木県）は，鉱山の近代化に伴い日本最大規模の銅産地となったが，排水中の鉱毒によって周辺の水環境に被害

をもたらした（足尾鉱毒事件）。このとき，銅イオンなどを含む鉱毒水とともに，銅の精製時に排出されるガス（鉱毒ガス）も問題となった。鉱毒ガスの主成分は二酸化硫黄 SO_2 である。SO_2 は硫黄分を含む石炭の燃焼によって放出され，人体の呼吸器に有害であり，400 ppm 以上では数分程度の曝露で生命の危険もあるという。さらに，SO_2 は大気中の反応を通して硫酸 H_2SO_4 を生成して酸性雨の成分となり，植生に影響する。日本では明治期にすでに，こうした「煙害」と呼ばれる大気汚染問題が各地で発生していた。

3.1.2 ロンドン型スモッグ

いったんここで，海外の状況に目を転じてみよう。SO_2 による大気汚染は，産業革命発祥の地である英国では 19 世紀の早い時期には起こっていたようである。1843 年には，焼却炉や蒸気ボイラーに起因する汚染を調査する委員会が設置され，大気汚染は国家が対策すべき問題となっていた。初期の大気汚染の主役は，石炭燃焼に伴い大気中に放出される SO_2 であった。産業革命当初から長い間は，石炭がエネルギー源の主役であった。

その後も欧米各地では，大気汚染によって多くの人々が健康を害したといわれる。特に有名なのは，1952 年 12 月の**ロンドン煙害**である。このケースでは，数日間にわたって SO_2 や煙粒子（粒子状物質）といった大気汚染物質が高濃度（SO_2 は最大 1.4 ppmv，煙粒子は粒径 10 μm 以下の PM_{10} 相当で最大 150 μg/m³）を記録するとともに，死者が計 4 000 人以上増加した。ロンドン煙害は，低温期の暖房などのための石炭燃焼に伴う汚染物質排出量の増加や，ロンドン特有の霧，汚染空気が拡散せずに滞留する気象条件，などが被害を拡大させた要因といわれる。ロンドン煙害は，大気汚染によって健康被害が発生した代表例である。SO_2 自体も人体に有害だが，ロンドン煙害の際には，SO_2 と煙粒子と霧（水滴）が複合的に関与して有害な粒子状物質や霧状の硫酸（硫酸ミスト）を生成し，細かい粒子が人体の呼吸器の奥まで達したと考えられる。大気汚染により遠くが見通しにくくなる状況を「**スモッグ (smog)**」と呼ぶ。スモッグとは，「煙 (smoke)」と「霧 (fog)」を合成したことばである（「煙霧」とは別）。ロンドンの例に類する大気汚染を特に「**ロンドン型スモッグ**」と呼ぶ。ロンドン型スモッグでは，硫黄酸化物，硫酸ミスト，煤などの煙粒子，を伴うことが特徴で，汚染物質による呼吸器影響が重大である。参考として，現在の世界保健機関 WHO の指針値を挙げると，PM_{10} は 24 時間平均値で 50 μg/m³，粒径 2.5 μm 以下の $PM_{2.5}$ は 24 時間平均値で 25 μg/m³ であり，ロンドン煙害では粒子状物質のみを考えても指針値の数倍に達していたことが分かる。

3.1.3 ロサンゼルス型スモッグ（光化学スモッグ）

スモッグと呼ばれる大気汚染には，ロンドン型スモッグとは異なる「**ロサンゼルス型ス**

モッグ」がある。1940年代，米国カリフォルニア州ロサンゼルスで初めて発生したとされるためにこう呼ばれる。当時のロサンゼルスでは自動車通行量の増大や産業活動の活発化を背景として，地形的に大気汚染物質が滞留しやすいこともあったと考えられる。このスモッグは，排出ガスに含まれる窒素酸化物や揮発性有機化合物といった汚染物質が，大気中の光化学反応によって有害物質に変化して起こることが，後の研究で解明された。ロサンゼルス型スモッグのことを「**光化学スモッグ**」とも呼ぶ。**光化学反応**とは，化学成分が反応によって変質する際に光が関与するもので，大気中では十分な強度の太陽光の下で効率的に進む。光化学スモッグにて生成する有害物質のうち，おもにオゾンからなる**光化学オキシダント**が重要である（☞3.1.5項）。光化学オキシダントとともに硫酸塩粒子や硝酸塩粒子といった浮遊粒子状物質も生成すると，ロンドン型スモッグと同様に遠くが見通せない（視程が低下した）状況になる場合がある。さらに，オゾンなど光化学オキシダントによる健康影響が重要である。本章では「光化学オキシダント」を詳しく説明するが，年配の方にとっては「光化学スモッグ」のほうがなじみ深いかもしれない。現在では，オゾンに代表される光化学オキシダントに特に注目した「**光化学オキシダント問題**」として扱われる。

3.1.4 日本での光化学スモッグ

さて，再び日本の大気汚染の歴史に戻ろう。日本では，第二次大戦後の高度経済成長期から，大気汚染を含む公害が社会問題化した。大量生産の社会基盤や生活様式が定着するとともに，資源やエネルギーの大量消費とゴミや廃棄物の大量排出が広まった。産業活動に必要なエネルギーは，石炭・石油・天然ガスといった燃料の燃焼に依存した。また，廃棄物やゴミの処理法の一つとして減容化のための焼却を行なってきた。ものを燃やす際には，さまざまな成分が気体や粒子状物質として大気中に放出される（☞3.1.6項）。燃焼以外に，塗料の乾燥やガソリンの蒸発でも，大気中に汚染物質が放出される。結果として，大量生産・大量消費に基づく現代生活では，さまざまな形で多様な汚染物質を大気中に放出してきた。日本で高度経済成長期以降に公害など大気環境問題が頻発したのは，産業活動の急激な拡大に伴って汚染物質の排出量が急増し，健康影響などをひき起こす限度を超えたためであろう。

有名な大気汚染問題として，三重県四日市市周辺で1960年頃に発生した「四日市ぜんそく」が挙げられる。これは，石油化学コンビナートの生産活動に伴いSO_2ガスを大量に大気中に放出したことで，周辺住民にぜんそく患者が発生したもので，日本の四大公害病の一つとされる。硫黄酸化物による呼吸器影響という点でロンドン型スモッグと共通する。

次に，日本における光化学スモッグの発生を紹介しよう。1970年7月18日，東京都区部の学校の校庭にいた生徒数十名が，目やノドの痛みや吐き気を訴えた。翌日までにこの事件が光化学スモッグによる中毒と判明し，新聞などで盛んに報道された。日本ではそれまで，

スモッグといえば硫黄酸化物によるロンドン型スモッグと認識されていたので，この事件は新型のスモッグ公害と報じられた。最初に発生した学校では木々の葉が枯れ落ちたという。この例が新型の光化学スモッグと知られるや，同様の症状が都心や郊外で多く報告された。発生3日後までに何らかの症状を訴えた被害者は，3800人にのぼったという。この事例以前から，同様の事象が起きていたことも報告されている。一連の事例を契機として，日本でも光化学スモッグが重要な社会問題として広く認知されるようになった。

　光化学スモッグ（光化学オキシダント）の発生メカニズムは3.5節にて詳しく述べる。日本でも高度経済成長に伴う自動車普及台数の増加（モータリゼーション）や産業の活発化によって，光化学スモッグのような大気汚染問題が深刻化した。その後，公害問題には国を挙げて社会全体で取り組むべき，という気運の高まりにつながっていく。この時期に採られた国・政府レベルでの対応としては，**公害対策基本法**の制定（1967年），**大気汚染防止法**の制定（1968年），環境庁の新設（1971年），などが挙げられる。公害対策基本法は，七つの公害（大気汚染，水質汚濁，土壌汚染，騒音，振動，地盤沈下，悪臭）を対象として，防止・対策の推進を図って生活環境の保全を目指したものである。大気汚染防止法は，大気汚染物質を抑制するための規制などの実現を目指す法律だが，時代とともに変化する汚染状況に対応する規制強化や対象物質の新規追加のためにたびたび改正されている。環境庁の設立後，1974年には国立公害研究所が発足したが，公害問題に限らず広く環境に関する課題に対応する必要性がしだいに高まり，1990年には国立環境研究所となった。環境庁も，2001年には環境省となった。環境問題に広く対応するために，公害対策基本法も**環境基本法**に取って代わられた（1993年）。現在の**環境基準**（☞5.4節）は環境基本法に基づいて定められている。このように，時代とともに国の法律や組織といった環境行政も変化するが，日本の大気環境問題やその対策は，公害問題が頻発した1960年代頃にそのルーツがあるといってよいだろう。1960年代以降の諸問題の発生と，それ以降の排出対策や規制による問題解決の歴史を背景として，排出ガス処理技術や規制などのノウハウや考え方を蓄積したことが，現在の生活環境にも貢献している。これまでの蓄積や反省の上に立って，これからも国や社会を挙げて環境の改善を目指すことが大切である。そのためには，多くの人々に大気環境の基礎的な知識や考え方を学んでもらいたい。

3.1.5　光化学オキシダントと酸化還元

　オキシダント（oxidant）とは「酸化剤」「酸化性物質」を指し，他物質を**酸化**する能力を持つ物質の総称である。狭義の酸化は酸素との結合を指す。例えば炭素Cを燃焼すると

$$C + O_2 \rightarrow CO_2$$

の反応が起こり二酸化炭素 CO_2 を生成する。炭素原子Cは空気中の酸素との反応により酸

化される。しかし，化学での酸化とは酸素との結合のみを指すわけではない。上述の炭素と酸素の反応を例に説明しよう。酸素原子は電子を受け取りやすい性質を持っている。反応前のO_2は構造式$O=O$と書け，2個の酸素原子の間の二重結合に含まれる4個の電子は，結合の両側が同じ酸素原子なので，偏ることなく均等に2個のO原子により共有されている。すなわち，酸素分子中のO原子には電気的な偏りはない（電気的に中性）。炭素Cに含まれるC原子も反応前は電気的に中性である。一方，反応後のCO_2は構造式$O=C=O$と書け，両側のC=O二重結合ではそれぞれC原子とO原子が4個の電子を共有している。CO_2分子中の隣接するC原子とO原子の間では，O原子が電子をわずかに引きつけるので，O原子がわずかに負に，C原子がわずかに正に，帯電している。反応前のC原子は電気的に中性（±0）だったものが，反応後のCO_2では電気的にプラスとなる。C原子は酸素との反応に伴い電子（マイナス，負の電気を持つ）を失い，一方のO原子は反応に伴い電子を受け取った，といえる。このように，反応における電子の授受に注目し，電子を失う成分は「酸化される」といい，電子を受け取る側は「還元される」という。他成分を酸化させる成分を**酸化剤**，還元させる成分を**還元剤**，と呼ぶ。炭素の燃焼反応では，炭素が酸素によって酸化され，酸素が酸化剤，炭素は還元剤として働く。酸化・還元をわかりやすく考えるのに**酸化数**が用いられる。酸化数は，単一の元素からなる物質（**単体**）と比較して電子を失った（酸化された）程度を表すため，次のように算出する。

- 単体に含まれる原子の酸化数は0とする。
- 複数の元素からなる物質（**化合物**）に含まれる酸素原子の酸化数は−2とする。
- 化合物に含まれる水素原子の酸化数は+1とする。
- 電気的に中性な分子・化合物では，構成する原子の酸化数の総和は0である。
- イオンでは，構成原子の酸化数の総和が，そのイオンの電荷となる。
- 化合物内での原子間の結合では，電気陰性度（電子を引きつける度合い）の高い原子が低い原子の電子を引きつけると考え，電気陰性度の高いほうを−1，低いほうを+1とする。

例えば，反応前の単体の炭素に含まれる炭素原子Cや酸素分子O_2に含まれるO原子の酸化数は0である。反応後のCO_2では，2個のO原子はそれぞれ−2の酸化数を有し，CO_2全体の酸化数の総和が0となるように，炭素原子Cが+4の酸化数を持つ。炭素原子Cに着目すると，反応前後で酸化数が0から+4に変化する。酸化される側（還元剤）は，反応によって酸化数が大きくなる。酸素原子Oに着目すると，反応前後で酸化数が0から−2に変化する。還元される側（酸化剤）は反応により酸化数が小さくなる。酸化還元反応にて，電子の授受を伴う成分の変化を示す反応式を**半反応式**といい，関与する成分間の量的な関係（化学量論的関係）も表す。

光化学オキシダントとは「大気中の光化学反応に伴い生成する酸化性物質・酸化剤」であ

る。例えば，最も重要な光化学オキシダントであるオゾン O_3 の酸化作用は

$$O_3 + 2H^+ + 2e^- \rightarrow O_2 + H_2O$$

の半反応式によって表現される。この反応では，O_3 を構成する 3 個の酸素原子 O のうち 1 個が H_2O となり，残り 2 個は O_2 となる。H_2O になる O 原子は酸化数が反応前後で 0 から -2 と小さくなって還元される（相手を酸化する）。オゾンは酸化作用を有し，高濃度のオゾンに長時間接触すると目や喉の痛みといった健康影響が懸念される。

光化学オキシダントの測定にも，酸化還元反応が利用されてきた。酸化還元反応に基づく測定法にて検出されるものを光化学オキシダントと称していた，というべきであろう。光化学スモッグの原因物質の量を，日本各地で簡便に測定するために，還元剤溶液に大気試料を通気してその変化を定量する「湿式法」が用いられてきた。大気試料について，還元剤との反応度合を測ることでオキシダント量を求める。湿式法の例として，**ヨウ化カリウム法**（KI 法）を紹介しよう。ヨウ化カリウム KI に含まれるヨウ化物イオン I^- は

$$2I^- \rightarrow I_2 + 2e^-$$

の半反応式にしたがい還元剤として働く（I^- の酸化数は反応前後で -1 から 0 に増える＝電子を放出する）。この式に O_3 の半反応式を足し合わせると

$$O_3 + 2H^+ + 2I^- \rightarrow O_2 + H_2O + I_2$$

となる。H^+ の少ない中性条件では，両辺に $2OH^-$ を加えて H_2O を 1 個減じた

$$O_3 + H_2O + 2I^- \rightarrow O_2 + I_2 + 2OH^-$$

と書ける（$H^+ + OH^- \rightarrow H_2O$ を考慮）。中性ヨウ化カリウム水溶液にオゾンを含む気体試料を吹き込む際に生成する I_2 の量を電気化学的方法などで定量すれば，元の試料に含まれていたオゾンの量が分かる。この方法では酸化還元反応を用いるため，オゾン以外でもヨウ化物イオンを酸化しうる酸化剤（オキシダント）が区別されずに検出される。ヨウ化カリウム法は，原理的には単純で，化学量論的に定量（値付け）が可能なため，公定法として長い間用いられてきた。大気汚染に関しては，酸化還元反応に基づき検出される光化学オキシダントの大部分がオゾンであると分かってきた。そこで最近では，保守や運用に難のある（水を用いる）湿式法に代わり，水を使わない乾式法である**紫外吸光法**（UV 法）のオゾン計による自動連続測定が広く行われるようになった。

【例題 3.1】 次の各物質に含まれる指定の原子の酸化数を算出しなさい。
（a）酸素分子 O_2 中の酸素原子 O
（b）オゾン分子 O_3 中の酸素原子 O
（c）一酸化窒素分子 NO 中の窒素原子 N
（d）二酸化窒素分子 NO_2 中の窒素原子 N
（e）硝酸分子 HNO_3 中の窒素原子 N

解説

(a) 酸素分子は酸素原子のみからなる単体なので構成する酸素原子 O の酸化数は 0。

(b) オゾン分子は酸素原子のみからなる単体なので酸素原子 O の酸化数は 0。

(c) NO 中の O の酸化数は -2。NO 全体で酸化数の総和が 0。
NO 中の N の酸化数を y とすると，$y+1\times(-2)=0,\ y=+2$

(d) NO_2 中の 2 個の O の酸化数はそれぞれ -2。NO_2 全体で酸化数の総和が 0。
NO_2 中の N の酸化数を y とすると，$y+2\times(-2)=0,\ y=+4$

(e) HNO_3 中の 3 個の O の酸化数はそれぞれ -2，1 個の H の酸化数は $+1$。
HNO_3 全体で酸化数の総和が 0。
HNO_3 中の N の酸化数を y とすると，$y+3\times(-2)+1\times(+1)=0,\ y=+5$

⚠ メモ：窒素酸化物はおもに NO（N の酸化数 +2，以下同様）の形で放出されるが，大気中での反応に伴い，$NO_2(+4)$，$HNO_3(+5)$ のように酸化が進む。

3.1.6 燃焼に伴う汚染物質の放出

燃焼という現象を化学的にいえば，燃料やものに含まれる成分を空気中の酸素と反応させることである。燃焼（発熱反応）で放出される熱をエネルギーとして利用する。ものを燃やす（物質を酸素と反応させる）と，大部分が消えて無くなるように見えるが，実際には反応生成物である酸化物が，目に見えない気体成分として大気中に放出される。炭素を含むものを燃やせば CO_2 や CO が排出され，窒素や硫黄を含むものを燃やせば NOx や SO_2 が排出される。燃焼過程では酸化物以外の多様な燃焼生成物も放出されることがある。自動車排出ガスには，CO_2 や NOx だけでなく，燃焼生成物や燃え残りの有機化合物も含まれるうえ，燃焼過程で生成する煤などの粒子状物質も放出される。

3.1.7 その他の大気汚染

ここまで述べてきたロンドン型スモッグや光化学スモッグのほかにも，大気汚染に関連する多様な環境問題が起こってきた。例えば，硫黄酸化物や窒素酸化物が大気中で酸化されて生成する硫酸や硝酸による酸性雨は，産業革命に伴う汚染物質排出量の増大と並行して，19世紀のイギリスで初めて報告されて以降，20 世紀には世界各地での樹木の枯死につながったといわれる。酸性雨は，欧州では深刻な越境大気汚染問題として注目されてきた。一方，成層圏オゾン減少は 1970 年代以降に南極オゾンホールが発見されてから問題となっている。地球温暖化に代表される気候変動は，19 世紀頃から気温上昇が観測されている。大気ではないが室内空気の汚染は，気密性の向上した建物や空調機の普及が進んだ 20 世紀後半から顕著になってきた。大気汚染をはじめとする環境問題は，産業革命や近年の人間活動の活発化の歴史と深く関連するが，100 年前後の浅い歴史しかない。最近の大気汚染問題は，グローバル化といって地球規模に拡散して大規模化している人間活動により深刻化しつつあ

る。これまでの歴史や前例を学びつつ，いま起こっている問題への早急な対応が求められる。例えば，日本や欧米で蓄積してきた大気汚染対策の経験や技術を，近年深刻化しつつある新興国での環境問題にも活用しつつ，日本での大気汚染状況の把握と改善にもつなげるように，努力しなければならない。

3.2 オゾンとは

光化学オキシダント問題の理解のために，中心成分である**オゾン**（O_3）について紹介しておこう。オゾン分子は酸素原子3個が折れ線形につながっている（**図3.1**）。酸素分子（O_2）は2個の酸素原子が二重結合した直線型（O=O）で，酸素原子は2個とも閉殻構造（共有電子対を含めて最外殻電子が8個）となって安定であり，大気中での反応性は乏しい。酸素（O_2）とオゾン（O_3）はともに酸素原子（O）のみからなる。このように，単体のうち構成原子の個数や構造が異なる物質同士の関係を，**同素体**と呼ぶ。オゾン（O_3）は酸素（O_2）の同素体である。オゾンは，O_2のような閉殻構造は書けず，反応性が高い。オゾンは強い酸化力を有し，人体や生体に作用する毒性を持つ。高濃度オゾンへの短期的な接触による急性毒性と，低濃度オゾンへの長期的な接触による慢性毒性がある。オゾンは人体の目や呼吸器の粘膜を痛めるほか，農作物の収量にも影響する。オゾンの濃度とヒトへの影響の例を**図3.2**にまとめる。人間や生物の暮らす地表付近（対流圏）でのオゾン濃度上昇は，有害である。対流圏でのオゾンの生成メカニズムや濃度変化の特徴は，本章で詳しく説明する。オゾン分子は赤外線を吸収するため，対流圏でのオ

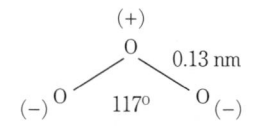

図3.1 オゾン分子の構造

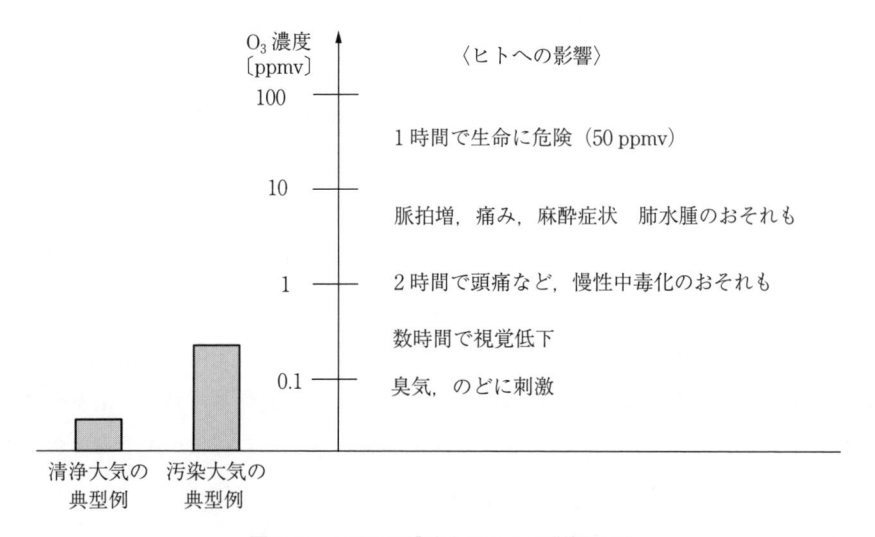

図3.2 オゾンの濃度とヒトへの影響の例

ゾン増加は地球温暖化の点でも問題となりうる（☞4.2節）。一方，上空の成層圏には，オゾンの分圧や体積混合比が高い高度領域（オゾン層）がある。オゾン分子は，太陽光に含まれる紫外線のうち人体に特に有害な波長領域を吸収する。成層圏オゾンは有害な紫外線が地表に届くのを防ぐので，保護する必要がある。

オゾンの別の側面を紹介しておこう。オゾンの持つ酸化力は，殺菌や消毒にも活用される。例えば，浄水場での水の殺菌・消毒剤として，従来の塩素化合物では残留塩素（カルキ臭）が問題となるが，オゾンは殺菌・消毒の後で分解すれば無害である（☞5.4.2項）。最近の空気清浄器やエアコンにはオゾン脱臭をうたうものもあるが，オゾンの酸化力によって臭いの原因物質を分解除去するのだろう。このように，オゾンには有効に活用できる面もある。オゾンを人為的に発生するには，O_2分子の分解（紫外光照射や放電による）が広く用いられる。ただしオゾンそのものは有害なので，取扱いには十分な注意が必要であり，使い方を誤れば健康被害が生じる。オゾンを殺菌・消毒・脱臭や実験に用いる際には，周囲にオゾンが漏れないようにする。オゾンを発生するもの（コピー機など紫外線や高電圧や放電を伴うOA機器も含む）を室内で扱っていて鼻をつく臭いを感じたら，オゾン漏れを疑って早急に対応すべきである（オゾン臭に長時間接触して慣れると感じなくなる）。空気中オゾンの除去には，十分な量の活性炭に空気を通気すればよいが，使い古した活性炭やフィルタでは除去できない場合もある。高濃度（体積混合比で％のオーダー）のオゾンは爆発のおそれがある（純粋なオゾンは淡青色。反応実験にてこの色が見えたら要注意）。オゾンを含む気体試料を液体窒素で捕集すると，濃縮されたオゾンが混入物と反応して爆発することもある。

化学的に同じオゾン分子だが，対流圏と成層圏で異なる影響を有する。有害で危険な物質だが，適切に取り扱う前提で，産業に活用できる。同じオゾンでもつねに正義の味方とも悪役とも限らない。化学物質の影響は，時と場所と場合を区別し適切に判断しよう。

3.3 大気光化学反応

光化学オキシダントの主成分であるオゾンは，窒素酸化物や揮発性有機化合物といった原因物質（前駆体）の大気中での化学反応の結果，二次的に生成する（☞3.5節）。微量成分の大気中における反応を正しく把握するには，**大気光化学反応**が特に重要である。物質が分子レベルで変化する化学反応のうち，光の作用を必要とするものを**光化学反応**と呼び，特に大気成分に関するものを大気光化学反応と呼ぶ。本節では，大気分子が光の作用を受けて連鎖反応を開始するまでの，分子の光吸収と，分子の解離によるラジカル生成，を概説する。

3.3.1 大気化学反応と微量成分

大気を構成する成分の多くは，窒素分子 N_2 や酸素分子 O_2 といった主要成分である。しかしながら，光化学オキシダント問題に関連する大気化学反応では，ppmv オーダーやそれ以下の微量成分が重要な役割を果たす。二体反応を例に，微量成分が大気反応を支配する状況を説明しよう。成分 A と B の二体反応 A + B（反応速度定数 k）の反応速度は

$$\frac{d[A]}{dt} = \frac{d[B]}{dt} = -k[A][B]$$

と書ける。ここでは A に注目して，反応相手 B による反応速度の違いを考えよう。反応相手 B が安定なら，k が非常に小さく，B が大量に存在し [B] が大きくとも，A の消失速度を決定する k[B] が小さく，トータルとして反応は遅い。N_2 や O_2 など安定成分が大気中に大量に存在しても大気化学反応に効かないのは，N_2 や O_2 の関与する反応は k が非常に小さく遅いためである。

⚠ **注意**：高校教科書で「NO が空気中の O_2 と反応して NO_2 を生成する」との記述があるが，これは実験室レベルの反応，すなわち NO も O_2 も体積混合比で % オーダーの高濃度での話である。一方で大気レベルでは，NO は ppmv どころか ppbv かそれ以下しか存在しない。室内実験と大気中での反応は，濃度レベルがまったく異なるために，単純に同一視できない。なお，NO と O_2 による NO_2 生成反応は，化学量論的には $2NO + O_2 = 2NO_2$ と表され，その速さは NO 濃度に左右される。

大気成分 A が速く反応するには，微量だが k の大きな成分が，反応相手 B として必要である。この場合，[B] は小さいが k が大きく，トータルとして k[B] がある程度の大きさを持ち，反応が進む。大気における反応相手 B として，活性化学種「**ラジカル**」が特に重要である。すなわち，微量成分とラジカルの反応が，大気中の化学反応を支配している。なお，反応に関与する微量成分は不安定で反応活性が高く，短時間で別成分に変化するために，結果として存在量が微量となる，ともいえる。同様に考えれば，窒素や酸素といった主要成分は，安定で反応活性が低いために，高濃度のまま安定的に存在しているともいえる。ただし，希ガスのように微量でも反応活性の低い安定な成分も大気中には存在する。微量だからといって必ずしも反応活性が高いわけではない。反応活性の高い成分は，発生源からの供給が続かなければ高濃度で長時間存在し続けない（☞ 3.4.2 項）。

3.3.2 分子の光解離とラジカル生成

大気微量成分の反応相手としてラジカルが重要であり，大気反応の駆動のためには何らかの経路によってラジカルが生成される必要がある。大気光化学反応では，大気分子による光吸収とそれに伴う分子の解離によって，ラジカルが生成される。大気での光源としては日中の太陽光が特に重要なので，ここではおもに太陽光による大気分子の解離を説明しよう。大

3. 光化学オキシダント問題

[図: 太陽光照射による大気分子の光解離の概略図。光 $L(\lambda,\theta,\varphi)$ 放射フラックス（単位面積、単位時間、波長ごとの太陽光エネルギー）→ 分子X（気温 T）吸収、励起、$\sigma(\lambda,T)$ 吸収断面積（光吸収のしやすさ）→ 解離（波長 λ）$\Phi(\lambda,T)$ 量子収率（解離の確率）→ 生成物（立体角 θ,φ）（ラジカルなど）]

「光解離係数」
$$J_x\,[\mathrm{s}^{-1}] = \int d\lambda\, \Phi(\lambda,T)\, \sigma(\lambda,T) \left\{ \iint L(\lambda,\theta,\varphi) \sin\theta\, d\theta\, d\varphi \right\}$$
光解離の速さ＝解離の確率 × 光吸収のしやすさ × 光の強さ

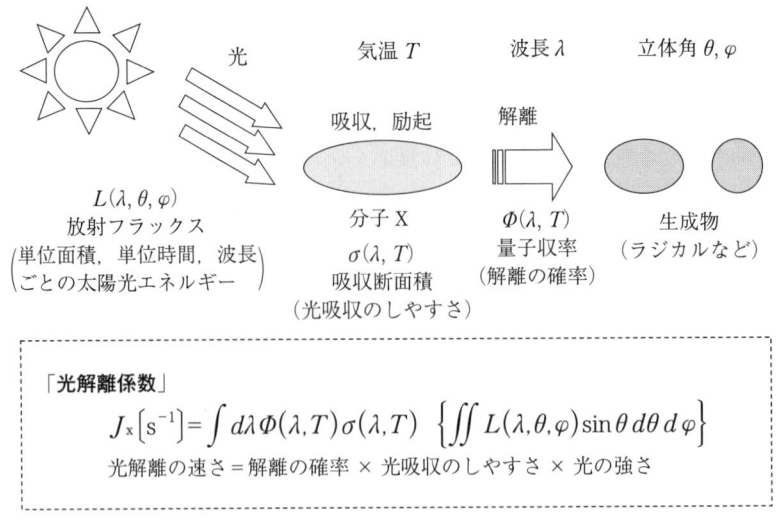

図3.3 太陽光照射による大気分子の光解離の概略

気分子の光解離は（1）大気分子への太陽光の照射，（2）分子による光の吸収，（3）光を吸収した分子の解離に伴うラジカル生成，の各段階が連続して起こる（**図3.3**）。

（1）太陽光の照射 大気中の気体分子に太陽光があたることがある（実際には，空や雲からの散乱光，地表や海面からの反射光など，すべての光を考慮すべきだが，ここでは簡単のため太陽光のみを考える）。太陽光と聞いて思い浮かぶのは，昼間は黄色く眩しい光，であろうか。太陽が黄色く見えるのは約 6 000 K の黒体放射に対応している（☞4.2節）。太陽光は，宇宙空間を通って地球に到達し，さらに地球大気を通過してから地表に降り注ぐ。その途中では，経路上に存在する気体分子によって光の一部が吸収される。例えば，紫外光のうち人体に有害な波長領域は，成層圏に多く存在するオゾン分子によって大部分が吸収され，地表にほとんど届かない。宇宙空間と地表における太陽光強度の波長分布（放射スペクトル）を**図3.4**に示す。光の強さは**放射フラックス**として表される。**フラックス**とは，

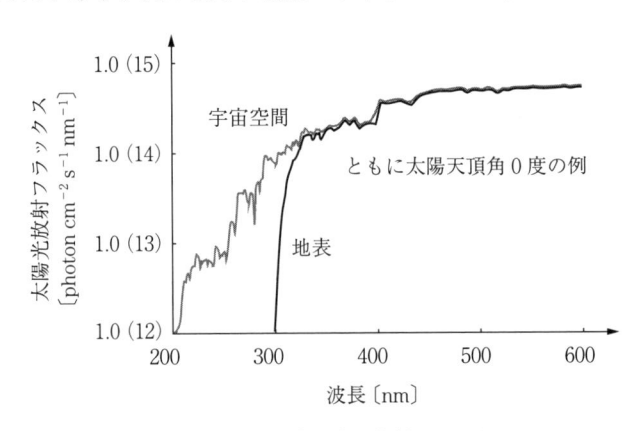

[図3.4: 太陽光放射フラックス [photon cm^{-2} s^{-1} nm^{-1}] の波長200〜600 nmにおけるスペクトル。宇宙空間と地表の曲線、ともに太陽天頂角0度の例]

図3.4 典型的な太陽光の放射スペクトル

単位面積あたりの流れの強さや速さを指し，太陽光放射フラックスとは単位時間あたりに単位面積を通過する太陽光エネルギーである．なお図3.4の波長分布では，縦軸に波長で除した値を用いており，グラフを全波長にわたり積分すると太陽光放射フラックスを算出できる．また，図3.3では放射フラックスを$L(\lambda, \theta, \varphi)$と書き，太陽光強度が波長$\lambda$だけでなく**立体角**$(\theta, \varphi)$にも依存することを表した．立体角とは，光吸収を考える気体分子から見た方向のことで，分子から見た太陽の方向のLは特に大きい値を持つ．分子による光吸収や光解離を考える際には，分子の種類ごとに異なる光吸収のしやすさ（**吸収断面積**σ）の波長依存（**吸収スペクトル**）と，放射フラックスの波長λによる変化を，ともに考える必要がある．

（2） 分子の光吸収　　大気分子に光が当たると，分子が光を吸収することがある．光を吸収した分子は高いエネルギーを持つ（**励起状態**）．光の吸収を分子レベルで知っておこう．量子力学では，光は波としての性質（波動性）と，粒子としての性質（粒子性）の，両方を持つ．光を粒子と捉える「光子」を考えると，振動数ν，波長λ，の光子1個は

$$E = h\nu = \frac{hc_0}{\lambda}$$

のエネルギーを持つ．hはプランク定数，c_0は真空中での光速である（☞3.3.3項）．分子による光吸収は，1個の分子と1個の光子の衝突・反応，と考えるとわかりやすい．光吸収によって，分子に$h\nu$のエネルギーが与えられる（＝分子が励起される）．分子のエネルギーが高くなると，解離を起こす場合もある．

次に，分子の多く集まった大気試料による光吸収を知っておこう．ある波長の光を吸収する分子をガラス容器（吸収セル）内に一定濃度入れ，その波長の光を照射する例を考えてみよう（**図3.5**）．

光はガラスで吸収されないと仮定し，容器内の分子による光吸収のみを考える．容器を通過する前と後での光の強度をそれぞれI_0，Iとし，容器内の成分のモル濃度をc，光が通過

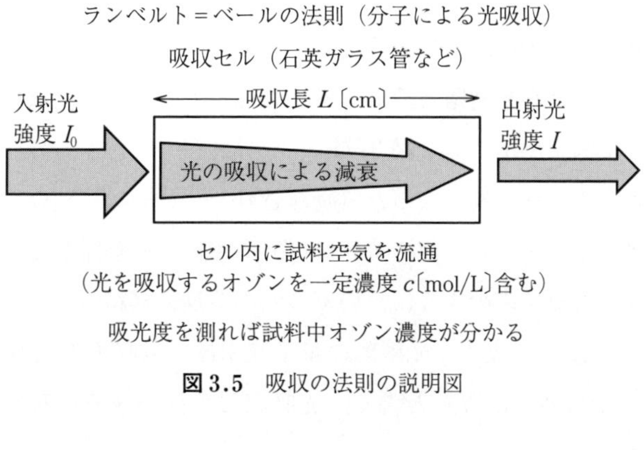

ランベルト＝ベールの法則（分子による光吸収）

吸収セル（石英ガラス管など）

入射光強度I_0　　←吸収長L〔cm〕→　　出射光強度I

光の吸収による減衰

セル内に試料空気を流通
（光を吸収するオゾンを一定濃度c〔mol/L〕含む）

吸光度を測れば試料中オゾン濃度が分かる

図3.5　吸収の法則の説明図

する容器の長さ（吸収長）を L とすると

$$A = \log_{10}\frac{I_0}{I} = \varepsilon c L$$

と記述できる．この光吸収に関する式をランベルト＝ベールの法則と呼ぶ（A は吸光度，ε はモル吸光係数）．容器内の成分による光吸収の度合いが強いと，A は大きい値となる．大気成分による光吸収を考えるためには，数密度 $nd(\mathrm{i})$ を用いて式を

$$A = \log_{10}\frac{I_0}{I} = \sigma nd(\mathrm{i}) L$$

と書き換える．σ は吸収断面積といい，光吸収のしやすさを表す．こちらの式では，数密度 $nd(\mathrm{i})$ の単位は cm^{-3}，L は cm，σ は cm^2 である（A は無次元量）．分子による光吸収のしやすさ（吸収断面積）は光の波長に依存する．成分の吸収断面積の波長依存を吸収スペクトルと呼ぶ．吸収スペクトルは，分子の種類によって異なるうえ，同じ分子でも温度 T によって変化するので，図3.3では吸収断面積を $\sigma(\lambda, T)$ と表記した．例として，O_3 分子の吸収スペクトルを**図3.6**に示す．

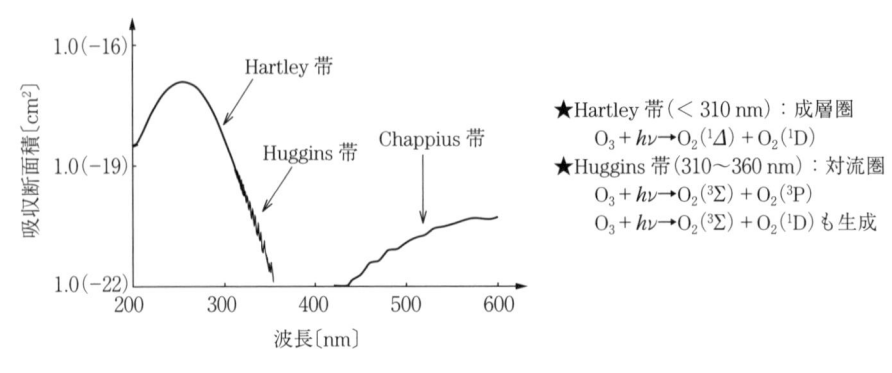

図3.6 オゾン分子の吸収スペクトル

練習問題3.1 O_3 分子の吸収スペクトルを，太陽光放射スペクトルと見比べて，成層圏での O_3 分子による紫外光吸収について説明しなさい．

（3） 分子の解離 分子は，光を吸収すると分解（解離）することがある．光によって分子がバラバラになることを**光解離**と呼ぶ．分子レベルでの光子の吸収を説明するために，分子のエネルギー準位図を例示する（**図3.7**）．

光吸収によってエネルギーが高くなった（励起された）分子は，結合を引き離すのに必要なエネルギー（解離エネルギー）を超えていれば，ある確率で解離してラジカルなどの生成物となる．このときの解離確率のように，いくつかある反応経路のうちの一つに進む確率を**量子収率**と呼び，一般に ϕ で表す．光解離の量子収率は，吸収する光の波長 λ と温度 T に依存するため，ここでは $\phi(\lambda, T)$ と書く．光吸収した後の分子のみを考えて，吸収した

3.3 大気光化学反応

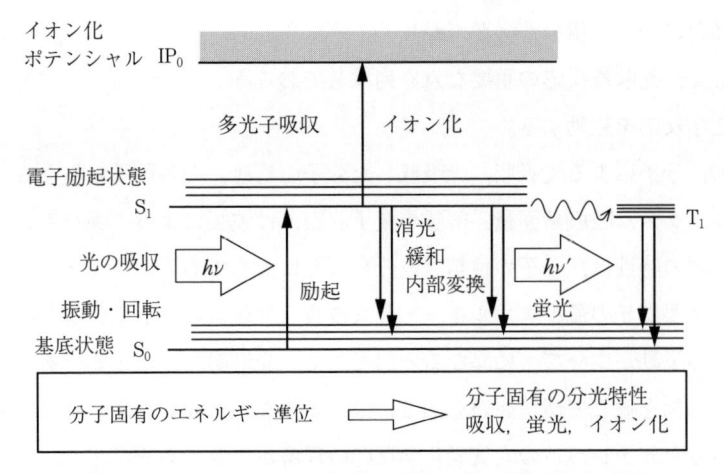

図3.7 分子のエネルギー準位図(光と分子の相互作用)の例

分子がひき続き解離する確率がϕであり,吸収した後で解離しない確率は$1-\phi$,である。光解離の量子収率が0.1なら,その波長の光を吸収する分子10個のうち1個の割合で解離する。例として,NO_2分子の光解離量子収率の波長依存を**図3.8**に示す。NO_2はおよそ400 nmより短波長(高エネルギー)の紫外光を吸収すると,ほぼすべて解離してNO分子とO原子(基底状態$O(^3P)$)となるが,より長波長の可視光線では解離しない。NO_2の解離限界波長はおよそ400 nmである。$O(^3P)$は大気中のO_2分子とすばやく反応しO_3となるので,NO_2の光解離反応は光化学オキシダント(対流圏オゾン)で特に重要である(☞3.5節)。

(1),(2),(3)の各段階すべてを考慮すると,分子Xの光解離反応

$$X + h\nu \rightarrow 生成物$$

の速度定数(光解離係数)J_xは次式により求められる(☞図3.3,付録A.8節)。

$$J_x [s^{-1}] = \int d\lambda \, \Phi(\lambda, T) \, \sigma(\lambda, T) \left\{ \iint L(\lambda, \theta, \varphi) \sin\theta \, d\theta \, d\varphi \right\}$$

この式は「光解離の速さ=解離の確率×光吸収のしやすさ×光の強さ」に相当する(厳密に

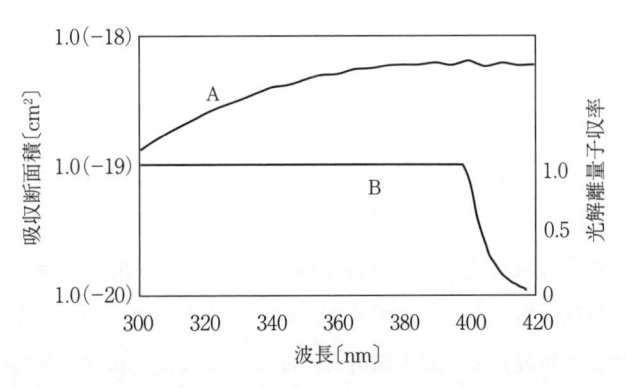

図3.8 NO_2分子の吸収断面積(A)と光解離量子収率(B)の波長依存の一例

は波長や立体角について積分が必要だが)。

まとめとして,光解離反応の重要な点を列挙しておこう。
・大気光化学反応を駆動する。
・光の照射,分子による光吸収,光吸収した分子の解離,の各段階からなる。
・放射フラックス,吸収断面積,解離の量子収率,は波長によって異なる。
・吸収と解離の特性は,分子の種類(成分)ごとに固有である。
・光解離に必要な光の最小エネルギー・最大波長(解離限界)も成分ごとに固有である。
　⇒大気中の挙動が成分ごとに異なる一因として,光解離特性は重要である。

大気成分の挙動を通して環境問題を知るには,多様な大気成分の光(特に太陽光)に対する特性を考慮した分子レベルの大気光化学反応の理解が重要である。

3.3.3 「光」に関する補足

光は「電磁波」の一種である。電磁波とは,電場と磁場の振動を伴いながら空間を伝わる波(波動)である。電磁波は,一定の時間と空間的距離ごとに電場や磁場が繰り返し振動する。電場や磁場の強弱の変化が1回(1サイクル)起こるのに必要な時間が周期であり,1周期の間に空間中を伝わる距離を波長という。また,単位時間あたりに振動の強弱を繰り返す回数を振動数と呼ぶ。電場や磁場の振動の強弱の幅(振幅)は,波としてのエネルギーの強さを表す。さて光というのは,人間の眼によって感じられる波長,およびその周辺の波長を持つ,電磁波の総称である。光も電磁波の一種で,周期 T,波長 λ(ギリシャ文字,ラムダと読む),振動数 ν(ギリシャ文字,ニューと読む),が重要である。光が空間を進む速さを c とすると,T の間に λ の距離を進むので(距離=速さ×時間)

$$\lambda = cT$$

と書ける。T が長いほどゆっくりと振動を繰り返し,振動数は小さくなるので

$$\nu = \frac{1}{T}$$

が成り立つ。光の特性を表す量には,一般に次の各単位を用いる:c [m s^{-1}],λ [m],T [s],ν [s^{-1}]。c としては光が真空中を伝わる速さ $c_0 = 3.0 \times 10^8$ m s^{-1} がよく用いられる。光の波長を表す際は,nm = 10^{-9} m を用いることが多い。振動数の単位 s^{-1} は,1秒あたりの波の振動の回数を表し,Hz(ヘルツ)とも呼ぶ。

人間の眼に見える光(可視光)は,波長領域400〜750 nm前後に相当する。可視光が人間の眼に入ると,波長の短い方から,紫,青,緑,黄,橙,赤,のような色を感じる。光のうち,可視光の紫より短波長の領域を**紫外光**,赤より長波長の領域を**赤外光**という。紫外光や赤外光は人間の眼で色を感じることはできないが,さまざまな成分分子との相互作用を通

して，大気環境に重大な影響を及ぼす。

特定の（単一波長の）光のみからなるものを**単色光**という。高いエネルギー状態（励起状態）の原子や分子から発せられる光は，単色光であることが多い。一方，太陽光のような大気環境中の光は，さまざまな波長の光が混じり合っている。プリズム（分光素子）を通すと太陽光は虹のように多様な色（波長）の光に分けられる（分光される）。太陽光を分光素子に通してから，分けられた光の強度を測れば，太陽光強度の波長分布が分かる。こうして得られる波長ごとの光強度の分布を分光スペクトルまたは単にスペクトルと呼ぶ。光と分子の相互作用を学ぶ「分子分光学」の分野では，光特性の波長依存全般を**スペクトル**と呼ぶ。例えば，光吸収の強さの波長依存を吸収スペクトルという。光を粒子（光子）としてみたときに，光子の持つエネルギー E は振動数 ν や波長 λ によって決まる。光と分子の相互作用を考える際には，光子の持つエネルギーを正しく考慮する必要がある。太陽光の放射スペクトルや大気成分の吸収スペクトルを正しく知ることが，大気環境中の成分やエネルギーの挙動を把握するために重要である。

3.4 大気ラジカルと連鎖反応

微量成分の大気中における挙動を正しく把握するには，大気光化学反応を理解しなければならない。3.3節では，大気分子が光の作用を受ける光解離の考え方を紹介した。本節では，ラジカルとは何かを説明しつつ，光解離によって生成するラジカルの反応について紹介し，大気微量成分の反応を支配する大気ラジカルとラジカル連鎖反応への理解を深める。

3.4.1 大気ラジカルとは

ラジカルとはどんなものを指すのだろうか。安定な分子を構成する原子は，電子がすべて2個ずつの対になっている。単結合している原子間では，それぞれの原子が1個ずつの電子を出し合って2個の原子によって共有される。これを共有結合といい，共有される電子のペアを共有電子対と呼ぶ。安定分子では，共有結合に関与しない残りの電子はふつう偶数個で，これらも2個ずつの対（非共有電子対）を成している（量子化学的に表現すると，同じエネルギーを持つ準位には反対向きの「スピン」を持つ二つの電子状態があり，それぞれに1個ずつの電子が入ることで電子対を成す）。安定分子の例として，水分子 H_2O の電子対の概略を**図3.9**（a）に示す。水分子に含まれる酸素原子Oについて見ると，最外殻電子がもともと6個あったところに，2個の水素原子Hとの間の共有結合によってさらに2個の電子がやってくる。つまり，この酸素原子には，共有電子対2組（4個の電子）と，非共有電子対2組（4個の電子）の，計8個の最外殻電子（4組の電子対）があり，閉殻構造となって

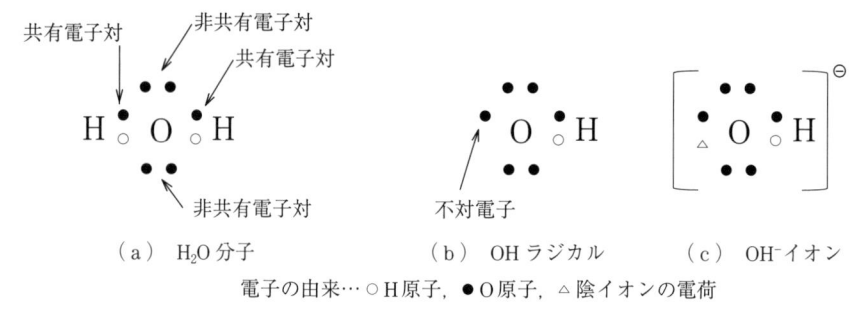

図3.9 電子対の概略

(a) H₂O分子　　(b) OHラジカル　　(c) OH⁻イオン

電子の由来… ○H原子，●O原子，△陰イオンの電荷

安定である．各水素原子には1個の最外殻電子があったところにO由来の電子が1個やってきて，計2個の電子（1組の共有電子対）となって，安定化している（Hは2個の最外殻電子で閉殻構造となる）．一方，ラジカルとは，対を成していない**不対電子**を持つ不安定な化学種を指す．**フリーラジカル**とも呼ばれる．ラジカルは反応活性が非常に高く，ほかの分子と衝突するとすばやく反応する，不安定な化学種である．不対電子を有するラジカルは，安定な電子対を成そうとして，衝突相手との間で電子のやりとりを起こしやすい．ラジカルの例として，大気中の反応に最も重要な**OHラジカル**（ヒドロキシラジカル）について，電子対の概略を図(b)に示す．OHラジカルに含まれるO原子は，もともとの最外殻電子6個があったところに，1個の水素原子Hとの間の共有結合によって1個の電子がやってくる．つまりOHラジカル内の酸素原子には，共有電子対1組（2個の電子），非共有電子対2組（4個の電子），さらに1個の不対電子，の計7個の最外殻電子（3組の電子対と1個の不対電子）がある．OHラジカル内の水素原子は，H₂O分子と同様に，O原子との間の共有結合によって安定化している．OHラジカルに含まれる電子対を考えると，酸素原子に1個の不対電子が残っていることが分かる．不対電子があるため，OHラジカルは高い反応活性（不安定性）を示す．

　高校までの化学では，不対電子があるような中途半端な構造の分子は存在できない，と学んだかもしれない．本節を読んで，「OHでは電子配置が中途半端でおかしい．水酸化物イオンOH⁻の誤りではないのか．」と考えた読者がいるかもしれない．高校までの化学で学んだのはあくまで「長時間安定に存在できるか」という話である．水酸化物イオンOH⁻は，OHラジカルの不対電子に電子をもう1個付け加えて非共有電子対とした電子配置に相当し，O原子の電子配置はH₂Oと同じ（4組の電子対）となって，安定である（図(c)）．水溶液中では水酸化物イオンは長時間存在できる．実際には，イオンは周囲のH₂Oなどの溶媒分子によっていっそう安定化している（溶媒和という）．一方でOHラジカルは，不対電子を持つ半端な電子配置のためにたしかに不安定だが，ごく短時間は存在できる．大気のような気相中では，気体成分は原子や分子の形で自由に飛び回ることができる．不安定なラジ

カルも気相中を飛び回っているが，ほかの分子と衝突して反応するまでの短い間は存在しうるのである．

3.4.2 大気ラジカルの生成・消失と存在量

読者の中には，「不安定で反応活性が高いラジカルは，反応によってすぐさま消えて無くなってしまうから，大気中に存在することができず，大気化学反応には効かないのでは？」という疑問を持つ方がいるかもしれない．たしかに，個々のラジカルは，ほかの分子と衝突してすぐさま反応して消失してしまうので，ごく短時間しか存在できない．しかし，一定の体積と分子数を有する大気試料において，ラジカルの生成速度がゼロでなく，つねにラジカルが生成し続ける状況であれば，一定量のラジカルが存在し続けることができる．**図 3.10**に示す「穴の開いたバケツと水」にたとえて説明しよう．一定体積の大気試料をバケツに，大気中のラジカルをバケツの中の水に，それぞれたとえる．上方の蛇口からバケツ中に一定の速さ（流量）で水を供給するとどうなるか．ただし，バケツの底の一部に穴が開いており，水を入れるそばから水が下に抜けていく，とする．蛇口からバケツへの単位時間あたりの水の供給量（供給速度）が，下の穴から抜けていく水量（排出速度）を上回っているうちは，バケツ中の水量は増加していく．しだいに，バケツ中の水量が多くなるにつれて，排出速度も大きくなる．供給速度や排出速度が極端に大きすぎ，もしくは小さすぎなければ，供給速度と排出速度がそのうちつり合い，水量が増えなくなる．大気中のラジカルの生成・消失・存在量も，バケツの水と同様に考えられる．ラジカルの反応活性の高さは，単位時間あたりに反応により消失するラジカルの数密度（消失速度）の大きさで，バケツの例では穴の大きさに対応する．底の穴が大きくとも，蛇口からの水の供給がゼロでなければ，バケツの水量は完全にはゼロにならない．ラジカルの生成速度（単位時間あたりに生成する数密度）がゼロでなければ，小さいながらもゼロでない量が大気中には存在する．大気中のラジカルは，生成と消失の同時進行の結果，ゼロでない量が存在する．

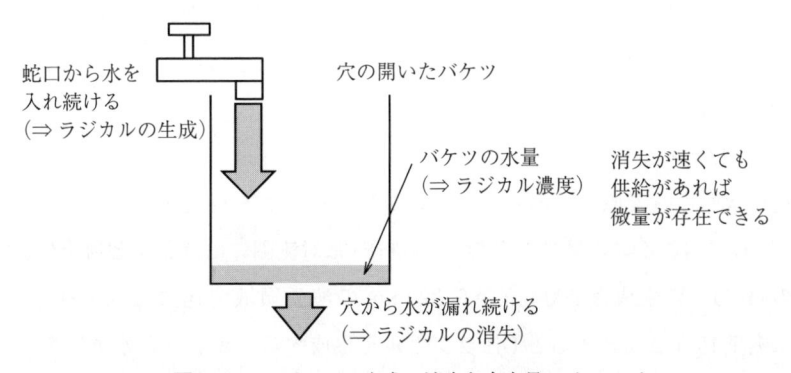

図 3.10 ラジカルの生成・消失と存在量のイメージ

ラジカルの生成速度・消失速度・存在量の関係について，**定常状態**の数式を通して理解を深めてみよう．ラジカルから見て（ラジカルの反応時定数と比べて）十分に長い時間が経過すると，ラジカルの生成速度と消失速度がつり合って濃度が変化しない「定常状態」に到達する．バケツの例でいえば，しばらく経って供給と排出がつり合って水量が増えなくなった状態に相当する．大気試料におけるOHラジカルの反応速度式を

$$\frac{d[\mathrm{OH}]}{dt} = P - L[\mathrm{OH}]$$

と書こう．ここでPはOHラジカルの生成速度，$L[\mathrm{OH}]$は消失速度，を表す．Pは単位時間あたりに生成するOHの数密度〔$\mathrm{cm}^{-3}\,\mathrm{s}^{-1}$〕である．一般にOH消失反応速度はOHの数密度に比例するので，上式はLをその比例定数〔s^{-1}〕として表現した．十分に長い時間が経過し定常状態に達するとOHが一定（変化量がゼロ）になり

$$\frac{d[\mathrm{OH}]_{\mathrm{ss}}}{dt} = P - L[\mathrm{OH}]_{\mathrm{ss}} = 0$$

と書ける．ここで，$[\mathrm{OH}]_{\mathrm{ss}}$は定常状態におけるOHの数密度であり，上式から

$$[\mathrm{OH}]_{\mathrm{ss}} = \frac{P}{L}$$

と求められる．OH消失のLが大きくとも，生成のPがゼロでなければ（$P>0$），定常状態でのOHラジカル存在量はゼロではない（$[\mathrm{OH}]_{\mathrm{ss}} = P/L > 0$）．

以上のように，ラジカルはごく微量だが大気中に存在しうる．多量だが反応の遅い安定成分ではなく，少量だが反応の速いラジカルによって，大気微量成分の反応が支配される．

3.4.3 OHラジカルと大気寿命

大気微量成分の挙動を考える際は，ラジカルとの反応を理解しなければならない．各成分はラジカルとの反応によって，どのくらいの時間で，どのような成分になり，どのような環境影響を及ぼし，大気中からどのようにいなくなるのか．ここでは，日中大気での微量成分の反応を支配するOHラジカルとの反応に要する時間（反応の時定数）を考えよう．

対流圏では日中，以下の反応によってOHラジカルを生成する．

$$\mathrm{O_3} + h\nu \rightarrow \mathrm{O_2} + \mathrm{O}(^1\mathrm{D})$$

$$\mathrm{O}(^1\mathrm{D}) + \mathrm{H_2O} \rightarrow 2\mathrm{OH}$$

$\mathrm{O}(^1\mathrm{D})$は励起状態の酸素原子である．オゾンの光解離による$\mathrm{O}(^1\mathrm{D})$の生成は，$\lambda < 320\,\mathrm{nm}$の紫外光によって起こる．紫外光のうち$\lambda < 300\,\mathrm{nm}$は対流圏にはほとんど到達しないため，対流圏での$\mathrm{O}(^1\mathrm{D})$の生成は300 nmから320 nmの波長領域で起こる（☞付録A.8節）．$\mathrm{O}(^1\mathrm{D})$が水蒸気$\mathrm{H_2O}$と反応するとOHラジカルを生成する．オゾンと水蒸気を含む大気に紫外光を照射すると，上記反応が連続して起こり，OHラジカルを生成する．OH生成速度

は，大気中のオゾン濃度，水蒸気濃度，紫外光強度，に依存する。ただし，$O(^1D)$ は不安定な化学種で，大量に存在する窒素 N_2 や酸素 O_2 と衝突すると O_3 に戻る。

$$O(^1D) + M \rightarrow O(^3P) + M$$

$$O(^3P) + O_2 + M \rightarrow O_3 + M$$

M は N_2 や O_2 などの第三体分子で，M そのものは変化しないが，反応生成物を安定化する役割を持つ（☞ 2.9.7 項）。$O(^3P)$ は基底状態の酸素原子であり，$O(^1D)$ よりもエネルギーの低い状態にあり，大気中の O_2 と反応してオゾン O_3 となる。

生成する OH ラジカルは，大気中の微量成分 X との反応により消失する。

$$X + OH \rightarrow products$$

微量成分 X の側から見ると，X の濃度や大気中での滞留時間には，OH ラジカルとの反応が重要な役割を果たす。大気中に放出される汚染物質の消失挙動は，OH ラジカルとの反応によって決まることが多く，OH ラジカルは「大気の掃除屋」といわれる。大気汚染物質を OH ラジカルが除去するというニュアンスである。微量成分 X の OH との反応速度定数を k とし，OH 濃度一定（擬一次反応）を仮定すれば，X の時間変化を

$$[X](t) = [X](0)\exp(-k[OH]t)$$

と書ける。X の濃度が $1/e$ となる反応の時定数は

$$\tau = (k[OH])^{-1}$$

である。OH ラジカルとの反応の時定数のように，微量成分の大気中での滞留時間を表す指標をその成分の**大気寿命**と呼ぶ。

　OH ラジカルは，紫外光のある条件で生成反応が進行するため，おもに日中に存在し，夜間にはほとんど存在しない（実際には，夜間にもラジカル生成反応は存在し，OH ラジカルもごくわずかに存在しうるが，量的に日中の OH ラジカルが特に重要，ということ）。日中でも太陽光による紫外光強度は時々刻々と変化し，それに伴い $O(^1D)$ を生成する反応の光解離係数 $J(O^1D)$ も変化するため，OH ラジカル濃度も時間帯によって変化（日変化）する。また，例えば赤道から極域までの緯度によって太陽のある方向の角度（太陽天頂角）が変わり，それに伴って太陽紫外光強度も異なるため，OH ラジカル濃度は場所によっても異なる。ただし，OH ラジカルとの反応による大気寿命を考えるには，日中のみに一定濃度の OH ラジカルが存在すると仮定して計算する場合が多い。

【例題 3.2】　メタンの大気中での消失は，OH ラジカルとの反応（反応速度定数 $k = 6.4 \times 10^{-15}$ cm^3 s^{-1}）に支配される。OH ラジカルの数密度を $[OH] = 1.0 \times 10^6$ cm^{-3}（日中 12 時間）および 0（夜間 12 時間）とする（図 3.11）とき，メタンの大気寿命 τ を求めよ。

解答例　反応の時定数 $\tau = (k[OH])^{-1} = 1.6 \times 10^8$ s $= 4.3 \times 10^4$ hour

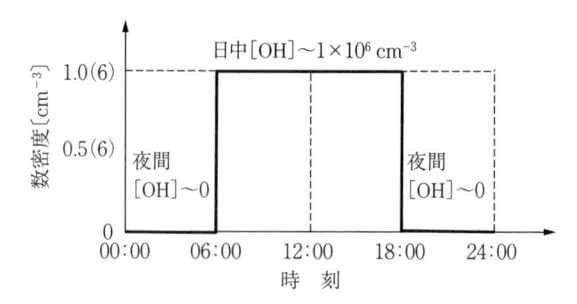

図3.11 計算の簡単化のために仮定するOHラジカル濃度の日変化
（実際には日射強度の日変化などに対応して複雑に変化する）

OHは日中12時間のみ存在し夜間は0なので，OHと反応する時間は12 hour/day
したがって，時定数

$$\tau = (4.3 \times 10^4 \text{ hour})/(12 \text{ hour/day}) = 3.6 \times 10^3 \text{ day} = \underline{10 \text{ year}}$$

微量成分の大気寿命は，その成分が大気中でどの程度の空間スケールで輸送・拡散するか，を考える際も重要である。メタンの大気寿命は約10年で，OHとの反応により濃度が$1/e$になるには10年かかる。対流圏大気の東西方向の地球一周には数週間程度しかかからない。南北方向の大気の移動も，北半球の中で数か月，赤道を越えての南北半球間で数年，という規模である。大気寿命が10年のメタンは，発生源から大気中に放出されたあと，OHとの反応によって消失する前に，地球全域に広がることになる。メタンのように，地球規模で広がるくらい大気寿命の長い成分を「**長寿命成分**」「**長寿命種**」と呼ぶ。長寿命種は一般に，空間分布の偏りが小さく，地球規模での濃度上昇が問題となる。

【例題3.3】 プロパンのOHとの反応速度定数を$k=1.0\times10^{-12}$ cm^3 s^{-1}，[OH]$=1.0\times10^6$ cm^{-3}（日中12時間），0（夜12時間），とするとき，プロパンの大気寿命を「日」の単位で計算しなさい。また，輸送・移流について，「風速 毎秒5 m」の場合に，プロパンが大気寿命の間に輸送される平均的な距離を求めなさい。
⚠注意：風速は仮想的に設定した値。

解答例 プロパンのOHラジカル反応による大気寿命は

$$\tau = (k[\text{OH}])^{-1} = 1.0 \times 10^6 \text{ s} = 2.78 \times 10^2 \text{ hour}$$

1日24時間のうち12時間だけ反応が進むと考えると

$$\tau = \frac{2.78 \times 10^2 \text{ hour}}{12 \text{ hour/day}} = \underline{23.1 \text{ day}}$$

風速5 m s^{-1}で大気寿命の間に輸送される距離は
5 m s^{-1} = 5×60×60×24 m day^{-1} = 432 000 m day^{-1} = 432 km day^{-1} を考慮して

輸送距離 $L = 432$ km day$^{-1} \times 23$ day $= \underline{1.0 \times 10^4 \text{ km}}$

一方，大気寿命が短い成分を「**短寿命成分**」「**短寿命種**」と呼ぶ。短寿命成分は，反応による大気寿命が，地球（対流圏）全体に拡散する時間よりも十分に短く，対流圏全体に拡散

するまでに反応によって消失してしまう.そのため短寿命成分は,発生源近傍で高濃度となるが,発生源から離れると低濃度となって影響は狭い範囲に限定される.プロパンは OH 反応によって濃度が $1/e$ になるのに約 23 日かかり,その間に(風速を毎秒 5 m として)地球を約 1/4 周するが,メタンよりも拡散範囲は狭く,発生源に近い範囲での影響が大きい.プロパンよりも OH との反応が速い VOC 成分(☞付録,表 A.4)は,さらに発生源近傍での影響が重要となる.短寿命種の空間分布は偏りが大きく,発生源に近い範囲に限定される.大気寿命と空間的な影響範囲は密接に関連する.

なお,微量成分の大気寿命を決めるのは,OH ラジカルとの反応のみではない.成分によっては,ほかの反応や過程が重要な場合もある.対流圏大気における微量成分の反応相手としては,OH ラジカルのほかに,NO_3 ラジカルやオゾン O_3 がある.OH ラジカルはおもに日中の反応を支配するが,NO_3 ラジカルは夜間のみに重要なラジカルである(☞ 3 章コラム).オゾンは,光化学生成の強い日中に高濃度となりやすいが,反応がそれほど速くなく,大気中にしばらく残留するので,日中だけでなく夜間にも反応に寄与する.OH ラジカルと同様に,NO_3 ラジカルや O_3 との反応に関する大気寿命も考えることができる.

3.4.4 連鎖反応とは

大気中に生成するラジカルは,微量成分の反応に重要となる.大気成分の反応の多くは,ラジカルの関与する**連鎖反応**によって効率的に進む.光解離のような一次反応や,衝突による二体反応のように,分子やラジカルのレベルでの個々の**素反応**(☞ 2.9.10 項)における生成物が,さらに次の反応を起こすことがある.複数の素反応が連続して起こって最終的な生成物を生じるとき,連続する素反応の集まりを連鎖反応と呼ぶ.大気光化学反応では,ラジカルの関わる素反応が次々起こる**ラジカル連鎖反応**が重要である.

大気光化学反応におけるラジカル連鎖反応は,安定分子の光解離によるラジカル生成から始まることが多い.安定分子同士の反応は遅い.安定分子(non radical)を NR,ラジカルを R,と表記すると,安定分子 NR1 の光解離によるラジカルの生成は

$$NR1 + h\nu \rightarrow R1\cdot + R2\cdot$$

と書ける.NR や R に付随した数字で,何番目のものかを区別する.ラジカル R に付随した点・は,不対電子を持つことを表す.光解離の際,不対電子を持たない安定分子の中の共有結合に含まれる 2 個の電子は,結合の両側に 1 個ずつ分配され(結合の均等開裂),結果として不対電子を持つラジカルが 2 個生じる.こうして生成するラジカルが,その後の連鎖反応をひき起こす元となるため,この段階をラジカル連鎖反応の開始段階と呼ぶ.開始段階にて生成したラジカルは,大気中の別の安定分子と衝突して反応を起こすことがある.例えば,生成したラジカル R1・が,別の安定分子 NR2 と,次のように反応する.

R1・ + NR2 → R3・ + NR3

不対電子を1個持つラジカル R1・と，不対電子を持たない安定分子 NR2 が反応すると，不対電子を1個持つラジカル R3・と，不対電子を持たない安定分子 NR3 が生成する。反応の前後での不対電子の個数を考慮すると，ラジカルと安定分子の反応では，やはりラジカルと安定分子を生成する。生成したラジカル R3・はさらに別の安定分子と反応する。

R3・ + NR4 → R4・ + NR5

生成した R4・がさらに別の安定分子と反応して…といったように，次から次へと連続して反応が起こる。このように，素反応が連続することで連鎖反応が進行して次々に生成物を生じる。この段階をラジカル連鎖反応の成長段階と呼ぶ。さて，ラジカル連鎖反応は，成長段階がいつまでも続くのだろうか。ラジカルが安定分子と衝突して反応すれば，成長段階が継続する。しかし，ラジカル同士の衝突・反応が起こると，安定分子を生成することがある。ラジカルは安定分子より量が少ないため，ラジカル同士の衝突は安定分子との衝突より頻度は低いが，ある程度は起こりうる。

R(i)・ + R(j)・ → NR(k) + NR(m)
R(i)・ + R(j)・ + M → NR(k) + M

不対電子を1個ずつ持つラジカル2個が反応するので，偶数個の電子からなる共有結合電子対や非共有電子対となり，安定分子を生成する。安定分子を生成するとそれ以上反応が進まなくなる。この段階をラジカル連鎖反応の停止段階という。

連鎖反応の簡単な例として，対流圏での OH ラジカル生成を考えよう。これは

$O_3 + h\nu \rightarrow O_2 + O(^1D)$

$O(^1D) + H_2O \rightarrow 2OH$

の二つの素反応からなる連鎖反応である（実際は，生成する OH ラジカルもさらに連鎖反応を継続・成長させる）。二つの素反応の両辺を足し合わせると

net：$O_3 + H_2O (+ h\nu) = 2OH + O_2$

と書ける。つまり，オゾンと水蒸気が共存する大気試料に紫外光を照射して，二つの素反応が1回ずつ起こると，見かけ上トータルとして1個のオゾン分子と1個の水分子から2個の OH ラジカルと1個の酸素分子が生成するように見える。ここで特に留意すべきは，安定分子同士（オゾン分子と水分子）が直接反応して OH を生成するわけではなく，反応の途中で不安定な中間体 $O(^1D)$ を生成してはじめて反応が進み，OH ラジカルを生成することである。大気微量成分に関しては，安定分子が直接反応していきなり生成物になるのではなく，連鎖反応にて中間体を経由してはじめて効率良く生成物ができる。なお，上式の net とは「正味の反応」という意味で，「反応が直接起こるわけではないが，複数の素反応の結果，全体として見かけ上，起こっているように見える」ことを表す。正味の反応式は，反応前後に

変化した成分のみの化学量論的な関係を示し，両辺を等号で結ぶ．

　安定分子の光解離とラジカル生成（開始段階）から，ラジカル同士の反応（停止段階）までの，各段階の速さやメカニズムによって，ラジカル連鎖反応の全体としての反応効率や最終生成物の量が決まる．連鎖反応を開始しても，成長段階を繰り返さないうちに停止すれば，全体として反応は効率良く進まない．連鎖反応では，ある種のラジカルについて，安定分子との反応による成長と，ラジカル同士の反応による停止が，競争する場合が多い．ラジカル同士よりも安定分子相手の反応が効率良く起こる場合に，連鎖反応全体の効率が良くなる．連鎖反応の開始から停止までの成長段階の効率を**連鎖長**と呼ぶ．また，連鎖反応の各素反応のうち，連鎖反応全体が進む速さを支配する素反応を特に**律速段階**と呼ぶ．律速段階に関与する成分の数密度や反応条件を変えると，連鎖反応全体に影響する．したがって，連鎖反応を効率良く進行させるには，律速段階の反応を特に促進するとともに，成長段階と競争するラジカル同士の反応やラジカルの消失を抑制して十分に大きな連鎖長を確保することが，効果的である．連鎖反応を抑制したければ，律速段階に関与する成分を減らして反応を遅らせつつ，ラジカル同士の反応を促進して連鎖長を抑制することが肝要である．連鎖反応における律速段階の考え方の概略を**図3.12**に示す．

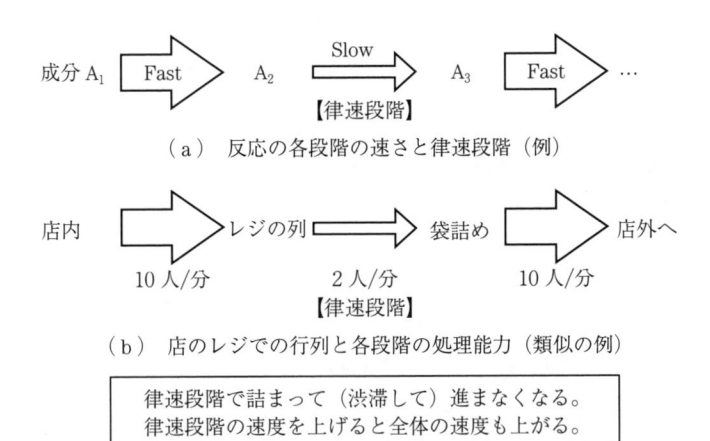

成分 A_1 →[Fast]→ A_2 →[Slow]→ A_3 →[Fast]→ …
【律速段階】
（a）反応の各段階の速さと律速段階（例）

店内 → レジの列 → 袋詰め → 店外へ
10人/分　2人/分　10人/分
【律速段階】
（b）店のレジでの行列と各段階の処理能力（類似の例）

律速段階で詰まって（渋滞して）進まなくなる．
律速段階の速度を上げると全体の速度も上がる．

図3.12　反応と律速段階のイメージ

　対流圏大気試料の光化学反応は，膨大な種類のラジカルや安定分子が関与する，複雑な反応系で，連鎖反応の理解が重要となる．特に，「複数の素反応と正味の反応式」は，光化学オキシダント生成のメカニズムなどで繰り返し出てくるので，しっかり学んでほしい．繰り返すが，「正味の反応式は，その反応が直接起こるわけではなく，実際にはいくつもの素反応の組合せで起こるように見える」ことは念頭に置いてほしい．

3.5 対流圏オゾン生成のメカニズム

光化学スモッグ（光化学オキシダント）は，1940年代のロサンゼルスでも，1970年頃の日本でも，汚染空気がよどんで拡散しない日射の強い夏の日中といった条件がそろった都市や郊外において発生するケースが多かった。これらの問題は，汚染物質である**窒素酸化物（NOx）**や**揮発性有機化合物（VOC）**を「**前駆体**」として，太陽光に含まれる紫外光によって駆動されるラジカル連鎖反応（光化学反応）を通して，光化学オキシダントの主成分であるオゾンが生成したために起きたということが，その後の研究によって明らかとなった。前駆体とは，反応によってある成分を生成するとき，生成の前段階において重要となる原料物質のことを指す（対流圏オゾンの前駆体はNOxとVOC）。本節では，対流圏での光化学反応によるオゾン生成のメカニズムを，詳しく学ぼう。

3.5.1 概　　略

対流圏大気におけるオキシダント（オゾン）生成のメカニズム（**図3.13**）は，以下の段階に分けて考えることができる。① 発生源から大気への前駆体（NOx, VOC）の放出，② OHラジカルによるVOCの酸化に伴う過酸化ラジカル RO_2 の生成，③ RO_2 によるNOの NO_2 への酸化，④ 太陽紫外光による NO_2 の光解離とそれに伴うオゾン O_3 の生成。実際には，VOCとOHの反応以外にも O_3 生成に関与する反応はあるが，対流圏大気で最も代表的な日中のOH反応を中心に紹介する。

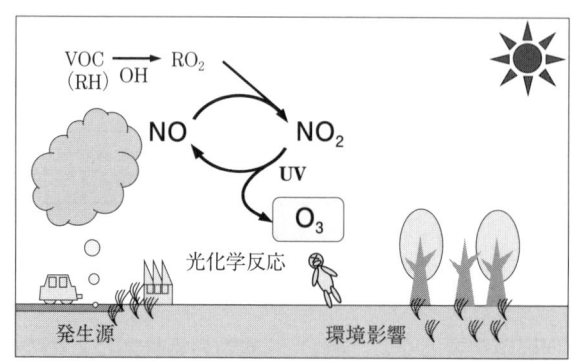

揮発性有機化合物VOCと窒素酸化物NOxが複合的に関与
《光化学（photochemistry）光によって始まる反応》
$RH + OH(+O_2) \rightarrow RO_2 + H_2O$
$NO + RO_2 \rightarrow NO_2 + RO$
$NO_2 + h\nu(+O_2) \rightarrow NO + O_3$

図3.13 対流圏におけるオゾン生成メカニズムの概略

3.5.2 前駆体の放出

最初に，対流圏オゾンの前駆体である NOx や VOC を大気中に放出する発生源を把握しよう。発生源には人為起源と自然起源がある。人為起源には，一か所で成分を放出する**固定発生源**と，場所を変えながら成分を放出する**移動発生源**がある。

対流圏での NOx のおもな人為発生源は，固定発生源として工場や発電所，移動発生源として自動車・船舶・航空機，における燃料燃焼が挙げられる。燃焼に伴う NOx 放出には，thermal NOx と fuel NOx がある（☞ 2.8.4 項）。主要な NOx 発生源として，燃焼由来の人為起源 NOx が重大である。特に，都市や郊外での大気汚染への寄与が大きく，対策が求められる。燃焼ではおもに NO として大気中に放出される。ただし，対流圏 NOx の収支を地球規模で考えると，自然発生源も無視できない。NOx の自然起源として，雷放電や土壌微生物が挙げられる。雷放電が起こると，空気中の N_2 や O_2 が分解して NOx を生成する。土壌微生物の中には NOx を放出するものがある。自然起源は，人間活動の活発でないバックグラウンド地域や上空での NOx 供給源であり，バックグラウンド濃度を左右する。

対流圏大気への VOC の人為発生源としては，おもに燃焼によるものと，揮発・蒸発によるものがある。自動車のエンジンや工場・プラントで燃料を燃やす際には，燃料に含まれる成分が燃焼過程を経て別の成分となる燃焼生成分と，燃料に含まれる成分が燃え残る未燃燃料分が，大気中に放出される。一方，ガソリンや溶剤といった液体状の有機化合物は，大気や空気に接する場所に放置しておくと，気相中に蒸発していく。液相から気相への成分の蒸発を揮発と呼び，その速さは成分の飽和蒸気圧や温度に依存する（☞ 2.4.7 項）。揮発に基づく VOC 人為発生源には，塗装時の乾燥，給油漏れ，放置した自動車からの燃料の蒸発，などが挙げられる。VOC の人為発生源にも，固定発生源と移動発生源がある。さらに，

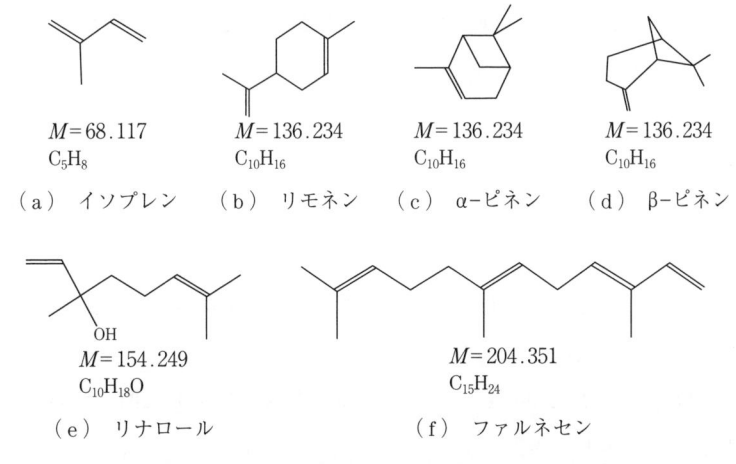

（a）イソプレン　$M=68.117$　C_5H_8

（b）リモネン　$M=136.234$　$C_{10}H_{16}$

（c）α-ピネン　$M=136.234$　$C_{10}H_{16}$

（d）β-ピネン　$M=136.234$　$C_{10}H_{16}$

（e）リナロール　$M=154.249$　$C_{10}H_{18}O$

（f）ファルネセン　$M=204.351$　$C_{15}H_{24}$

構造式は炭素原子の骨格のみ示す（水素原子は省略）

図 3.14 植物由来 BVOC の例

VOC は自然発生源の寄与も重大である。VOC の代表的な自然発生源として，植物からの放出が知られる。多くの樹木からは，イソプレン C_5H_8，分子式 $C_{10}H_{16}$ で表されるモノテルペンと呼ばれる成分群，などさまざまな成分が大気中に放出される（**図 3.14**）。モノテルペンのように，イソプレン骨格 C_5H_8 をいくつか集めた分子式 $(C_5H_8)_n$（n は自然数）で表される成分群をテルペン類と呼ぶ。地球全体の年間放出量は，人為起源と自然起源を合わせた VOC 全体で 1 150 TgC（TgC は C 原子として $1\,Tg = 1 \times 10^{12}\,g$）で，その 44 % をイソプレン，11 % をモノテルペン類が占めるとされる。VOC 放出での植物起源の重要性が分かる。なお，植物起源テルペン類などの生物由来 VOC を **BVOC**（biogenic VOC）と呼び，オキシダントや浮遊粒子状物質の生成前駆体として注目されている。

3.5.3 VOC と OH の反応による RO_2 生成

OH ラジカルは，日中には太陽紫外光強度などに応じて存在する。対流圏での一連のオゾン生成連鎖反応は，OH ラジカルと VOC の反応によって開始される。反応メカニズム説明の都合上，VOC のことを RH と書くことにする。例えば VOC として，有機化合物の一分類であるアルカン類を考えると，R はアルキル基，H は水素原子，を表す。アルカン以外の VOC についても，含まれる水素原子 H とそれ以外の部分 R から成っている，とする。OH ラジカルは不安定で，RH との衝突にて RH に含まれる水素原子 H を引き抜いて，H_2O となって安定化しようとする（VOC＋OH 反応にはほかに C＝C 二重結合への OH 付加もある）。

$$RH + \cdot OH \rightarrow R\cdot + H_2O$$

水素を引き抜かれた残りのラジカル $R\cdot$ は，大気中に大量に存在する酸素分子 O_2 とすばやく結合して，過酸化ラジカル $RO_2\cdot$ となる（M は N_2 や O_2 などの第三体分子）。

$$R\cdot + O_2 + M \rightarrow RO_2\cdot + M$$

発生源から大気中に放出される VOC は多種多様であるうえ，OH ラジカルとの反応の速さや RO_2 の生成効率も VOC の種類によってさまざまである。

3.5.4 RO_2 と NO の反応

生成する過酸化ラジカル RO_2 は，ひき続いて NO と反応して NO_2 と RO となる。

$$NO + RO_2\cdot \rightarrow NO_2 + RO\cdot$$

生成する RO は O_2 と反応し，最終的に安定なカルボニル化合物 CARB となる。

$$RO\cdot + O_2 \rightarrow\rightarrow CARB + HO_2\cdot$$

多くの場合，過酸化ラジカル HO_2 も生成する。HO_2 も NO を NO_2 に酸化する。

$$NO + HO_2\cdot \rightarrow NO_2 + \cdot OH$$

このとき再生する OH ラジカルは，別の VOC と反応し，次の連鎖反応に寄与する。図 3.13

3.5 対流圏オゾン生成のメカニズム

では簡略化のためRO_2のみを示し，二次生成HO_2やOH再生を省略して，NO–NO_2の連鎖反応を前面に出しているが，実際にはHO_2とOH（合わせてHOxと呼ぶ）も重要である．特にNOのNO_2への酸化には，RO_2とともにHO_2も大きな役割を果たす．HOx（HO_2–OH）連鎖反応側から見た反応メカニズムも示しておく（**図3.15**）．

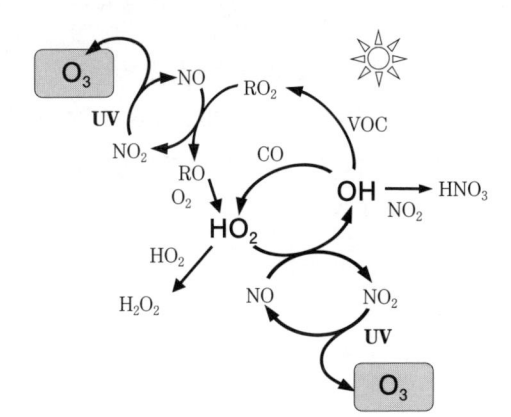

図3.15 HOxから見たオゾン生成関連の反応メカニズム

3.5.5 NO_2の光解離

NO_2は太陽紫外光$h\nu$により光解離しNOと基底状態酸素原子$O(^3P)$になる．

$$NO_2 + h\nu \rightarrow NO + O(^3P)$$

$O(^3P)$は，大量に存在する酸素分子O_2とすばやく反応してO_3を生成する．

$$O(^3P) + O_2 + M \rightarrow O_3 + M$$

NO_2光解離にて再生するNOは，RO_2やHO_2と反応して再度NO_2となり，光解離によりNOとO_3になる．NO酸化–NO_2光解離の連鎖反応の間，O_3を生成し続ける．

3.5.6 オゾン生成メカニズムの要約

VOC（RH）からの一連のオゾン生成メカニズムをまとめると，以下のように書ける．

$$RH + \cdot OH \rightarrow R\cdot + H_2O$$
$$R\cdot + O_2 + M \rightarrow RO_2\cdot + M$$
$$NO + RO_2\cdot \rightarrow NO_2 + RO\cdot$$
$$RO\cdot + O_2 \rightarrow\rightarrow CARB + HO_2\cdot$$
$$NO + HO_2\cdot \rightarrow NO_2 + \cdot OH$$
$$NO_2 + h\nu \rightarrow NO + O(^3P) \quad (\times 2)$$
$$O(^3P) + O_2 + M \rightarrow O_3 + M \quad (\times 2)$$

正味：$RH + 4O_2 = 2O_3 + CARB + H_2O$

すべての素反応を合わせた見かけ上の量的な関係「正味の反応式」を記しておいた。正味の反応は，上五つの素反応が各1回ずつ，下二つの素反応（×2の部分）が各2回ずつ，連続して起こった場合を考えて，素反応の式の両辺を足し合わせたものである。

✎ **練習問題 3.2** 上記の反応系について，説明通りに両辺を足し合わせると，正味の反応式と一致することを確認しなさい。

反応系全体としては，1個の RH 分子の OH 反応に伴う CARB への酸化と並行して，2個の O_3 を生成する関係になっているが，RH と O_2 が直接反応して O_3 や CARB を生成するわけではない。十分な強度の紫外光の存在下，個々の段階（素反応）で NO，NO_2，OH，HO_2，RO_2，RO も関与する反応系を介して，O_3 を生成する。

3.5.7 オゾンの生成・消失の数式化

NO の NO_2 への酸化には，O_3 による気相滴定反応（タイトレーション）

$$NO + O_3 \rightarrow NO_2 + O_2$$

も大きな割合を占める。O_3 と NO の反応は速く，NO-NO_2 変換反応には重要である。例えば幹線道路近傍で自動車排出ガスとして NO が大気中に放出されると，おもに上記反応によって NO_2 となる。ただし，光化学オキシダント問題で重要となる「正味の O_3 生成」の視点から考えると，この反応では1分子の NO を NO_2 に酸化すると同時に，1分子の O_3 を消費するので，続く NO_2 光解離で O_3 を生成しても O_3 の増加量は差し引きゼロであり，正味オゾン生成をもたらさない。

$$NO + O_3 \rightarrow NO_2 + O_2$$

$$NO_2 + h\nu \rightarrow NO + O(^3P)$$

$$O(^3P) + O_2 + M \rightarrow O_3 + M$$

正味：何も起こらない（両辺に各成分が同じ回数登場する。変化なし）

正味オゾン生成をもたらすには，RO_2 や HO_2 による NO 酸化に伴う NO_2 生成が必要である。HO_2，RO_2 による NO 酸化に伴うオゾン生成速度 $P(O_3)$ は次のように書ける。

$$P(O_3) = k_{NO+HO_2}[HO_2][NO] + k_{NO+RO_2}[RO_2][NO]$$

対流圏ではオゾン消失反応もある。消失反応の一つ目として，オゾン光解離によるものを挙げよう。対流圏オゾンは波長 300〜320 nm の紫外光により光解離して励起状態酸素原子 $O(^1D)$ を生成する。$O(^1D)$ は水蒸気と反応して OH ラジカルを生成する（☞ 3.4.3 項）。

$$O_3 + h\nu \rightarrow O_2 + O(^1D)$$

$$O(^1D) + H_2O \rightarrow 2OH$$

正味：$O_3 + H_2O\,(+h\nu) = O_2 + 2OH$

この反応によるオゾン消失の律速段階は，O_3 の光解離反応である．対流圏オゾン消失反応の二つ目は，HO_2 や OH といったラジカルとの反応である．

$$O_3 + OH \rightarrow HO_2 + O_2$$

$$O_3 + HO_2 \rightarrow OH + 2O_2$$

正味：$2O_3 = 3O_2$

この反応によるオゾン消失の律速段階は，HO_2 と O_3 の反応である．オゾンの生成と消失を考える際には，HO_2 ラジカルの反応相手が特に重要である．HO_2 ラジカルが NO と反応すればオゾン生成に効くが，HO_2 が O_3 と反応すればオゾン消失に効く．NO 濃度が高いと，HO_2 の反応相手として O_3 よりも NO が主となってオゾン生成に効くが，NO が少ないと $HO_2 + O_3$ によるオゾン消失も無視できなくなる．前者は NOx 濃度の高い都市や郊外の大気，後者は NOx 濃度の特に低い清浄大気での状況に対応する．HO_2 の反応相手としてはほかに，HO_2 や OH もある．

$$HO_2 + HO_2 \rightarrow H_2O_2 + O_2$$

$$HO_2 + OH \rightarrow H_2O + O_2$$

これらの反応は，HO_2 と OH の消失を考える際に重要となる．OH と HO_2 は反応を通してたがいに変換し合っており，OH と HO_2 を総称して HOx と呼ぶ．HOx の消失は，OH による VOC 酸化反応の開始，および HO_2 による NO 酸化を通したオゾン生成，を抑制するため，オゾン消失として寄与する．HOx 消失過程としては

$$NO_2 + OH + M \rightarrow HNO_3 + M$$

による硝酸 HNO_3 の生成も重要である．HNO_3 は，地面への沈着や雨水・雲水への溶け込みによって短時間で大気から除去されるので，上記反応は NOx の大気からの消失過程としても重要である．以上をまとめると，光化学反応に伴うオゾン消失速度は

$$L(O_3) = k_{O^1D + H_2O}[O(^1D)][H_2O] + k_{HO_2 + O_3}[HO_2][O_3] + L(HNO_3)$$

と書ける．第 1 項はオゾンの光解離，第 2 項は HO_2 との反応，第 3 項は HNO_3 生成，によるオゾン消失速度を表す．オゾンを消失させる連鎖反応（第 1 項，第 2 項）だけでなく，オゾン生成連鎖反応を抑制するもの（第 3 項）も重要である．

オゾンの生成と消失を同時に考慮した，光化学反応による正味のオゾン生成速度は

$$P_{net}(O_3) = P(O_3) - L(O_3)$$

のように生成と消失の差として算出される．$P_{net}(O_3)$ を考えるうえで，NOx 濃度が重要となる．NOx 濃度が低ければ NO 濃度も低く，$HO_2 + O_3$ によるオゾン消失が重大となって，$P_{net}(O_3)$ は負の値を持ち，オゾンは消失する．一方，NOx 濃度がある程度上昇すると，NO $+ HO_2$ による NO_2 生成が支配的となって，オゾンを生成する．ところが，NOx 濃度をさら

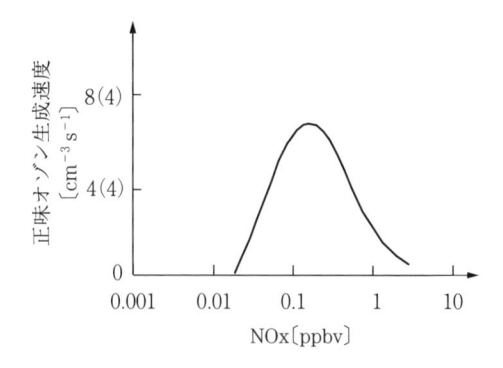

図3.16 オゾン生成のNOx濃度依存（モデル計算結果の例）

に高くしていくと，今度はHNO₃生成によるHOx消失によって，オゾン生成量が減少していく。オゾン生成のNOx濃度依存のモデル計算例を**図3.16**に紹介しておく。

オゾン消失やオゾン生成抑制には，ほかにもいくつかの要因がある。例えば，NOと過酸化ラジカルRO₂との反応ではNOがNO₂に酸化される経路だけでなく

$$NO + RO_2 + M \rightarrow RONO_2 + M$$

のように有機硝酸類RONO₂（organic nitrates, ONs）を生成する場合もある。前駆体VOCの種類によって異なるが，NO+RO₂によるRONO₂の生成効率（反応の分岐比）は数%～30%程度とされる。NO+RO₂の一部がNO₂でなくRONO₂を生成すると，その分だけオゾン生成が抑制される。オゾン生成を正しく把握するには，前駆体VOCの個別成分ごとにRONO₂生成特性も知っておく必要があるが，VOCは膨大な種類があるために限界がある。

さらに，大気からのオゾンの物理的な消失過程として，地表面への沈着もある。実際の大気中でのオゾンの生成・消失を議論する際は，光化学的なオゾンの生成・消失のほか，沈着や大気の輸送・拡散といった物理過程も含めて，総合的に考察する必要がある。

3.5.8 オゾン生成効率の支配要因

ここで，対流圏オゾンの生成・消失の効率を支配する要因について，簡略化した生成メカニズム（**図3.17**）を参照しつつ整理しておこう。

「① 過酸化ラジカルの生成」の効率

VOC（RH）のOHとの反応によってRO₂を生成する。RO₂を速く多く生成するほど，オゾン生成効率は高くなる。RO₂生成効率に効く要因としては，VOCのOHとの反応の速さ（反応速度定数の大きさ），VOCの濃度，RO₂生成の収率が挙げられる。特に，VOCが最終的なオゾン生成効率を支配する状況（VOC律速，☞3.5.9項）では，VOC反応によるRO₂生成までの段階が重要となる。VOCは種類が多く，成分ごとにOHとの反応速度定数や濃

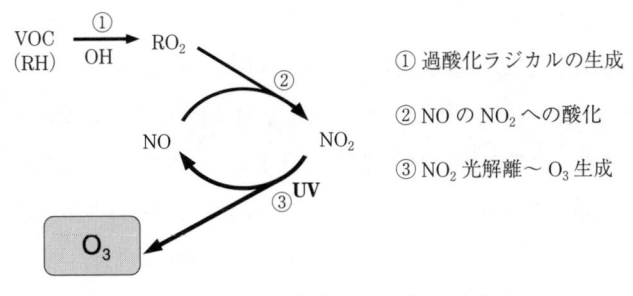

図 3.17 オゾン生成メカニズムのまとめ

① 過酸化ラジカルの生成
② NO の NO_2 への酸化
③ NO_2 光解離〜 O_3 生成

度もさまざまで，すべてを網羅した把握は難しい．最近は，VOC の「OH 反応性」を用いてオゾン生成効率を議論する研究が盛んとなっている（☞ 3.6.2 項）．OH 反応性は

$$R_{OH} = \Sigma k_i[VOC_i] = k_1[VOC_1] + k_2[VOC_2] + \cdots$$

のように定義される．ただし，VOC_i は i 番目の VOC 成分を表し，k_i は VOC_i と OH との反応速度定数，Σ は全成分についての総和を表す．OH 反応性は，大気試料に含まれる VOC 成分について，個々の濃度と OH 反応速度を同時に考慮しつつ，すべての成分の寄与をもれなく反映する，光化学反応の視点から VOC を包括的に把握する指標である．OH 反応性の高い大気試料は，RO_2 やオゾンを生成する潜在的能力（ポテンシャル）が高い，と評価できる（オゾン生成を正しく評価するには，後述の②，③やほかの消失過程も考慮する）．なお，RO_2 生成効率の前駆体 VOC ごとの違いにも留意する必要がある．また，次の②において NO を酸化しうる過酸化ラジカルの増減という点からいえば，ラジカル-ラジカル反応による連鎖反応の停止（ラジカル消失）も，考慮しなければならない．

「② NO の酸化」と「③ NO_2 光解離」（NO–NO_2 交換反応）の効率

①にて生成する RO_2 は，NO を酸化して NO_2 を生成する．NO_2 はひき続いて太陽紫外光によって光解離し，O_3 を生成しつつ，NO に戻る．VOC と OH や O_3 との反応から生成する HO_2 ラジカルも同様に，NO を酸化して NO_2 さらに O_3 を生成する．このように，対流圏大気中では NO と NO_2 はたがいに行ったり来たりする「交換反応」を繰り返しながら，オゾンを生成する．NOx が最終的なオゾン生成効率を支配する状況（NOx 律速，☞ 3.5.9 項）では，NO–NO_2 交換反応の段階が重要となる．RO_2 からオゾンを生成する効率は，NO–NO_2 交換反応の効率によって決まる．NO–NO_2 交換反応の内容を鑑みれば，この段階でのオゾン生成効率は，NO + RO_2 や NO + HO_2 の反応の速さと NO_2 生成の収率（分岐比），NO_2 光解離によるオゾン生成反応の速さ，NO_2 からのオゾン生成の効率，によって決まるといえる．前駆体 VOC の種類によって，NO + RO_2 の反応速度が異なる．NO + RO_2 が速いほど，効率良く NO を NO_2 に変換でき，最終的なオゾン生成効率も高くなる．また，太陽紫外光が強いほど NO_2 光解離が速く，オゾン生成速度も大きくなる．さらに，NO_2 からのオゾン生成効

率を知るには，NOxからオゾンを生成せずに大気から消失する経路も重要である。こうした経路とは，$NO_2 + OH$による硝酸HNO_3生成のほかに，$NO + RO_2$における$RONO_2$生成などである。HNO_3や$RONO_2$の生成では，ラジカルと同時にNOxも消失するため，オゾン生成を考えるうえで重要となる。特にNOx律速の状況では，NOx消失反応の影響は大きい。$RONO_2$に関しては，前駆体VOCの種類によって，NO_2と$RONO_2$の生成割合（分岐比）が異なる。大気中でのオゾン生成やNOxの収支を正しく把握するには，有機硝酸$RONO_2$も詳しく研究する必要がある。

3.5.9 NOx, VOCとオゾン生成レジーム

オゾン生成の反応メカニズムが分かると，計算によるオゾン生成の予測・把握が可能となる。3.5.8項にて定性的に説明したように，対流圏における光化学的なオゾンの生成量は，前駆体のNOxとVOCに対して複雑な応答を示す。オゾン生成量のNOxとVOCの放出量に対する依存性をモデル計算によって見積もった一例を図3.18に示す。ある量zの，二つの変数x, yに対する依存性$z(x, y)$を示すには，(x, y, z)の3次元プロットが必要となる。3次元プロットのうち，横軸をx，縦軸をyとして，xy平面上にzの値を地図の「等高線」のように表現したグラフを**等高線図**（contour plot）と呼ぶ。等高線図は，3次元データを2次元の紙面上に示すのに用いられる。地球環境に関するデータとしては，例えばある量の緯度・経度に対する依存性を示すのに，等高線図が用いられ，値の大小を等高線だけでなく色分けによって明確化することも行われる。さて，等高線図の読み方としては，地図の等高線から標高を読み取ることを連想すればわかりやすい。オゾン生成量のNOx, VOC依存性に話を戻すと，図3.18の右上の領域に行くほど，オゾン生成量が大きくなる（地図に

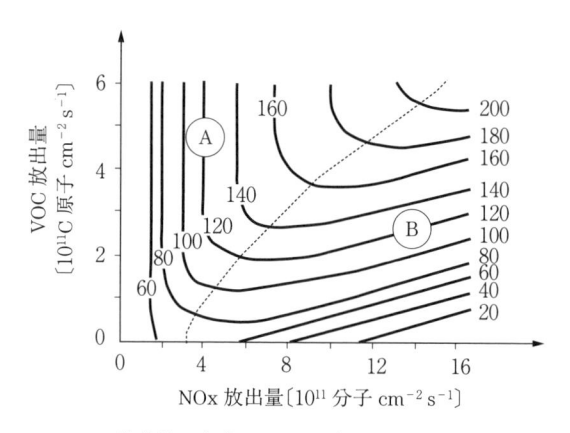

等高線は生成オゾン量（単位ppbv）を表す。

図3.18 NOx, VOC放出量と生成オゾン量の関係を見積もった例

3.5 対流圏オゾン生成のメカニズム　　95

置き換えていえば，標高が高いほうへ「山や坂を登って行く」状況に相当する）。一方，図の左下に行くほどオゾン生成量が小さい（＝「山を下って行く」）。まずいえるのは，NOx, VOCを同時に大幅に削減できれば対流圏オゾンを抑制できる点である。しかし，NOxとVOCの短期間での同時削減は難しい。実際には，新たな政策や技術開発を通して，NOxやVOCの放出量を徐々に減らす努力をする。NOxやVOCを段階的に削減する場合，オゾン生成量は複雑な応答を示すかもしれない。対策前の「現状」が図のどの領域に相当するか，によってオゾン生成挙動は異なる。領域ごとに分けて，オゾン生成特性を説明しよう。

>【例題 3.4】　等高線図にて，NOxとVOCの現状が図中の点「A」である場合，オゾン生成を効果的に抑制するには，NOxやVOCをどうすべきか。下記の2か所の選択肢｜｜のうち該当するものを選んで，文を完成させなさい。
>
>　　　点「A」に適する対策は，｜NOx, VOC｜の放出量を｜増やす，減らす｜ことである。

|解答例| オゾンを減らすには，図で等高線の値が小さくなる（山を下る）方向を目指せばよい。点「A」でのNOx, VOCの増減とオゾン生成量の関係は，次の通り読み取れる。

	NOx ↑	NOx ↓	VOC ↑	VOC ↓
点「A」	O_3 ↑	O_3 ↓	O_3 →	O_3 →

↑増加，↓減少，→横ばい

したがって，O_3を減少させる（O_3↓）には，NOxを減らす（NOx↓）のがよい。
　　解答文：点「A」に適する対策は，｜NOx｜の放出量を｜減らす｜ことである。

　点「A」でのオゾン生成は，NOxの増減に大きく左右される。このように，NOxが最終的なオゾン生成効率を支配する状況を「**NOx律速**（NOx limited）」と呼ぶ。NOx律速領域は点「A」のように，NOxが少なくVOCが多い（VOC/NOx比の大きい）領域である。過剰に存在するVOCからRO_2がどんどん生成しても，NOが少ないため，NO＋RO_2やNO＋HO_2の反応が進まない（NOによって制限されている）という状況である。いくらVOCを増やしても，NOが少ないためにNO＋RO_2以降の反応系が効率良く進まないが，VOCやRO_2はすでに十分にあるので，NOを増やせばオゾン生成量が効率良く増える。NOx律速領域では，ラジカルRO_2, HO_2によるNOの酸化がオゾン生成を支配している。NOx律速領域でのHOx消失としては，NO_2が少ないためにNO_2＋OH＋Mによる硝酸HNO_3生成は有効でなく，HO_2同士の反応などが重要である。NOx律速領域は，正味のオゾン生成速度（図3.16）の低NOx領域に相当する。NOxの増加に対しては，① O_3＋HO_2によるO_3消失よりもNO＋HO_2の重要性が増しO_3生成が増加する，② HO_2＋HO_2によるHOx消失と比べHO_2＋NOの寄与が重要となってO_3生成が増加する，といえる。以上の状況を考慮してO_3生成速度を算出すると，NOx律速領域では

$$P(\mathrm{O}_3) = 2k_{\mathrm{HO}_2+\mathrm{NO}} \left(\frac{P_{\mathrm{HOx}}}{2k_{\mathrm{HO}_2+\mathrm{HO}_2}} \right)^{\frac{1}{2}} [\mathrm{NO}]$$

と書け，オゾン生成速度は NO 濃度に比例するが，VOC には依存しない（P_{HOx} は HOx 生成速度）。NOx 律速領域では，オゾン生成は NOx 濃度によって決まる。

【例題 3.5】 前述のオゾン生成の「等高線図」について，NOx と VOC の現状が図中の点「B」である場合，オゾン生成を効果的に抑制するには，NOx や VOC をどうすべきか。下記の 2 か所の選択肢 ｜　｜ のうち該当するものを選んで，文を完成させなさい。

点「B」に適する対策は，｜NOx，VOC｜ の放出量を ｜増やす，減らす｜ ことである。

解答例 点「B」での NOx，VOC の増減とオゾン生成量の関係をまとめる。

	NOx ↑	NOx ↓	VOC ↑	VOC ↓
点「B」	O_3 微↓	O_3 微↑	O_3 ↑	O_3 ↓

↑増加，↓減少，微＝わずかに

したがって，O_3 を減少させる（O_3 ↓）には，VOC を減らす（VOC ↓）のがよい。

解答文：点「B」に適する対策は，｜VOC｜ の放出量を ｜減らす｜ ことである。

点「B」でのオゾン生成は，点「A」とは異なり，VOC の増減によって支配される。VOC がオゾン生成効率を支配する状況を「**VOC 律速**（VOC limited）」と呼ぶ。VOC 律速領域は点「B」のように，VOC が少なく NOx が多い（VOC/NOx 比の小さい）領域である。RO_2 の原料となる VOC は少ないが，NOx 濃度が高い領域なので，VOC を増やして RO_2 量が増えれば，十分に多い NO と反応して効率良くオゾン生成する，という状況である。逆に，いくら NOx を増やしても，VOC を原料とする RO_2 が少ないために NO + RO_2 以降の反応が効率良く進まない。NOx 律速領域と VOC 律速領域に共通するのは，NOx と VOC の前駆体のうち過剰に多い方を増やしてもオゾン生成は頭打ちとなって増えないが，少ない方を増やすと効率良くオゾン生成量が増えることである。

VOC 律速領域では，オゾン生成は VOC のラジカル反応での RO_2 生成によって支配される。VOC 律速領域での HOx ラジカルの消失は，NO_2 が多いために硝酸 HNO_3 生成が支配的であり，HO_2 同士の反応は重要でない。また，VOC 律速領域は，正味のオゾン生成速度（図 3.16）の高 NOx 領域に相当し，NOx が増加すると HNO_3 生成による HOx 減少を通して O_3 消失が強くなる。以上を含め，VOC 律速領域でオゾン生成速度は

$$P(\mathrm{O}_3) = \frac{2k_{\mathrm{RH+OH}} P_{\mathrm{HOx}} [\mathrm{RH}]}{k_{\mathrm{NO}_2+\mathrm{OH}} [\mathrm{NO}_2][\mathrm{M}]}$$

と書け，オゾン生成速度は VOC（RH）濃度に比例するが，NOx（NO_2）には反比例する。VOC 律速領域でのオゾン生成はおもに VOC 濃度［RH］にて決まる。

対流圏でのオゾン生成は，VOC/NOx 比の大小によって NOx 律速領域と VOC 律速領域が

ある。VOC/NOx 比によるオゾン生成の領域分けを「**オゾン生成レジーム**」と呼ぶことがある。状況によっては，単純に NOx や VOC を削減するだけでは，オゾンを効率的に抑制できないばかりか，オゾンが増加することもありうる。効果的な光化学オキシダント対策（☞3.6 節）のためには，NOx や VOC の現状把握と，反応メカニズムから予測されるオゾン生成特性に基づくオゾン生成レジームの判定，が重要である。

3.5.10 メタンのオゾン生成メカニズム

本書では，対流圏オゾンの生成メカニズムを説明するのに，VOC（RH）を前駆体とする一般形をまず紹介した。多くの VOC 成分に適用できる一般形を知れば，オゾン生成の理解に直結するだろう。実際には，成分ごとに異なる反応メカニズムを経てオゾンを生成するが，VOC は多種多様なため，すべてを紹介するわけにはいかない。そこで一例として，メタン CH_4 によるオゾン生成メカニズムを紹介しておこう。メタンは，OH との反応速度が遅い（大気寿命は約 10 年）ため，空間的には地球規模で大きなムラなく分布している（濃度 1.8 ppmv）。メタンによるオゾン生成は，対流圏オゾンの地球全体でのバックグラウンド濃度に重要である。メタンを原料とするオゾン生成も，大枠は RH と同様，① 過酸化ラジカルの生成，② NO の NO_2 への酸化，③ NO_2 の光解離とオゾンの生成，の各段階からなる。

$$CH_4 + \cdot OH \rightarrow CH_3 \cdot + H_2O$$
$$CH_3 \cdot + O_2 + M \rightarrow CH_3O_2 \cdot + M$$
$$NO + CH_3O_2 \cdot \rightarrow NO_2 + CH_3O \cdot$$
$$CH_3O \cdot + O_2 \rightarrow HCHO + HO_2 \cdot$$
$$NO + HO_2 \cdot \rightarrow NO_2 + \cdot OH$$
$$NO_2 + h\nu \rightarrow NO + O(^3P) \quad (\times 2)$$
$$O(^3P) + O_2 + M \rightarrow O_3 + M \quad (\times 2)$$

正味：$CH_4 + 4O_2 = 2O_3 + HCHO + H_2O$

CARB に相当するのは，メタンの場合はホルムアルデヒド HCHO である。見かけ上，1 分子のメタンから 2 分子のオゾンと 1 分子のホルムアルデヒドが生成する。

3.5.11 CO のオゾン生成メカニズム

有機化合物ではないが，一酸化炭素 CO の寄与が清浄大気（バックグラウンド）では無視できない。清浄大気では OH ラジカルの 70 % が CO と反応するといわれ，CO + OH から始まる一連のオゾン生成反応が重要となる（OH の残りの反応相手は 20 % がメタン，10 % が HO_2 ラジカル）。CO 発生源は，化石燃料やバイオマスの燃焼（特に不完全燃焼）だけでなく，メタンや VOC の大気中での酸化も重要である。CO の対流圏での大気寿命は数か月程

度で，赤道を越えて南北半球間で空気が混合する時間（1年のスケール）よりも短いので，地球全体に均一に分布するわけではなく，北半球などの発生源地域の上空が高濃度である。CO＋OH反応に始まるオゾン生成メカニズムは，下記の通りである。

$$CO + \cdot OH \rightarrow H\cdot + CO_2$$
$$H\cdot + O_2 + M \rightarrow HO_2\cdot + M$$
$$NO + HO_2\cdot \rightarrow NO_2 + OH\cdot$$
$$NO_2 + h\nu \rightarrow NO + O(^3P) \quad (\times 1)$$
$$O(^3P) + O_2 + M \rightarrow O_3 + M \quad (\times 1)$$

正味：$CO + 2O_2 = O_3 + CO_2$

見かけ上，1分子のCOがCO₂へ酸化されると同時に1分子のオゾンを生成する。

3.5.12 非メタン炭化水素 NMHC

以前の光化学スモッグのように，光化学オキシダント問題を都市や郊外の局所的（ローカル）な大気汚染現象として考える場合には，朝から日中にかけての短時間でのオゾン生成反応に注目する必要がある。メタンは地球全体で濃度が高く，グローバルなオゾン生成には重要だが，OHとの反応速度が遅く，発生源近傍の都市や郊外における短時間での光化学オキシダント生成には効かない。日中の局所的・地域的な光化学オキシダントを考える際は，メタンを除外した**非メタン炭化水素**（non-methane hydrocarbons，**NMHCs**）が重要となる。メタンと比べて個々の濃度は低いものの，OH反応が速く，日中数時間程度でオゾンを生成しうる成分が，NMHCに含まれる。また，NMHCはメタンと比べて大気寿命が短く，発生源やその近傍（都市や郊外）でのオゾン生成に重要となる。NMHCは狭い範囲でのオゾン生成が重要な光化学オキシダント問題における前駆体VOCの指標として用いられる。NMHCを原料とするオゾン生成メカニズムは，RHをNMHCと置き換えればよい。

NMHCには多種多様な成分が含まれ，さらに個々の成分ごとにOH反応速度やオゾン生成特性が異なる（☞3.6.2項，付録，表A.4）ため，オゾン生成を厳密に議論するには，NMHC全成分を個別に把握するのが理想的である。しかし，NMHCの種類は膨大な数にのぼり，全成分を観測し続けるのは困難である。さらに，全成分の反応メカニズムが完璧には解明されておらず，個別成分の寄与を反映するオゾン生成把握は困難である。種類の多い有機化合物は，「全量」として包括的に測定するのが便利である。有機化合物全量の測定法として「水素炎イオン化検出法（FID）」による**全炭化水素**（THC）計が挙げられる。FID法は，試料大気に含まれる有機化合物を燃やす際に発生するイオンを電流として測って，試料に含まれる有機化合物の全量を知る。ただし，試料に含まれるメタンも一緒に検出されるの

で，メタンは別途測定しておき，THCからメタンを差し引いた量としてNMHCを定量する。

NMHCだけでなくNOxやO$_3$を含めて，大気汚染状況を観測して正しく把握することは，オゾン生成レジームの判定や対策立案の前提として重要である。特に，VOC/NOxの状況やオゾン生成レジームの関係は，空間的な場所や時間的な時刻・季節によって大きく異なるので，さまざまな場所や時間にて観測を積み重ねることが重要となる。

3.5.13 地球規模での対流圏オゾンの収支

ここで，地球規模（グローバル）での対流圏オゾンの生成と消失のバランス（収支）について言及しておこう。都市や郊外での局所的・地域的な光化学オキシダント問題を考える際にも，グローバルでのオゾン濃度は「バックグラウンド」のオゾン濃度や大気質に影響するので，重要である。都市大気周辺での大気の流れを考えてみよう。上流からの清浄大気（バックグラウンド）が，都市など発生源地域に流入すると，汚染物質の供給を受ける。さらに下流に向かっていくとともに，光化学反応によってオゾンを生成していく。上流のバックグラウンドでのオゾン濃度がすでに高ければ，都市や下流の郊外での生成分も加わった際の光化学オキシダントは一層高レベルとなりやすい。地球規模での対流圏オゾンの収支を表3.1にまとめる。対流圏オゾンの発生源として，光化学反応による生成が支配的だが，成層圏からの流入・輸送も無視できない。成層圏は対流圏よりもオゾンの分圧が高く，大気全体のオゾンの約9割が成層圏，残り約1割が対流圏に存在するといわれる。成層圏大気の流入は，対流圏へのオゾンの供給として働く。特に，北半球中緯度では，冬季に偏西風（ジェット気流）が強く，ジェット気流近辺での対流圏界面を通した物質輸送や大気の混合が活発となって，成層圏からのオゾン流入が強くなる。一方で，対流圏でのオゾンの光化学生成は，日射（紫外線）の強い春から夏に重要となる。グローバルなオゾンの季節変動は春季に極大値を持つが，これは光化学生成と成層圏からの輸送の結果と考えられる。対流圏オゾンの消失先としては，化学反応に伴う消失が支配的だが，地表にオゾンが取り込まれる「乾性沈着」もある。

表3.1 対流圏オゾンの収支〔Tg O$_3$/年〕

発生源	3 400 ～ 5 700
光化学生成	3 000 ～ 4 600
成層圏からの流入	400 ～ 1 100
消失先	3 400 ～ 5 700
化学反応	3 000 ～ 4 200
乾性沈着	500 ～ 1 500

3.5.14 オゾンの日変化の例

3.5 節の最後に，実際の都市郊外にて観測された大気中オゾン（光化学オキシダント）の濃度変化データを題材として，都市大気におけるオゾン濃度の「**日変化**」（一日のうちの時間に伴う量の変化）のパターンを説明しよう。著者が埼玉県所沢市の大学キャンパス内にて観測した大気中のオゾン濃度データのうち，2013 年 7 月 10 日の 1 分値データの日変化パターンを**図 3.19** に示す。日変化パターンは，横軸に時刻，縦軸に成分などの量，としてグラフを作成する。

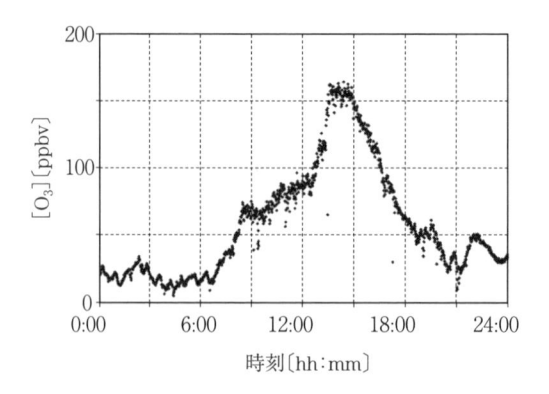

図 3.19 埼玉県所沢市における大気オゾン観測例（2013 年 7 月 10 日の O_3（1 分値）の日変化パターン）

都市や近郊の大気中でのオゾン濃度は，日中の昼過ぎから午後にかけて極大値（ピーク）を示すことが多く，おおむね次のように説明される。

・午前から昼過ぎにかけて日射が徐々に強くなると，オゾン生成の光化学反応が活発となり，オゾン濃度も上昇する。
・一日のうち日射が最も強いのは正午頃だが，その後しばらくも十分に強く，生成連鎖反応が継続しオゾンは増え続け，濃度ピークは午後 2 ～ 4 時頃になる。
・夕方，日射（光化学活性）が弱まると，消失過程により徐々にオゾン濃度は低下する。
・夜間に生成反応は起こらず，いったん減ったオゾンは日の出まで増えない。
・朝 7 ～ 8 時前後は，通勤ラッシュに伴う自動車排出ガスの影響を大きく受ける。ラッシュ時には，自動車排出ガスによって NOx 濃度が急増する。特に幹線道路で大量に排出される NO はオゾンとすばやく反応（タイトレーション）するので，この時間帯は O_3 濃度が低くなる。また，午前中から正午すぎのオゾンが上昇する時間帯では，観測地点周辺の局所的な NO 放出によってオゾン濃度がやや低く（欠けて）見える。
・夕方から夜にかけての帰宅ラッシュ時も自動車 NOx の影響を受けるが，朝のラッシュほど集中的でないのか，影響は朝ほど強くない。

⚠ **注意**：この記述は，その場でのオゾンの生成や消失のみを考えたもので，実際にはオゾンの多いまたは少ない大気の近隣からの流入を受けて濃度が変動する場合もある。

図 3.19 の例では，日中の最大値が 164 ppbv に達しており，光化学オキシダント注意報が発令されるレベル（120 ppbv）を超えていた。

オゾン日変化データに触れたところで，測定値の「**時間分解能**」を知っておこう。1970年代の光化学スモッグ問題のように，光化学オキシダントは短時間でも高濃度になると健康影響のおそれがあり，濃度変動や影響を正しく知るには，できるだけすばやくこまめに測定することが求められる。オゾンのように大きく変動する成分の濃度は，変動の速さよりも頻繁にすばやく測定することが望ましい。一方，全国規模でのオゾン濃度や変動傾向をまとめて把握したい場合には，1年平均のような長時間の平均値で十分である。1分値で数千か所の1年分のデータを集めて全部細かく報告するのは，データが膨大になって現実的ではない。用途や状況に応じて，1分値を報告するのか，1時間平均値がふさわしいのか，1年平均でよいのか，といったデータの時間的な細かさを選ぶ必要がある。測定の時間スケールの細かさを**時間分解能**と呼ぶ。短時間での健康影響（急性影響）を評価するなら，すばやい濃度変動を捕捉可能な高時間分解能データが必要である。国内全域の傾向やバックグラウンド濃度などの全体的な変動をわかりやすく簡便に把握するには，長時間平均データでよい。成分濃度の時間に対する変動のデータ（**時系列データ**）に関わる際には，適切な時間分解能を意識しながらデータを読むことを心がけよう。データの意味を正しく伝える・理解するには，データ特性としての「時間分解能」に注意しよう（☞ 5.2.6 項）。

所沢の日変化データに話を戻そう。この例のように，場所や季節や気象条件によっては，200 ppbv 近い高濃度のオゾンが観測されうる。この例は1時間平均値に関する「短時間の高濃度現象」の話で，「長時間スケールでの濃度上昇」との区別が必要だが，国内の都市郊外大気では高濃度オゾンが観測される事実を示している。光化学オキシダント問題として望ましくない状況であり，オゾン生成メカニズムのさらなる解明や実状把握の研究事例を積み重ねつつ，NOx や VOC の対策を継続することが必要だろう。

3.6　光化学オキシダント対策

改善の余地のある光化学オキシダント問題に対応するには，NOx や VOC の正確な現状把握と，反応メカニズムから予測される生成特性に基づくオゾン生成レジームの判定，を前提とした効果的な光化学オキシダント対策が必要である。本節では，光化学オキシダント問題に関する現状把握と対策の考え方や実例を，前駆体 NOx，VOC を中心に紹介する。

NOx，VOC やオゾン生成レジームを正しく把握するには，いくつかのアプローチが必要

となる。まずは，大気環境中での成分濃度の空間分布や時間変動の観測が挙げられる。知りたい状況を直接測ることが手っ取り早い。しかし，あらゆる場所や状況で観測できるわけでなく，観測のみでは将来予測は不可能である。そこで，コンピュータを用いて妥当なシナリオのもとでオゾン生成状況を予測する「モデル計算」「シミュレーション計算」が有用である。ただし計算も万能ではなく，既知の現象に基づくシナリオしか計算できない。オゾン生成についてモデル計算するなら，NOxやVOCが成分ごとに，いつどこのどういう発生源からどの程度大気中に放出されるか，といった放出量データ（エミッション・インベントリー）を収集することが不可欠となる。さらに，妥当な化学反応モデルの構築には，実験室での反応実験を積み重ねて，反応メカニズムを詳細かつ正確に解明しておく必要がある。「観測・実験・計算」（☞5.1節）に基づく大気化学現象の解明と把握が，有効な対策の前提となる。

3.6.1 国内のオキシダント対策

オゾンの前駆体であるNOxやVOCの発生源（☞2.8.4項，3.5.2項）について表3.2にまとめる。また，国内での排出対策例を併記した。人為発生源には，固定発生源と移動発生源があり，状況や特徴に応じた対策が必要となる。例えば，工場のような固定発生源に使う大型のNOx除去装置は，自動車のような移動発生源に用いることは難しい。また，人間活動に伴う大気微量成分放出の効果的な制御には，その前提として自然発生源から大気中への放出特性の把握も求められる。人為放出量を削減しても，じつは自然起源が効いていてオキシダント抑制につながらない，という事態もありうる。なお，国内のVOC放出には塗装の占める割合が高い（図3.20）。

ここで，国内での光化学オキシダント関連対策をいくつか紹介しておこう。これまで，国

表3.2 NOxとVOCの発生源のまとめ

	発生源の例	排出対策の例
NOx	・固定発生源 　化石燃料の燃焼（工場など） ・移動発生源 　自動車，航空機など ・自然発生源 　雷放電，土壌微生物	・自動車排出ガス規制 　NOx除去触媒 ・その他，工場などの排出規制
VOC	・固定発生源 　揮発（塗装，溶剤，給油） 　燃焼 ・移動発生源 　自動車，航空，船舶など ・自然発生源 　植物からのテルペン類など	・大気汚染防止法（改正） 　工場・事業所からの排出抑制 　への努力 ・自動車排出ガス規制 　炭化水素としての規制

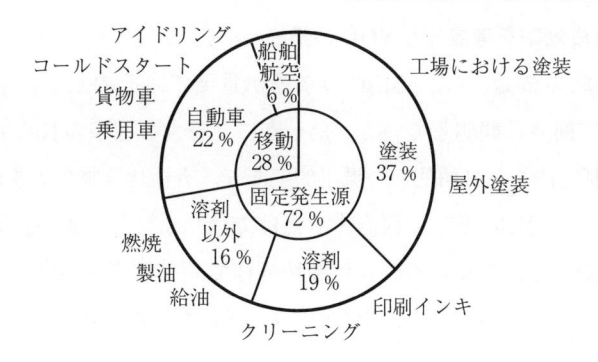

図 3.20 国内での VOC 発生の内訳の例

が排出規制などに関する法律を制定し，業界団体やメーカーが新商品や新技術を開発して，汚染物質排出量の削減に努力してきた．国内で各種公害が問題となった頃，大気汚染に対応するため大気汚染防止法（大防法）が制定された（1968年）．大防法によって大気汚染状況の常時監視や発生源対策の遂行が決められた．例えば自動車排出ガス規制のための自動車NOx・PM法がある．その後，時代の要請や社会の変化に応じて，大防法ほかの制定や改正を通して，自動車や工場に対する排出ガス規制は段階的に強化された（☞5.4.1項）．

浄化技術については，まずは各自で調べてほしい．例えば，代表的な NOx 除去法としては「排煙脱硝」と呼ばれる「選択触媒還元法 SCR」がある（☞5.4.2項）．SO_2 除去法としては，「排煙脱硫」と呼ばれる「アルカリ溶液吸収法」がある．自動車排出ガスの浄化は，「三元触媒」「酸化触媒」「DPF」を調べてみよう．

光化学オキシダントが一定レベルを超えると予想されると，自治体が「注意報」や「警報」を発令して，広く注意を喚起する．光化学オキシダント注意報は「オキシダント濃度（1時間値）が 0.12 ppmv（120 ppbv）以上となり，かつその状態の継続が認められるとき」に発令される．光化学オキシダント警報は，一般的には「オキシダント濃度（1時間値）が 0.24 ppmv（240 ppbv）以上となり，かつその状態の継続が認められるとき」に発令される．注意報や警報（注意報などという）が発令されたら，不要不急の外出は控え，高濃度の光化学オキシダントへの接触（曝露）をできるだけ低減するのが望ましい．

大防法にて定められた「大気汚染状況の常時監視」は，国内各地で実施されている．観測結果は，注意報などの発令に活用されるだけでなく，速報値はインターネットで公開される（**環境省大気汚染物質広域監視システム "そらまめ君"** http://soramame.taiki.go.jp/（2015年1月現在））．「速報値」は速報性を重視して自動的に公開される仮のデータで，その後に修正される「確定値」は2年後をめどに公開される（参照：国立環境研究所・環境数値データベース）[36]†．

---

† 肩付数字は巻末の引用・参考文献番号を表す．

3.6.2 オゾン生成効率を考慮した VOC の把握

オキシダント生成の議論には，NMHC の挙動が重要で，そのために全国各地で一年中 NMHC を全量として簡便に観測している。たしかに，膨大な種類の NMHC を全量として包括的に測るのは，測定法として簡便かつ汎用的であり，有機化合物の大まかな挙動把握には便利である。しかし，NMHC として観測するだけでは，オゾン生成の正確な把握には不十分な場合もある。NMHC に含まれる成分は多種多様で，それぞれの成分のオゾン生成特性は同一ではない。例えば，反応が遅くオゾン生成に効かない成分が試料に多く含まれても，NMHC 測定ではオゾン生成する VOC として過大評価するおそれがある。NMHC には，オゾン生成に寄与する成分も効かない成分もある。オゾン生成評価に正確さを期すなら，オゾン生成特性の成分ごとの違いを考慮した有機化合物把握が重要である。

（1） オゾン生成に特に効くと考えられる VOC 成分を重点的に個別測定する方法

VOC の成分ごとのオゾン生成特性を表す指標として，**オゾン生成能**（**MIR**, maximum incremental reactivity）がある。これは，大気環境条件を反映する光化学反応モデル計算を行なって，個々の VOC 成分からのオゾン生成を評価した値である。計算では，基本条件に対象 VOC 成分を少量追加した条件についてオゾン増加量を算出して，VOC 追加量に対するオゾン増加量の比としてオゾン生成能を求める。また，VOC のオゾン生成特性を考えるには，成分ごとの OH との反応速度定数 $k(OH+VOC)$ を用いるのも簡便である。VOC を前駆体とするオゾン生成は OH 反応によって開始されるので，各 VOC の $k(OH+VOC)$ が重要となる。厳密には，RO_2 生成後の諸要素（$NO+RO_2$ の反応速度，O_3 生成分岐比，NO_2 光解離によるオゾン生成，HNO_3 生成による消失，など）を通した RO_2 からの O_3 生成効率を考慮すべきだが，特に VOC 律速条件では，各 VOC の $k(OH+VOC)$ が最終的なオゾン生成量を大きく左右する。代表的な VOC の個別成分ごとの MIR と $k(OH+VOC)$ を表 A.4（☞付録 A.8 節）に示す。おおよその傾向としては，OH 反応が速い（k の大きい）成分は最終的なオゾン生成能 MIR も高くなる。メタンは MIR もきわめて小さい。名称や分子式が似ていても，オゾン生成特性がまったく異なる場合がある。例えば同じキシレンでも，構造の異なる分子（異性体）ごとに MIR は大きく異なる。自動車排出ガスの VOC 排出を光化学オキシダント生成の視点で評価するには，キシレンのように異性体まで区別すべき場合もある。MIR や $k(OH+VOC)$ の大きな成分は少量でもオゾン生成に効くので，排出量の把握や対策を優先的に実施する必要がある。一方で値の小さい成分は，多量の排出の際に注意が必要となる。なお，表に列挙したのは大気中に存在する VOC のごく一部である。多くの成分は文献にて値を調べられるが，MIR や $k(OH+VOC)$ が未報告の成分も多い。全成分を網羅できない点が，この評価法の欠点である。

（2） VOC 全量を「ラジカル反応性」として測定する方法　　VOC は多種多様で，個別

測定による全成分の網羅的把握は困難である．また，NMHC として全量を把握する方法は，有機化合物の大まかな挙動の把握には便利だが，個別成分ごとのオゾン生成特性の違いを反映しない．そこで近年，大気試料の**「ラジカル反応性」**として，VOC 全量を把握する方法が提案されている．この方法では，実験装置内に大気試料を導入し，そこに人為的に発生した OH ラジカルを混合して，大気試料と OH を反応させたときの OH 減少速度を測定する．例えば，ある成分 X（数密度 [X]）と OH ラジカル（数密度 [OH]）の反応（速度定数 k）での反応速度は

$$\frac{d[\mathrm{OH}]}{dt} = -k[\mathrm{X}][\mathrm{OH}]$$

と書ける．このとき，[X] ≫ [OH] となるように OH 量を設定して擬一次反応条件を実現すれば，OH の数密度の実験装置内での時間変化は

$$[\mathrm{OH}](t) = [\mathrm{OH}](0)\exp\left(-\frac{t}{\tau}\right), \quad \tau = (k[\mathrm{X}])^{-1}$$

となる．このとき，X の OH ラジカル反応性 $R_{\mathrm{OH}}(\mathrm{X})$ は

$$R_{\mathrm{OH}}(\mathrm{X}) = k[\mathrm{X}]$$

と定義される．このとき

$$R_{\mathrm{OH}}(\mathrm{X}) = \tau^{-1}$$

であるから，時間に対する OH の減衰を測って τ を求めれば，X の OH 反応性が分かる．大気のような複数成分の混合試料の場合には，含まれる全成分の OH 反応性の総和を得る．混合試料の i 番目の成分を X_i とし，X_i の OH との反応速度定数を k_i，数密度を $[\mathrm{X}_i]$ とすると，OH 減衰の時定数 τ の測定から全成分の OH 反応性の総和が求められる．

$$\frac{d[\mathrm{OH}]}{dt} = -\left(\sum k_i[\mathrm{X}_i]\right)[\mathrm{OH}]$$

$$[\mathrm{OH}](t) = [\mathrm{OH}](0)\exp\left(-\frac{t}{\tau}\right), \quad \tau = \left(\sum k_i[\mathrm{X}_i]\right)^{-1}$$

$$R_{\mathrm{OH}}(\mathrm{X}) = \sum k_i[\mathrm{X}_i] = \tau^{-1}$$

この方法で得られる OH 反応性は，各成分の濃度 $[\mathrm{X}_i]$ と OH との反応の速さ k_i をすべて含んでおり，個別成分ごとの OH 反応特性を反映する．また，多種多様な VOC の全成分の寄与を数え落としなく捕捉できる．OH 反応性としての VOC 全量測定は，VOC ＋ OH によって駆動されるオゾン生成反応系の特性を議論するのに有効な指標となる．

ただし，（1），（2）はそれぞれ一長一短で，たがいに補完し合うことが望ましい．例えば，（1）の方法で代表的な成分をできるだけ個別測定すると同時に，（2）の方法で大気試料に含まれる VOC の全量を OH ラジカル反応性として測定すれば，オゾン生成に直結する OH 反応性を決める成分や状況が明確となる．また，個別測定する VOC の寄与を積み重ね

てもOH反応性を説明できない（個別成分のOH反応性の総和が直接測定するOH反応性全量より小さい）場合には，個別測定していない未知成分によるOH反応の寄与が示される。

3.7 最近の状況

3.7.1 国内の近況

日本の光化学スモッグ問題は1970年代に都市域で頻発したが，その後の対策により状況は改善していった。しかし1980年代以降には，光化学オキシダントOx濃度は増加傾向にあり，国内全体の広域的な平均値として，約0.25 ppbv/年（年率で約1％）の速さで増加している。光化学オキシダントOxは，依然として重要な大気汚染問題である。本節では，国内におけるOxの最近の状況を紹介しておこう。

例として，公開されている常時監視データをもとに，1985年以降の埼玉県内のOx，NOとNOx，NMHCの各濃度（年平均値）の変動を調べた結果を図3.21（a）〜（c）に示す（大まかにいえば全国平均も同様の傾向）。オゾン前駆体であるNOx，NMHCはともに，排出規制の強化などの削減努力が実って，近年はたしかな減少傾向が見られる。NO_2は，国内の多くの観測地点において環境基準をクリアしている（NO_2の環境基準は，NO_2そのものの健康影響を考慮したもので，NO_2から生成する光化学オキシダントまで考慮していない）にもか

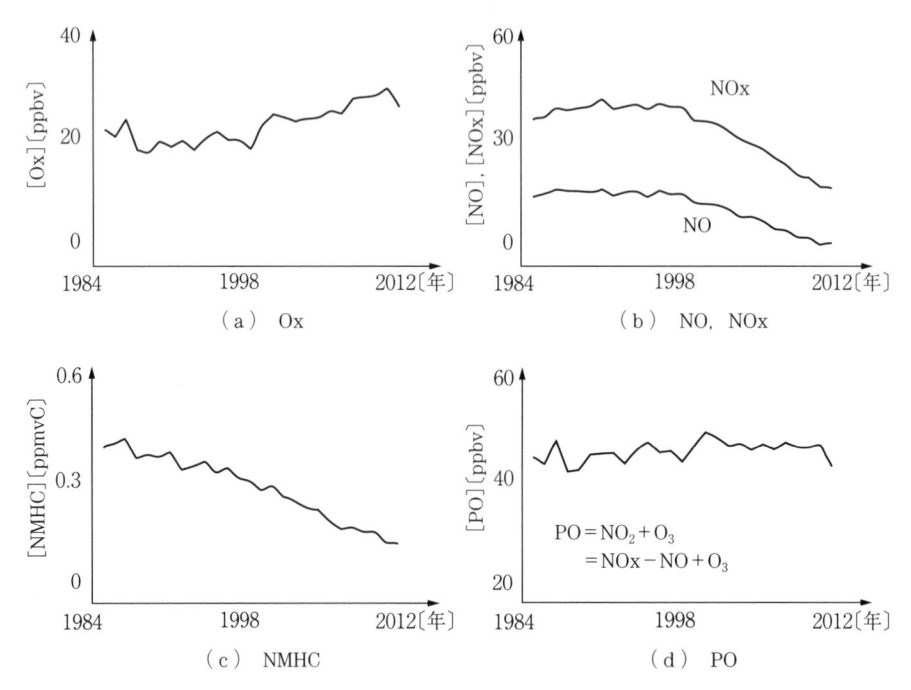

図3.21 埼玉県での大気汚染物質の経年変動（公開データを解析）

かわらず，Ox（オゾン）は依然として増加している。

これに関連して，最近の光化学オキシダントに関する注意報などの発令状況（発令回数の推移，都道府県別の発令日数）を**表3.3**に示す。表から読み取れる特徴は，おおむね以下の通りである。

（1） 注意報などの発令回数は増えても減ってもいない。

（2） 最近は，都市やその近辺だけでなく，さらに離れた地域でも発令されている。東京・埼玉・神奈川・千葉・大阪・兵庫・京都のほか，群馬・栃木・茨城のような大都市圏の外縁部，日本海側や長崎のようにこれまで発令されなかった地域，などと多くの都道府県で注意報などが発令される「光化学オキシダント汚染の広域化」が見られる。

オキシダントの環境基準達成率は，全測定地点の0.1％に過ぎない。以上のように，近年のオキシダントには，前駆体の減少に反した濃度上昇や，発生源（大都市）から離れた地域への広域化が見られ，そのメカニズムの解明が重要な課題となっている。

表3.3 光化学オキシダント注意報などの発令状況 [20]

（a） 推移（平成13〜22年）

年	発令延べ日数
H13	193
H14	184
H15	108
H16	189
H17	185
H18	177
H19	220
H20	144
H21	123
H22	182

（b） 平成22年の発令日数
　　（発令された都道府県のみを記載）

発令日数	都道府県
16以上	埼玉　東京　栃木
11〜15	大阪　京都　千葉 茨城　群馬　山梨
6〜10	神奈川　広島　岡山
1〜5	兵庫　滋賀　愛知 奈良　三重　静岡 愛媛　佐賀　長崎 福島

3.7.2　近年のオキシダント増加に関連して

近年のオキシダント濃度の上昇に関連する要素や事項をいくつか紹介しておこう。

（1）　**NO＋O_3 反応の影響**　　近年のNOx減少に伴って，NO濃度も減少傾向にある（図3.21（b））。NOはO_3とすばやく反応してO_3を減少させる（タイトレーション）。NOが減少すればO_3減少が抑制されてO_3濃度は上昇する。つまり，NOx削減によるNO濃度低下で，反応 NO＋O_3の寄与が抑えられて，O_3濃度の上昇をもたらす，という考え方である。NOの影響は，自動車排出ガスなどの人為発生源が強い都市大気で特に重要となる。

（2）　**「ポテンシャルオゾン」の考え方**　　局所的なNO発生源の影響を大きく受ける都市や郊外では，オゾンの測定値もNO＋O_3に左右される。朝の通勤ラッシュの時間帯には，

幹線道路にて NO が大量に放出されるため，周辺で O_3 濃度が低下する。かといって，NO と反応した O_3 は，オキシダントとしての寄与がなくなるわけではない。O_3 は NO と反応すると，その場では NO_2 となる。

$$NO + O_3 \rightarrow NO_2 + O_2$$

生成する NO_2 は，日中は太陽紫外光によって光解離して，NO と O_3 に戻る。

$$NO_2 + h\nu \rightarrow NO + O_3$$

発生源近傍で O_3 濃度を測っていると，NO によって O_3 が減少する様子が捕捉されるが，十分な強度の太陽紫外光が存在すれば，発生源から離れる間に NO_2 光解離によって O_3 に戻ることになる（最終的な「定常状態」での NO–NO_2–O_3 の量的なバランスは，太陽光強度ほかの諸要因によって決まる）。O_3 が NO_2 になっても結局は O_3 に戻る，といえる。ここで，O_3 と NO_2 の和を「**ポテンシャルオゾン（PO）**」と定義しよう。

$$PO = O_3 + NO_2$$

O_3 を含む大気に NO を放出した場合の各成分量の変化を考えよう。

$$NO + O_3 \rightarrow NO_2 + O_2$$

が 1 単位進行すると，NO と O_3 は 1 分子ずつ減り，NO_2 は 1 分子増える。O_3 と NO_2 の和である PO は，O_3 が 1 分子減るが NO_2 が 1 分子増えるため，反応前後で増減はない。つまり，この反応では O_3 が NO_2 に変わるだけで PO は変化しない。同様に

$$NO_2 + h\nu \rightarrow NO + O_3$$

が 1 単位進行すると，NO_2 は 1 分子減り，NO と O_3 が 1 分子ずつ増え，PO は NO_2 が O_3 になるだけで変化しない。以上のように PO は，局所的な NO の放出と，NO_2 光解離による O_3 生成の際は，変化しない「保存量」である。VOC + OH からの O_3 生成では，RO_2 が NO を酸化して NO_2 となる時点で PO は増える。HNO_3 生成などによりオゾンや NO_2 が正味で消失すれば PO も減る。大気の入れ替わりによる O_3 や NO_2 の増減にも，PO は応答する。すなわち，オゾンの正味の生成・消失は PO に反映される。以上のことから，NO 発生源の強い都市大気でも，局所的な NO の影響を受けない光化学オキシダントの指標として，ポテンシャルオゾン PO を使える。

さて，1985 年以降の埼玉県でのポテンシャルオゾン PO の推移を図 3.21（d）に示す。Ox は増加傾向を示したが，PO はわずかな増加またはほぼ横ばいの傾向を示した。NO の影響を受けない PO を用いたところ Ox よりも増加傾向が弱まった，という事実は NO + O_3 タイトレーションの Ox への寄与の重要性を支持している。いずれにしても，NO の影響を受けない PO を用いて評価しても減少傾向は見られないので，前駆体の減少にもかかわらず，オキシダントは減っていないのである。Ox の増加傾向と PO の横ばい傾向がみられる現状を改めるには，オキシダント生成の把握と対策が重要である。前駆体の削減がオゾン削減に

直結しないことに関しては，オゾン生成がNOxやVOCの増減に対して複雑な応答を示すこと（オゾン生成レジーム）とも関連しているだろう。近年の国内でのオゾン挙動は，生成メカニズムのさらなる研究と対策の必要性を示唆している。

（3） **国外の状況と越境大気汚染**　国内での光化学オキシダントの増加傾向の一因として，国外から国境を越えて汚染物質を含む大気が流入する「**越境大気汚染**」の影響が指摘されている。日本で高度経済成長期に大気汚染などの公害が問題化したように，アジア諸国では近年の経済発展が著しく，大気汚染物質の放出量が急増している。例として，アジアにおけるNOx放出量の推移を**図3.22**に示す。日本では対策が進んでNOx排出量が減少する一方で，ほかのアジア諸国ではNOx放出量が急増している。特に，中国やインドでの増加が著しい。こうした諸国では現地での局地的・地域的な大気汚染問題が深刻化するとともに，アジア全体としての広域的な大気汚染も問題となりつつある。人間活動の活発化に伴う環境問題の深刻化の一例といえる。

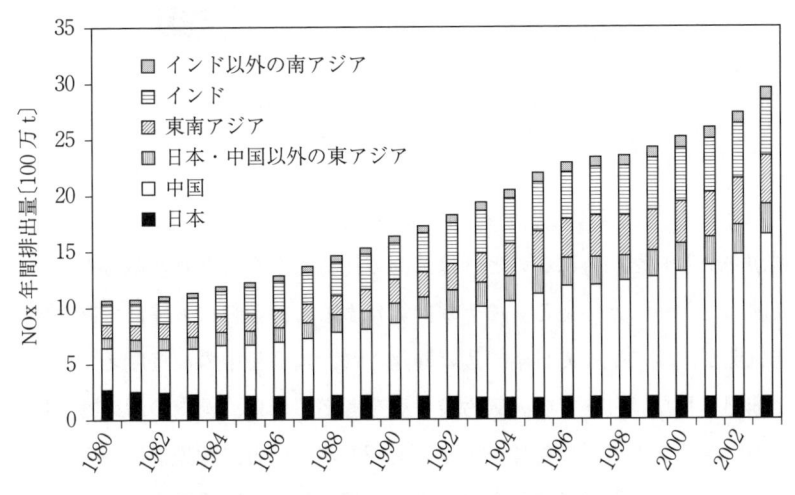

図3.22　アジア各地域からのNOx放出量の推移

長期間にわたる放出増加だけでなく，空間的・地理的な放出状況のわかる例も紹介しておこう。**図3.23**に日本周辺でのNOx放出量の分布例を示す。データは古いが空間的な傾向は最近も同様である。最近のデータは各自で調べるように（NO_2衛星観測データの検索ワード例…NO_2, GOME, Asia, map）。人口が多く工場の集中している地域（中国沿岸部など）は特にNOxが多く放出される。人間活動の活発な地域から放出される汚染物質の一部が，気象状況によっては，西風に乗って東シナ海を渡って輸送され，日本列島に到達する場合がある。発生源地域で高濃度となったオゾンの一部が飛来して，日本のオゾン濃度を上昇させる場合もあるが，オゾン前駆体であるNOxやVOCが輸送途中でオゾンを生成する寄与も重要である。これが，光化学オキシダントに関する越境大気汚染の考え方の概要である。例えば

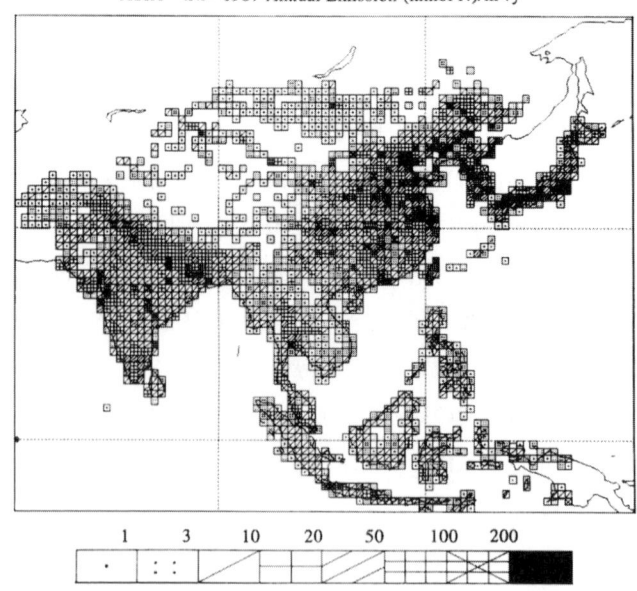

ASIA <N> 1987 Annual Emission (mmol N)/m²/y

図 3.23 アジアでの NOx 放出量マップの一例（1987 年のデータ）[25]
〔Akimoto, H. and Narita, H.：Distribution of SO_2, NOx, and CO_2 emissions from fuel combustion and industrial activities in Asia with 1×1 resolution, Atmos. Environ., 28, pp. 213–225 (1994) より〕

2007 年 5 月 8 日には，西日本の広い範囲でオゾン濃度が上昇し，広域的に光化学オキシダント注意報が発令された。特にこのときはじめて注意報が発令された県もあり，大気汚染の広域化を反映したケースといえる。モデル計算によると，前日に大陸にて高濃度オゾンを発生させた空気塊が，風に乗って日本周辺に輸送され，当日日中の高濃度オゾン現象をひき起こした，と推測された。日本での大気汚染状況を考えるには，国内の汚染物質排出だけでなく，アジアの広域的な大気汚染も考慮する必要がある。一方，大陸に住む人々の視点に立てば，身の回りでの汚染物質急増による大気汚染の深刻化が，喫緊の課題であろう。いずれの立場から見ても，近年の広域的な大気汚染は，早急に対策を講じる必要がある。

3.7.3 「減らないオキシダント」の解決のために

NOx 削減などにより昔日の光化学スモッグは軽減したが，近年のオキシダント Ox 増加傾向は続いている。VOC や NOx による直接の健康影響もあるので，削減自体は有意義である。しかし Ox から見たら，単に VOC や NOx を減らすだけでは解決しない。オキシダント問題は依然として油断のならない状況にあり，今後の動向に注意が必要である。光化学オキシダントに関連する研究課題をいくつか例示しておこう。

（1） **越境汚染の影響把握**　　日本の Ox には西風の強い冬季から春季が特に重要。

3.7 最近の状況

(2) 発生源特性の詳細把握　どんな大気汚染問題でも，原因物質の排出状況を知ることは，対策の大前提である．オキシダントについては，発生源でのNOx排出特性も重要である．NOxがNOとして放出されれば短期的・局所的にはO_3減少をもたらすが，NO_2として放出されれば最初にO_3を減らさずにO_3生成に働く．環境中NO_2濃度の制御にもNOx排出特性が重要となる．発生源排気に含まれるNOxのNO_2/NOx比は，NOの割合が高いほど小さく，NO_2の割合が高いほど大きい．国内の現状では，この比は0.1程度とされるが，発生源によって変わるうえ，排出ガス処理の仕方（例：酸化触媒の使用）によっても変わる．技術の進歩による低公害車の普及など，発生源の状況変化にも影響を受けよう．排出の際のNO_2/NOx比の実状を大気観測に基づいて知ることが大切であろう．

(3) 自然起源VOCの挙動把握　地球大気全体でのVOC放出量のうち，約半分は植物由来のイソプレンやモノテルペン類といった自然起源のものとされる．植物のVOC放出は，気温が高く日射の強い夏季に多い．光化学活性の高い夏季の光化学オキシダント挙動を知るには，植物由来VOCの放出特性や反応メカニズムとその影響を知らねばならない．

(4) オゾン生成メカニズムに関する知見の改善　現在の知見には，細部に改善の余地がある．例えば，ONs生成分岐比やRO_2反応については，前駆体VOCの多様性もあるため，さらなる反応実験の蓄積・充実が求められる．

3.7.4　オゾン通年観測の例

光化学オキシダントの近況を表す例として，著者が観測した都市郊外大気のオゾン濃度データを紹介しておこう．図3.24（a）は，埼玉県所沢市内にて紫外吸光法オゾン計を用いて1年間連続観測して得たオゾン濃度のデータである．ここでは，2013年4月から2014年

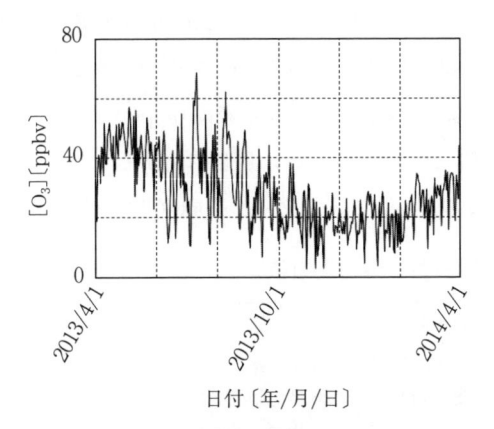

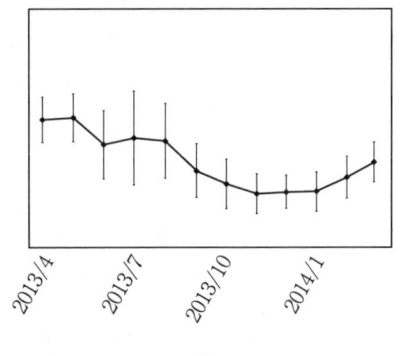

　　（a）1年間のO_3時系列データ　　　　（b）月平均値をプロットした季節変動
　　　　（日平均値をプロットしたもの）

図3.24　埼玉県所沢市における大気オゾン観測例

3月までの1年分を抜粋した。測定自体は1分ごとにデータを記録・保存し続けるが，ここではオゾンの季節変動を示すために，日ごとに平均値を算出してプロットした。季節変動を見やすくするために，月ごとの平均値の変動を図（b）に示しておく。誤差範囲は，日平均値から月平均値を計算する際の標準偏差（1σ）を表す。1時間は60分，1日は24時間，1年は365日なので，1年は525 600分である。1年間休みなく測定を続けると，50万点以上の1分値が得られる。実際には，装置の保守・点検のために欠測となる時間帯もある。この場所でのオゾン濃度は，春季（4〜5月）に最大となり，晩秋から冬季（11〜1月）にかけて最小となった。大まかにいえば，この季節変化は，冬季の成層圏からのオゾン流入と，春季から夏季にかけての対流圏での光化学生成の，両者の兼ね合いを反映した，北半球中緯度域に典型的なものといえる。日本列島では，夏季は太平洋高気圧の影響が強く，太平洋の清浄な大気が流入することが多いため，オゾンのバックグラウンド濃度は夏季に低くなる。今回，夏季に最小値とはならないのは，都市や郊外での局所的な光化学反応によって高濃度オゾンが日中に生成するためである。図中の6〜7月にオゾンがやや高くなっているのは，この時期の日中に100 ppbvを超える高濃度オゾンが観測された日が多かったからである。このように，都市や郊外のオゾンを考える際には，流入するバックグラウンド大気のオゾン濃度の変動と，局所的な光化学反応に伴う日中のオゾン生成の，両者を考慮しなければならない。また，図の日平均値や月平均値には，夜間の低濃度オゾンもすべて含む点に注意が必要である。日中の高濃度オゾンを論じるなら，適切な時間帯のみを抜粋した統計解析が必要である。

　観測例の紹介の最後に，図3.24に関する統計値を**表3.4**に示しておく。観測地点でのオゾン濃度は，日平均値の年平均値も，1時間値の年平均値も，ともに28.9 ppbvであった。日平均値では，7月12日の68.7 ppbvが最大であり，10月29日の3.0 ppbvが最小であった。1時間値では，8月10日16時の162.8 ppbvが最大であり，6月15日2時ほかの0.0 ppbvが最小であった（夜間には局所的NOによるO_3消失により頻繁に0 ppbvを示すのが，都市や郊外の特徴の一つ）。さらに，1時間値について，オゾン濃度に関するヒストグラム（頻度分布）を**図3.25**に示しておく。例えば横軸が「5」のデータ（頻度1 359回）は，オ

表3.4　大気オゾン通年観測での統計解析結果

	日平均値	1時間値
データ数(1年間)	365個	8 760個
年平均値	28.9 ppbv	28.9 ppbv
標準偏差	12.7	19.8
最大値	68.7	162.8
最小値	3.0	0.0
中央値	27.3	25.8

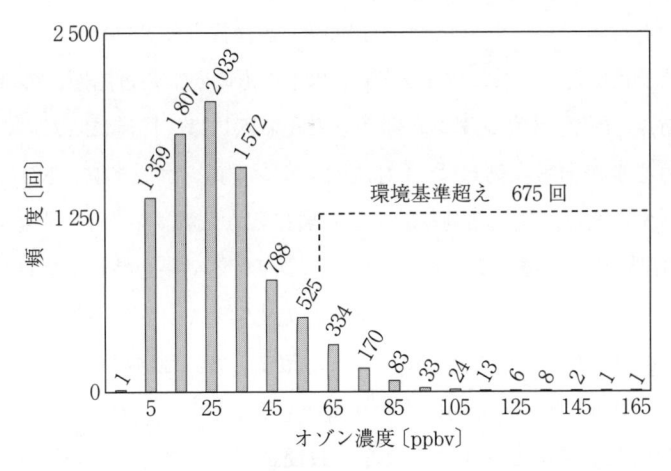

図3.25 大気オゾン通年観測の統計解析（1時間値の頻度分布）

ゾン濃度が区間0〜10 ppbvに含まれる1時間値を1 359回観測した，という意味である。一年間の平均値（28.9 ppbv）を含む「25」の区間（20〜30 ppbv）をピークとした一山分布となっている。分布が分かれる「二山分布」とはならないものの，ピーク幅が広く，値のばらつきが大きい。これは，光化学活性などの状況が異なる季節をすべて含むこと，一日のうちでも日中と夜間をすべて含むこと，などによる。日中のオキシダント生成を議論するなら，日中のデータのみで解析するのが重要であろう。いずれにしても，現在の光化学オキシダントの環境基準「1時間値が0.06 ppmv（60 ppbv）以下であること」と比べると，このデータでは675回も基準値を超えており，日常的に高濃度オゾンが発生していたことが読み取れる。大気汚染物質の長期連続観測のデータ解析では，このような統計解析が重要な意味を持つ。

練習問題3.3 公開データ「そらまめ君」を活用して，任意の地点の最近7日間のオゾン（Ox）の1時間値での濃度変動を調べ，時系列データを図示しなさい。さらに，日ごとの平均値・標準偏差・最大値・最小値・中央値を計算し，気象状況との関連などを考察しなさい。

3.8 光化学オキシダントのまとめ

本節では練習問題を通して各自で光化学オキシダント問題への理解を深めよう。

練習問題3.4 光化学オキシダント問題とは何か。「歴史」「原因物質」「反応メカニズム」「影響」などを絡めて説明しなさい。説明に必要ならば，図や表を作成して用いてもよい。

なお，光化学オキシダント（対流圏オゾン）の影響は，公害時代の光化学スモッグのような人体影響だけはない。対流圏オゾンは温室効果気体であり，グローバルな気候変動（地球温暖化）の問題にも重要である（☞4.2節）。また，大気光化学反応を通してオゾンと同時

に生成する二次有機エアロゾル SOA は，浮遊粒子状物質（エアロゾル）の一部として重要である。浮遊粒子状物質のうち，粒径 2.5 μm 以下のものが，最近話題にのぼる「$PM_{2.5}$」である（☞ 4.3 節）。光化学オキシダント問題を考える際には，同時にこれらの問題との関わりも念頭に置く必要がある。例えば，「対流圏オゾンを減らすために，NOx や VOC といった前駆体を減らすことは，気候変動や粒子状物質にどう影響するか」「対流圏オゾンが減ればオゾンによる温暖化は低減するだろうが，気温を下げる効果を持つエアロゾルも減って温暖化に働くのではないか」といったことである。光化学オキシダント対策の結果，地球温暖化や浮遊粒子状物質でも有利な方向に働くことが望ましい。地球温暖化への対策の結果，光化学オキシダント問題も解決の方向に向かうことも望ましい。このように，一つの問題への対応が，ほかの問題解決にも利することを「**共便益**（コベネフィット，co-benefit）」と呼ぶ。環境問題を考える際には，広く知られる地球温暖化だけでなく，さまざまな問題に対応するための多面的な視点が求められ，前提として各問題の基礎知識が重要となる。

3.9　略語・用語

関連の用語や略語を**表 3.5**にまとめておくので，各自で調べるなどして理解を深めてほしい。

表 3.5　代表的な関連用語

用　語	対応する英語表現	略　語
揮発性有機化合物	volatile organic compounds	VOC
非メタン炭化水素	non-methane hydrocarbons	NMHC
窒素酸化物	nitrogen oxides	NOx
有機過酸化ラジカル	organic peroxy radicals	RO_2
光解離，光分解	photolysis, photodissociation	
OH ラジカル	hydroxyl radical	

※反応速度定数には k を，光解離係数には J を慣用的に用いる。

■コラム：NOx 反応系の復習と補足

　3章では，オゾン生成を中心とする反応系を紹介してきた。しかし実際の大気中では，紹介した以外にも重要な反応が多い。例えば NOx の挙動を知るには NOx の生成・消失を網羅した反応系，HOx ラジカルの挙動を知るには HOx の反応系が，それぞれ重要となる。本コラムでは，NOx の生成・消失に関する反応系を補足しておこう。NOx（NO, NO_2）に着目した大気中での反応系は図 2.10 を参照してほしい。NOx は燃焼などの発生源から，おもに NO の形で大気中に放出される（NOx の放出）。NO は，オゾン O_3 や過酸化ラジカル HO_2, RO_2 と反応して NO_2 に酸化される。太陽紫外光によって NO_2 が光分解すると NO に戻るが，この際に O_3 を生成する。NO_2 が OH ラジカルと反応すると，硝酸 HNO_3 を生成する。HNO_3 になると，地表面への沈着や雨水への溶け込みによって大気から消失する（NOx の消失）。このほか，NO と RO_2 の反応の際，一部は NO_2 でなく有機硝酸 ONs（$RONO_2$）を生成する。NO_2 と RO_2 が反応すると，ペルオキシアセチルナイトレートおよびその類似化合物 PANs を生成する。気温が低く PANs の熱分解が遅いと，NOx は PANs の形で大気中を長く漂い，発生源から遠方まで運ばれ，輸送先での気温上昇により熱分解して NOx の発生源となる。このように，大気微量成分がいったん安定な形に変化して長時間輸送されるとき，その安定な形の分子を貯留成分 reservoir という。日中は，太陽紫外光によって OH ラジカルが生成して大気光化学反応を駆動するので，上述の NOx 反応系が成り立っている。一方，日射の無い夜間には別の反応系が支配する。夜間には，紫外光による OH ラジカル生成が無いため，VOC の反応は OH 以外のラジカルによって始まる。VOC のうち C＝C 二重結合を持つものは，大気中の O_3 と反応して過酸化ラジカル RO_2 を生成する。日中に光化学反応で生成される O_3 の一部は，夜間まで生き残ってこうした反応を起こす。また，NO_2 と O_3 があれば NO_3 ラジカルが生成し，VOC と反応して RO_2 や ONs を生成する。ただし NO_3 ラジカルは可視光によって容易に光分解するうえ，NO とすばやく反応して NO_2 に戻るため，日中の反応には効かない。夜間には

$$NO_2 + NO_3 + M \rightleftarrows N_2O_5 + M$$

のように，NO_3, NO_2 と五酸化二窒素 N_2O_5 との間に平衡が成立する。NO_3 と NO_2 から N_2O_5 を生成するが，N_2O_5 は熱分解により NO_3 と NO_2 に戻る。NO_3 と VOC が反応する際に，VOC に含まれる水素原子 H を引き抜くと HNO_3 を生成する。N_2O_5 は大気中の水蒸気や地表面の水滴と反応して，HNO_3 を生成する。NO_3 や N_2O_5 を経由する HNO_3 生成は，夜間の NOx 消失反応として重要である。NO_3＋VOC や O_3＋VOC の反応は，夜間のラジカル生成源として重要である。日中ほど高濃度ではないが，夜間にも HO_2 や RO_2 が観測されうる。VOC の反応性や大気寿命としては，日中の OH ラジカルだけでなく，夜間の NO_3 ラジカルおよび終日存在する O_3 との反応が重要となる成分もある。

第 **4** 章

大気とその周辺の環境問題の概略

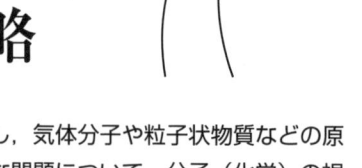

　大気環境やその周辺にはさまざまな環境問題が存在し，気体分子や粒子状物質などの原因物質が果たす役割が重要となる。本章では，代表的な問題について，分子（化学）の視点に基づく考え方の概略を紹介する。

4.1　成層圏オゾンの減少

　光化学オキシダント問題では，対流圏でのオゾンや前駆体が主役であったが，成層圏でオゾンはどうなっているのか。1970年代以降に南極上空の成層圏オゾンが減少する，いわゆる「オゾンホール」が問題となったが，フロン類（CFCs）と呼ばれる物質群の何が問題なのか。本節では，成層圏オゾンを中心とした大気微量成分の挙動を紹介する。

4.1.1　鉛直分布

　気圧と気温の鉛直分布にオゾン分圧も記した（**図 4.1**）。成層圏では，気圧は高度とともに指数関数的に低くなるが，気温は高度とともに高くなる。高度に伴う気温上昇はおもに，

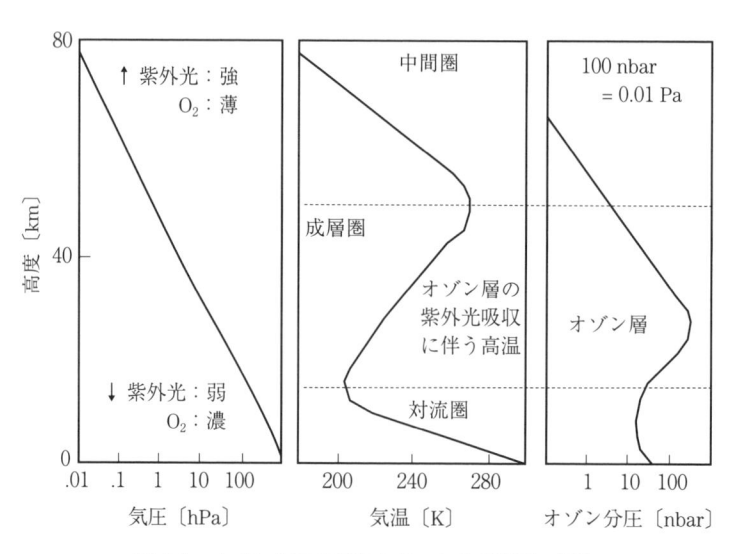

図 4.1　オゾン分圧の鉛直分布，および気圧・気温

オゾンが大量に存在する「オゾン層」での太陽紫外光の吸収による。

地球大気に上空から入射する太陽光は，大気中を進むにつれて成分によって吸収される。高度 z での太陽光強度は，z より上空に存在する成分の量に伴う吸収の度合いで決まる。したがって，高度 z が小さく地表に近いほど上空の成分による吸収が大きく，太陽光は弱い。成層圏での太陽紫外光も，上空ほど強く下層ほど弱い。一方，オゾンの原料となる酸素分子 O_2 は，全圧の低い上空ほど薄く，全圧の高い下層ほど濃い。成層圏でのオゾン生成には，太陽紫外光による O_2 の光分解が大きな役割を果たすので（☞ 4.1.3 項），おもに太陽紫外光の強さと O_2 の濃さ（数密度，分圧）によって成層圏オゾンの高度分布が決まる。

成層圏の気温にはオゾンによる紫外線吸収が大きく効いている。オゾンが紫外線を吸収すると，光分解して酸素分子 O_2 や酸素原子 O となりつつ，周辺の大気分子（第三体 M）に熱エネルギーを与え，気温を上げる。したがって，成層圏の気温には，各高度のオゾンの濃さ（分圧，数密度）と紫外光強度の双方が影響する。また，成層圏では上空へ行くほど気圧が激減し，大気の比熱（気温を 1 K 上昇させるのに必要な熱量）は小さいため，上空の気温が上がりやすい。以上の諸要因の結果として，図 4.1 の気温分布となる。

4.1.2 対流圏との状況の違い

成層圏オゾンの生成と消失は，対流圏オゾンとは異なる反応系によって決まる。成層圏の反応を紹介する前に，成層圏と対流圏での状況の違いを確認しておこう。

（1）**気　圧**　気圧は地表付近が最大で，高度が高いほど指数関数的に低くなる。成層圏は対流圏より気圧が低い。対流圏では，第三体 M のような大気分子の数密度が大きいので，不安定なラジカル種は頻繁にほかの大気分子と衝突して反応しやすい。対流圏ではラジカル種の大気寿命は短く，ラジカル種の相対的な濃度（体積混合比）も小さい。一方，成層圏は大気が薄いため衝突頻度が低く，ラジカルの大気寿命は長く，体積混合比は大きい。

（2）**太陽紫外光**　太陽光は地球大気の通過に伴い，大気成分による吸収により減衰していく。短距離しか大気を通過していない上空で光は強く，長距離を通過した地表付近では弱い。特に紫外線領域には，上空の O_2 や O_3 によって吸収され，対流圏まで届かない波長の光もある。例えば，人体に有害な紫外線は，上空 O_3 による吸収の結果，地表に届く頃には十分に弱く，われわれは地表で安心して暮らせる。同様に，O_2 が吸収する紫外線も，対流圏まであまり届かない。なお，O_2 や O_3 の紫外線吸収によって生成するラジカル種は，紫外線の強い成層圏で存在量が多いが，紫外線の弱い対流圏ではあまり存在しない。

（3）**まとめ**　成層圏では気圧や衝突頻度が低く紫外線は強いので，ラジカル類の体積混合比は対流圏より高い（厳密には気温や太陽光スペクトルも考慮する必要がある）。

成層圏の反応メカニズムは対流圏とまったく異なる。同じ成分は同じ状況ならば同じ反応

を起こすが，各成分の濃度（数密度），気圧，気温，光の強度とスペクトル，という条件の違いによって，各反応の寄与が変わる。同じ成分の組合せAとBの反応が，成層圏では起こりやすいが対流圏ではほとんど起こらない，という事態もありうる。紫外線強度が異なるためにラジカル生成速度も違ううえ，気圧の違いによりラジカルの大気寿命も違うため，ラジカルの種類・量・重要性が成層圏と対流圏でまったく違う。例えば成層圏では，励起酸素原子 $O(^1D)$ が高濃度に存在し，反応系の主役となりうる。

4.1.3 反応メカニズム

成層圏オゾンの生成と消失に関して，代表的な反応を抜粋して紹介する。

（1）**チャップマンメカニズム**　本節では，「成層圏オゾンファミリー」として

$$Ox = O_3 + O$$

を定義する（対流圏の光化学オキシダント Ox と表記が同じだが区別すること）。酸素原子 O について特に表記がないものは，三重項状態の基底状態酸素原子 $O(^3P)$ とする。一重項状態の励起状態酸素原子は $O(^1D)$ と書く。成層圏では，O_3 と O はすばやく交換しあっており，酸素原子 O の生成や消失は O_3 の生成や消失に直結する。そのため，O_3 と O を区別せずひとくくりに考えるのが便利である。成層圏では短波長の紫外光も強く，酸素分子 O_2 は 240 nm より短波長の紫外光にて光分解し Ox を生成する。

$$O_2 + h\nu \rightarrow O + O \quad (\lambda < 240\,\text{nm})$$

O 原子は，大量に存在する O_2 とすばやく反応して O_3 に変換される。

$$O_2 + O + M \rightarrow O_3 + M$$

O_3 は 320 nm より短波長の紫外光により光解離して $O(^1D)$ を生成する。

$$O_3 + h\nu \rightarrow O_2 + O(^1D) \quad (\lambda < 320\,\text{nm})$$

$O(^1D)$ は大気分子 M によって安定化（脱励起）されて $O(^3P)$ となる。

$$O(^1D) + M \rightarrow O + M$$

O_3 の光解離と $O(^1D)$ の脱励起を合わせると

$$\text{正味}: O_3 + h\nu = O_2 + O$$

のようにオゾン光解離によるすばやい O への変換となる。一方，O_3 と O が反応すると酸素分子 O_2 になって Ox 消失をもたらす。

$$O_3 + O \rightarrow 2O_2$$

以上のように，O_2 光解離による Ox 生成，Ox 内の交換，O_3 と O の反応による Ox 消失，の3段階からなるオゾン層生成に関する反応系を，提案者の名をとって**チャップマンメカニズム**と呼ぶ。このメカニズムに基づいて成層圏オゾンの高度分布を計算すると，実際の観測結果と似た形のグラフを得られる。チャップマンメカニズムは，オゾンの高度分布を定性

的に説明できる。しかし定量的には，計算により得られるオゾン濃度は各高度で観測結果よりも系統的に大きい。チャップマンメカニズムに基づく計算による成層圏オゾンの過大評価は，メカニズムで考慮されないオゾン消失反応の存在を示唆している。

（２） **触媒反応によるオゾン消失**　チャップマンメカニズムに含まれないオゾン消失反応として「**触媒反応サイクル**」が提唱された。これは，微量しか存在しない成分が，オゾン消失の連鎖反応の引き金となることを示した，当時としては画期的な考え方であった。微量しかない成分でも，対流圏でのNO-NO_2交換反応のように，正味では自身は変化せずに連鎖反応を回す「触媒」として働くことで，オゾン消失をもたらしうる。成層圏オゾン破壊の触媒反応サイクルとして，以下の三つを紹介しよう。

① **HOx サイクル**

成層圏でも，水蒸気 H_2O と $O(^1D)$ が反応して OH を生成する。

$$H_2O + O(^1D) \rightarrow 2OH$$

成層圏では，OH と HO_2（HOx）が次のように交換し，正味 O_3 消失をもたらす。

$$OH + O_3 \rightarrow HO_2 + O_2$$

$$HO_2 + O_3 \rightarrow OH + 2O_2$$

正味：$2O_3 = 3O_2$

HOx は正味の反応式には表れず，反応を促進する触媒の役割を果たす。

② **NOx サイクル**

成層圏でも，次のように NO と NO_2（NOx）が交換し合っている。

$$NO + O_3 \rightarrow NO_2 + O_2$$

$$NO_2 + h\nu \rightarrow NO + O$$

この反応は，次の反応を含めると正味では何も起こらないことになる。

$$O_2 + O + M \rightarrow O_3 + M$$

正味：null（何の影響も与えない）

一方で NO_2 が，成層圏に豊富に存在する O 原子と反応すると，O_3 消失をもたらす。

$$NO_2 + O \rightarrow NO + O_2$$

$$NO + O_3 \rightarrow NO_2 + O_2$$

正味：$O_3 + O = 2O_2$

このサイクル 1 回で O_3 と O が 1 分子ずつ，Ox として計 2 個が消失する。NOx がサイクルの触媒として働く。対流圏では O 原子が少なく，この反応は効かない。

③ **ClOx サイクル**

1974 年，Molina と Rowland により提唱されたメカニズムで，**クロロフルオロカーボン類**

(**CFCs**) による成層圏オゾン破壊の可能性を示した（1995年のノーベル化学賞をCrutzenとともに受賞）。ここでは CF_2Cl_2 を例に反応系を説明する。CFCsは対流圏ではOH反応が遅く分解されず，成層圏へ流入し紫外線により塩素原子Clを放出する。

$$CF_2Cl_2 + h\nu \rightarrow CF_2Cl + Cl$$

Clは次のサイクルによりOx消失をもたらし，微量でも連鎖反応的に O_3 を壊す。

$$Cl + O_3 \rightarrow ClO + O_2$$

$$ClO + O \rightarrow Cl + O_2$$

正味：$O_3 + O = 2O_2$

CFCsはClOx（ClとClO）のサイクルを通して成層圏オゾンを減少させる。

4.1.4　オゾン全量とドブソンユニット

成層圏オゾン減少に重要な**オゾン全量**の考え方を説明しておこう。ここでの全量（カラム量）とは，地表から宇宙空間までの柱状の大気に含まれる成分量の総和である。オゾン分圧の鉛直分布（図4.1）において，地表（高度0 km）から宇宙空間（高度∞）までのオゾン濃度の積分値がオゾン全量となる。大気中のオゾンは成層圏に存在する割合が高いので，オゾン全量は成層圏オゾンの変動を大きく反映し，成層圏オゾン量の指標となる。

オゾン全量の単位は**ドブソンユニット**（**DU**）が用いられる。1DUは，地表から宇宙空間まで大気中のオゾンを集め，決められた状態（0℃1気圧）としたときに，0.01 mmの厚さを成す量である。オゾン全量は数百DU程度におさまり，扱いやすい。

✎ **練習問題4.1**　$1\,\mathrm{DU} = 2.7 \times 10^{16}$ 分子 $/\mathrm{cm}^2$ を導出しなさい。

⚠ **ヒント**：厚さ0.01 mm，底面積 $1\,\mathrm{cm}^2$ の容器に，0℃にて1気圧となるように（純粋な）オゾンを詰め込むときの，容器内の分子数を計算しなさい。

4.1.5　南極オゾンホール

1970年代から，南極上空で春季（9〜11月，南半球の春）にオゾン全量の減少が観測され始めた。米国の観測衛星TOMSによる1983年10月のオゾン全量データ例を**図4.2**に示す。図は南半球のオゾン全量分布を表し，DUによって濃淡をつけている。

この時期の南極上空には，オゾン全量の少ない領域があり，まるで穴のように見えることから，春季南極上空での成層圏オゾン減少を俗に**オゾンホール**と呼ぶ。オゾン減少が特に著しいのは，高度20 km近辺の本来オゾンが最も多い領域である。南極オゾンホールの起こる春季は太陽光が弱いため，成層圏での光解離反応が遅く，酸素原子Oが少ない。そのため

$$ClO + O \rightarrow Cl + O_2$$

4.1 成層圏オゾンの減少

1983年10月 　　1993年10月

ドブソンユニット
100　　　　　　　　450

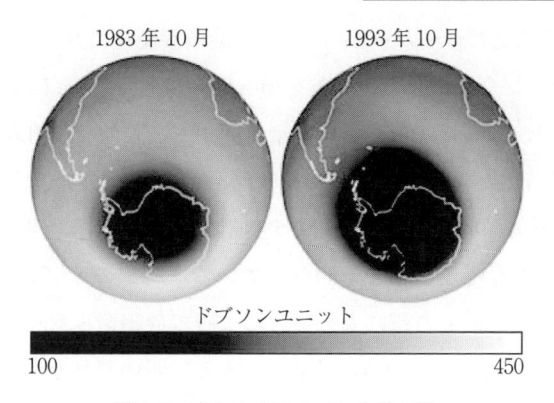

図4.2 南極上空のオゾン全量の例

の反応が効かず，前述のClOxサイクルのみではオゾン消失を説明できない。南極春季の成層圏オゾン減少を説明するには，ClOからClに変換する別の反応が必要となる。研究の結果，南極オゾンホール発生への高濃度ClOの関与が明らかとなった。ClOが高濃度であれば，次の反応系が有効となり，ClOからClへの変換とO_3消失を説明できる。

$ClO + ClO + M \rightarrow ClOOCl + M$

$ClOOCl + h\nu \rightarrow ClOO + Cl$

$ClOO + M \rightarrow Cl + O_2 + M$

$Cl + O_3 \rightarrow ClO + O_2$ 　　　　　（×2）

正味：$2O_3 = 3O_2$

ではなぜ，春季南極上空に高濃度ClOが生じるのか。ここではメカニズムのうち代表的な部分を抜粋して紹介する。南半球冬季には南極大陸を取り巻く「極渦」という大気の流れが上空に形成される。冬季南極上空の成層圏大気は，極渦が空気の壁となって周囲から隔離される。孤立した南極上空の低温大気では，**極域成層圏雲（PSC）**という小さな氷のようなエアロゾル（☞4.3節）の表面上で，次の不均一反応が進む。

$ClNO_3 + HCl \rightarrow Cl_2 + HNO_3$

CFCsから生じていた塩素原子Clは，長寿命の貯留成分（リザーバー）である$ClNO_3$やHClとなって反応には寄与しなかったが，PSC上での不均一反応により反応活性の高いCl_2に一気に変換されてしまう。Cl_2の形になると，南極の日の出の後（春季）には，太陽光によって光分解してClを放出する（ClOxの生成）。

$Cl_2 + h\nu \rightarrow 2Cl$

$Cl + O_3 \rightarrow ClO + O_2$

春季南極成層圏に高濃度ClOが生じてオゾン破壊につながる。南極オゾンホールの発生には，ClOxの原料CFCsだけでなく，低温下のエアロゾル表面での不均一反応も重要で，低

温（200 K 以下）になるとリザーバーから Cl_2 への変換が急速に進む。

　春季南極上空のオゾン全量はその後，年を追って減少し，CFCs によるオゾン破壊が拡大している。1980 年代後半から，CFCs 排出対策に関する国際的な取組みが始まったものの，南極オゾンホールは依然として回復傾向には転じていない（**図 4.3**）。モデル計算でも，オゾン全量の減少は同様の傾向が見られる。モデル計算では，南極上空のオゾン全量が回復するには 50 年から 100 年程度かかると予測されている。将来のオゾン層回復は，CFCs 排出対策の実施が前提だが，CFCs の長い大気寿命によって放出済み CFCs が今後もしばらく成層圏オゾン破壊に寄与するために回復に時間がかかる。長い年月をかけて自然に形成された地球環境を，短期間の人間活動の影響によっていったん破壊してしまうと，回復には長い時間やたいへんな労力を要する点に，留意すべきであろう。

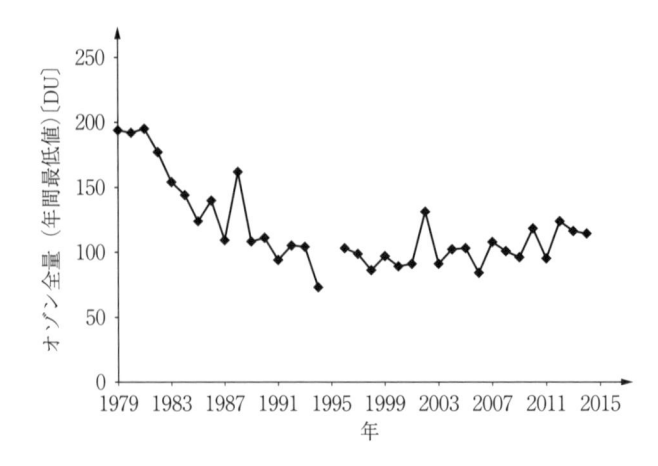

図 4.3 オゾンホールにおけるオゾン全量の経年変化
（年ごとのオゾン全量の最低値をプロットしたもの）

4.1.6 CFCs

　成層圏オゾン破壊をもたらすクロロフルオロカーボン類 CFCs を紹介しておこう。なお CFCs をフロン類と呼ぶのは日本だけである。CFCs は塩素・フッ素・炭素からなる化合物の総称である。CFCs は 20 世紀前半に冷媒として開発された。CFCs は化学的・熱的に安定で使いやすいために「夢の化学物質」と呼ばれた。CFCs の生産と放出が続けられた結果，大気寿命の長い CFCs が徐々に成層圏に流入し，1970 年代以降の南極オゾンホール問題が発生した。その後，オゾン層保護のために国際協調が図られ，1985 年の**ウィーン条約**と，1987 年の**モントリオール議定書**によって，CFCs の製造や輸入の禁止が決められた。先進国では 1996 年まで，開発途上国は 2015 年までの CFCs 全廃が求められた。日本でも 1988 年に**オゾン層保護法**が制定され，CFCs 対策が進められた。

　CFCs には，分子式や構造の異なる各成分を区別するために，次のような命名法が定めら

れている。① 頭文字「CFC-」と数字を組み合わせた「CFC-○○○」と表記する。② 百の位には分子式に含まれる炭素原子の個数から1を差し引いた数字を記載し，炭素数が1個の場合には百の位は記載しない。③ 十の位には水素原子の個数に1を加えた数字を記載する。④ 一の位にはフッ素原子の個数を記載する。例えば，分子式が CCl_3F の成分なら CFC-11，CCl_2F_2 なら CFC-12 と呼ぶ。逆に，呼称から分子式を決めることもできる。なお，**代替フロン HCFCs** についても，頭文字が「HCFC-」（塩素を含まない場合には「HFC-」）となる以外は，CFCs と同様に ②～④ に従って呼称を決める。

【例題 4.1】 CFC-113 の分子式を書きなさい。

解答例
- 百の位が1なので，炭素原子は2個。つまりエタン C_2H_6 の骨格を持つ。
- 十の位が1なので，水素原子は0個。
- 一の位が3なので，フッ素原子は3個。
- エタン C_2H_6 の水素原子6個のうち，0個が水素原子のまま，3個がフッ素原子なので，残り3個は塩素原子のはず。

⇒以上にあてはまる分子式は，$\underline{C_2Cl_3F_3}$ である。

CFCs や HCFCs が成層圏オゾンを破壊する能力は**オゾン破壊係数（ODP）**にて表す。ODP は各 CFCs や HCFCs のオゾン破壊能力が CFC-11 の何倍かを示し，値が大きいほど影響が大きい。CFCs や HCFCs の呼称，分子式，ODP，GWP，大気寿命の例を**表 4.1** にまとめる。長寿命成分は対流圏で反応せず，成層圏へ流入しオゾン層を破壊する。

表 4.1 CFCs と HCFCs の例

名　称	分子式	ODP[*1]	GWP[*2]	大気寿命〔年〕
CFC-11	CCl_3F	1.0（基準）	4 750	45
CFC-12	CCl_2F_2	1.0	10 900	102
CFC-113	CCl_2FCClF_2	0.8	6 130	85
CFC-114	$CClF_2CClF_2$	1.0	10 000	300
CFC-115	$CClF_2CF_3$	0.6	7 370	1 700
HCFC-22	$CHClF_2$	0.055	1 810	12
HCFC-123	$CHCl_2CF_3$	0.02	77	1.4

[*1] ODP：オゾン破壊係数。
[*2] GWP：地球温暖化ポテンシャル。本表では今後100年間の値。

4.1.7 成層圏オゾン減少の対策

オゾン層保護には，原因物質を使わないことが第一である。モントリオール議定書による CFCs 削減策は，国際協調による環境問題への取組みの成功例といわれる。

CFCs 削減と並行して，従来の CFCs の役割を担うものとして，代替フロンへの転換が進

んだ．代替フロンには，フロン CFCs と類似の性能を有しつつ，成層圏オゾンを破壊しない物質であることが求められる．成層圏オゾンを破壊しない条件としては，塩素原子を含まないか，塩素原子を含んでも分子内に水素原子もあって対流圏で反応して消失しやすい，のいずれかである．そもそも塩素原子を含まなければ，成層圏で塩素原子を放出してオゾンを破壊する心配もない．一方で，分子内に水素原子を含むと OH ラジカルによる水素引き抜き反応によって対流圏での大気寿命が短く，成層圏まで到達する量が少ないため，成層圏オゾン破壊への寄与が小さいと期待される．**ハイドロクロロフルオロカーボン（HCFCs）**と呼ばれる水素原子を含むものが代替フロンの代表例である．代替フロン HCFCs の ODP は CFCs の十分の一以下と小さい（表 4.1）．ただし，代替フロン特に HCFCs は強力な温室効果を有し，地球温暖化（☞ 4.2 節）に悪影響があるため，使用が制限されている．オゾン層を破壊せずとも，ほかの問題に影響ある成分を大量に放出してはならない．

> **練習問題 4.2** 身近なスプレーについて「使用されている成分」「オゾン層破壊への影響」「地球温暖化への影響」「可燃性」「毒性・有害性」の注意書きを調べて使い方を考えなさい．

4.1.8 成層圏オゾンのまとめ

南極オゾンホールは，今後の回復を注意深く見守ることが大切である．一方で近年，北極圏でも成層圏オゾン減少が見られ，注意が必要である．最後に，対流圏オゾンと成層圏オゾンを比較整理しておこう．対流圏オゾンも成層圏オゾンも，化学的には同じオゾン O_3 の分子だが，環境影響やメカニズムはまったく異なる．対流圏オゾンは，NOx と VOC を前駆体とする光化学反応にて生成する，光化学オキシダント問題の主役である．人間活動に伴う NOx，VOC の放出が主因と考えられ，生体影響や温室効果も懸念される．一方で成層圏オゾンは，有害な太陽紫外光を吸収して対流圏に到達させない役割を担っている．人間活動に伴い放出される特定フロンなどによるオゾン減少が問題となる．また，強力な紫外光と低い大気圧のもとで，対流圏と異なるメカニズムを通して，成層圏オゾンの生成・消失が起こる．対流圏ではオゾンの増加が，成層圏ではオゾンの減少が問題となる．同じオゾンという成分について，光化学オキシダント，地球温暖化，成層圏オゾン減少，といった複数の視点から考える必要がある．人間活動の行き過ぎが悪影響を及ぼすという点では共通している．

4.2 温室効果と気候変動

大気成分がもたらす環境問題として広く認識されているのは，**地球温暖化（気候変動）**であろう．テレビ・新聞・インターネットでは二酸化炭素 CO_2 の削減政策が取り上げられる．例えば，1997 年に日本で開催された第 3 回気候変動枠組条約締約国会議（地球温暖化防止

京都会議)では**京都議定書**が締結され，国内外で広く注目された。企業の広告で「環境にやさしい」という場合や，市民活動での「環境保護の取組み」という場合には，いかにしてCO_2などを削減して地球温暖化対策に寄与するか，を念頭に置いたものが多い。たしかに地球温暖化問題は重要で，世界的にも優先的に取り組むべき問題であることは疑いがない。だからといって，大気環境問題は地球温暖化だけではない。前述の光化学オキシダントをはじめ多様な問題の重要性を，本書の読者にはぜひとも意識してほしい。これからは「温暖化だけを考えれば大丈夫」などという一面的な考え方にとらわれないことを望む。そのうえでの地球温暖化の説明も，大気環境を学ぶ読者諸氏には必要かつ有意義であろう（本書では，「化学」の視点に基づいた重要な考え方の概略紹介にとどめる）。

地球温暖化というと，一般的には二酸化炭素CO_2が悪さをしているという程度の認識だろうか。「とにかくCO_2を出さないことが環境によい」と考える風潮があるだろうか。CO_2に代表される**温室効果気体**がどう気温上昇に関与するか，考え方を知っているだろうか。地球温暖化の原因の一つとして，温室効果気体による気温上昇効果が重要とされるが，そのメカニズムは，CO_2などの原因物質の「分子」レベルでの特性に基づいている。したがって，大気成分による温室効果を正しく把握するには，分子の特性に注目する「化学」の視点が不可欠である。地球温暖化問題では，太陽活動の変動といった温室効果以外の諸要因も考慮する必要があるが，本節では「温室効果による気温上昇はどう説明されるか」に特化して，地球温暖化といった大気環境問題への「化学」の関わりを知る。

ただし，原因物質の挙動という点では，CO_2など温室効果気体には反応が遅い（大気寿命の長い）ものが多く，光化学オキシダントのような大気汚染とは性格が異なる。光化学オキシダントは日中数時間でのオゾン生成を中心に，局所的〜広域的な拡散を考えるが，気候変動では数十年といった長い時間スケールでの原因物質の濃度や影響の把握が重要で，局所的な反応よりも広域的〜地球規模での長期変動を考える必要がある。

4.2.1 黒体放射

地球温暖化（気候変動）を端的にいえば，大気の気温が地球規模で上昇することだろう。地球規模での気温上昇は，各地で気候の変化をもたらし，地形や生態系への影響も懸念される。地球温暖化を知るには，気温への影響要因の理解が重要となる。大気分子の持つ熱エネルギーの指標である気温には，地球大気への熱の出入りが重要である。地球大気における最重要の熱源は，太陽からの電磁波（**太陽放射**）である。

あらゆる物体は，その温度に応じて電磁波（光）を放出する。ここで**黒体**という物理学の考え方を導入する。黒体とは，入射する電磁波を完全に吸収する仮想的な物体で，その温度で理論上最大のエネルギーを放射する。黒体から放射される電磁波（**黒体放射**）を考える

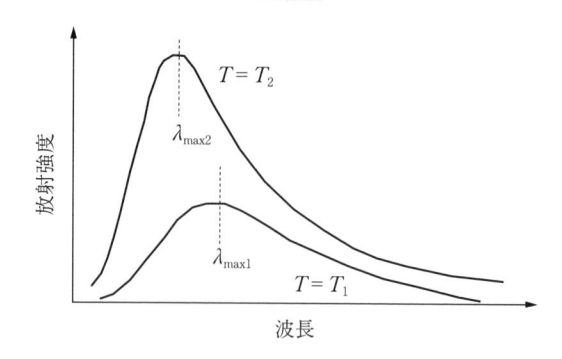

126   4. 大気とその周辺の環境問題の概略

図 4.4 黒体放射の波長分布の概略（$T_1 < T_2$）

と，おおよそ図 4.4 のようなエネルギー分布（波長依存性）を持つ。この分布で，放射強度の極大値を持つ波長（ピーク波長）λ_{max} は黒体の温度 T に反比例する（**ウィーンの変位則**）。黒体から放射される全放射フラックス Φ_T（放射強度を全波長にわたり積分した単位面積・単位時間あたりの強度）は T の 4 乗に比例する。

$$\Phi_T = \sigma T^4, \quad \sigma = 5.67 \times 10^{-8} \, \mathrm{W\,m^{-2}\,K^{-4}}$$

比例定数 σ は**ステファン・ボルツマン定数**と呼ぶ。高温物体が放出する電磁波は低温物体より短波長（高エネルギー）にピークを持ち，Φ_T は大きい（強い光を発する）。

太陽からは，その表面温度（約 5 800 K）に対応するエネルギー分布を持つ電磁波が宇宙空間に向かって放射される。逆に，宇宙空間で太陽放射の波長分布を観測すれば，太陽の表面温度を決定できる。太陽が黄色く見えるのは，（地球大気による光吸収の影響は受けるが）表面温度を反映した放射による。地球も表面温度に対応して，目に見える光（可視光）よりも長波長（低エネルギー）の赤外線を宇宙に向かって放射する。

4.2.2 放 射 平 衡

地球の表面温度（地表温度）を考えよう。ここでは，地球に出入りするエネルギーがつり合う「**放射平衡**」を仮定する。出入りするエネルギーがつり合わなければ地表温度は上昇または低下を続けるはずだが，長い歴史で見るとそうなっていない。地球のおもなエネルギー源は太陽放射である。地球の軌道上での太陽放射強度 S_0（**太陽定数**），地球が太陽放射をさえぎる面積 S_{re}，地球表面積 S_e，地球表面における放射の反射率（**アルベド** A），地表温度 T_E に対応する地球からの黒体放射，を考慮して地球に出入りする単位時間あたりのエネルギーつり合いの式を解くと，放射平衡温度 $T_E = 255$ K を得る（**図 4.5**）。太陽放射と地球放射の平衡のみを考えた地表温度 255 K に対し，実際の平均地表温度（288 K）は 33 K も高い。図 4.5 の放射平衡で大気の存在を無視したことが T_E 過小評価の原因である。放射平衡温度と平均地表温度の差こそが，地球大気の温室効果による。

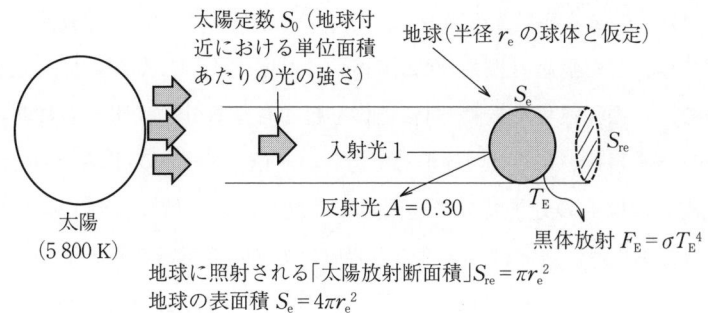

4.2 温室効果と気候変動

図4.5 地球の地表温度を決める放射平衡の考え方

太陽定数 S_0（地球付近における単位面積あたりの光の強さ）
地球（半径 r_e の球体と仮定）
入射光 1
反射光 $A = 0.30$
黒体放射 $F_E = \sigma T_E^4$
太陽（5800 K）

地球に照射される「太陽放射断面積」$S_{re} = \pi r_e^2$
地球の表面積 $S_e = 4\pi r_e^2$
地球のアルベド $A = 0.30$
地球の表面温度 T_E

放射平衡を考えると：$S_0(1-A)\pi r_e^2 = 4\pi r_e^2 \sigma T_E^4$
入射光と地球放射のつり合い
⇒放射平衡温度 $T_E = 255$ K

4.2.3 赤外吸収と温室効果

　地球には，地表で約1気圧（1.0×10^5 Pa）の大気が存在する。大気には，地球放射（赤外線）の一部を吸収する成分が含まれる。地球放射はおもに波長 5〜50 μm の赤外光からなる。大気による赤外光吸収の結果，宇宙空間に逃げようとするエネルギーの一部が大気中に閉じ込められる。このように大気が熱の一部を閉じ込める効果を，ビニールハウス（温室：greenhouse）になぞらえて大気の**温室効果**と呼ぶ。大気による熱の閉じ込めも考慮して地球への熱の出入りを計算すると，アルベド $A = 0.30$，大気の吸収率 $f = 0.77$ としたときの放射平衡温度は実際の地表温度 288 K と一致する（**図4.6**）。地球大気の温室効果によって，われわれの生活に適した地表温度が保たれている。

　さて，温室効果を持つ気体成分「**温室効果気体**」とは，どのようなものだろうか。赤外光を吸収する（赤外活性のある）気体分子は，地球放射を吸収して熱を閉じ込め，温室効果気

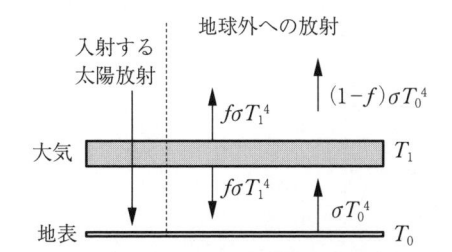

入射する太陽放射
地球外への放射
$f\sigma T_1^4$　$(1-f)\sigma T_0^4$
大気　T_1
$f\sigma T_1^4$　σT_0^4
地表　T_0

$A = 0.30$，$f = 0.77$ とすると，実際と一致（$T_0 = 288$ K）

大気（吸収率 f）による赤外光の吸収・反射を考慮
※キルヒホッフの法則　放射率＝吸収率

図4.6 温室効果の考え方（簡略化したモデル）

体として働く。分子による赤外光の吸収は，分子の振動状態の励起（振動遷移）や，振動状態と回転状態の複合した励起（振動-回転遷移）に対応する。したがって，温室効果（赤外活性）を持つのは，振動遷移や振動-回転遷移を起こしうる分子に限定される。専門的にいえば「双極子モーメントが0でない分子」である。双極子モーメントについて詳細に説明しないが，大気成分にはその分子特性に起因して「温室効果を持つものと持たないものがある」ことは知っておこう。例えば，大気の主要成分である窒素（N_2）と酸素（O_2）は温室効果を持たない。アルゴン（Ar）のような希ガスも，温室効果を持たない。一方，水蒸気（H_2O）や二酸化炭素（CO_2）は温室効果を持つ。CH_4，N_2O，O_3，CFCs，HCFCs，など多様な微量成分も温室効果を持つ（水素（H_2）は温室効果気体ではない）。地表温度が放射平衡温度より高いのは，温室効果気体が大気中に存在するためである。

　ここで注意すべきは，人間活動による大気への成分放出が活発でない産業革命以前の時代でも地表温度は適度に保たれていた点である。人間の影響の小さい自然の状態の大気でも，H_2Oのような温室効果気体は存在し，地表温度を保つ働きをしていた。つまり，温室効果そのものは自然の状態でも重要である。知的生命体による成分放出が無いはずのほかの太陽系諸惑星の大気を考えてみよう（**表4.2**）。金星，火星，木星でも放射平衡温度よりも実際の平均表面温度が高く，地球以外の惑星でも自然の大気による温室効果が認められる。なお，惑星ごとに温室効果の度合いは異なる。地表温度は，太陽放射やアルベドといった放射平衡温度を決める要素のほか，温室効果気体の存在量（分圧）や種類にも依存する。金星で放射平衡温度と地表温度の差が大きいのは，気圧が高くCO_2の存在量が多いための温室効果が原因と考えられる。CO_2の温室効果によって気温が上昇すると，海水の蒸発速度が増加するので，大気中の水蒸気（H_2O）の量も増えてさらに温室効果を加速させる，という悪循環となるおそれがある（**暴走温室効果**）。太陽系形成後の初期の金星におけるこうした悪循環が，現在の高温の一因となったと考えられている。

表4.2　各惑星大気の放射平衡温度と地表温度の比較

惑星	太陽からの距離〔au〕[*1]	入射放射量〔Wm^{-2}〕	アルベド	放射平衡温度〔K〕	平均表面温度〔K〕	表面気圧〔atm〕
金星	0.72	2 600	0.77	227	750	90
地球	1.00	1 380	0.30	255	288	1
火星	1.52	580	0.15	217	240	0.007
木星	5.20	50	0.58	98	130[*2]	2[*2]

[*1] 天文単位。太陽から地球の距離を1とする。
[*2] 雲の表面での値。

4.2.4 地球温暖化問題と人間活動

ここまで，自然の状態での温室効果と地表温度を考えた。ここからは，人間活動による温室効果気体の放出量増大に伴う温室効果の促進と気温上昇のおそれ，すなわち**地球温暖化問題**の概略を説明しよう。自然の状態では，温室効果を含めて放射収支がつり合い，人類が過ごしやすい気温が保たれる。しかし，人間活動によって温室効果気体が過剰に放出されると，バランスが崩れて気温が上昇し，極端な場合には暴走温室効果が懸念される。世界の地表気温（年平均値）の経年変化（**図 4.7**（a））では，実際に上昇傾向が見られ，産業革命以降に特に顕著である。一方，温室効果気体として代表的な CO_2 も増加傾向が見られる（図（b））。気温と CO_2 がともに上昇傾向を示すことから，CO_2 など温室効果気体の増加を気温上昇の一因と考えることもできる。特に重要なのは，気温と CO_2 の上昇傾向は厳然たる観測事実，という点である。CO_2 が温暖化の直接的な原因かは別としても，近年の気温上昇も CO_2 の増加も，たしかに起こっている。

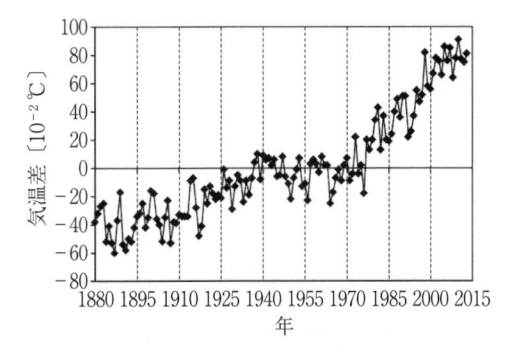

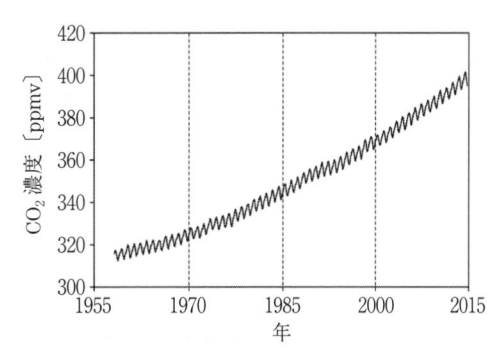

（a） 世界の地表気温の年平均値の経年変化（縦軸は「1951～1980 年の平均値」に対する気温差）

（b） CO_2 の経年変化（ハワイ島マウナロアの例）

図 4.7 地球温暖化に関連する観測結果の例

4.2.5 地球温暖化ポテンシャル GWP

温室効果気体には CO_2 や H_2O 以外にも多種多様な成分があるうえ，成分ごとに温暖化への寄与も異なる。例えば大気寿命が長い成分は，放出から消失までの長時間，温暖化に寄与し続けるので影響が大きい。わずかな量で赤外光をおおいに吸収する成分も温暖化への影響が大きい。成分ごとの温暖化への影響を定量的に比べる指標として，**地球温暖化ポテンシャル**（**GWP**）がある。GWP は，成分 X を 1 kg 放出するときの放射への影響（**放射強制力** ΔF）を，CO_2 1 kg 放出時の影響と比較したもので

$$\mathrm{GWP} = \frac{\int_{t_0}^{t_0+\Delta t} \Delta F(1\,\mathrm{kg}, \mathrm{X})\, dt}{\int_{t_0}^{t_0+\Delta t} \Delta F(1\,\mathrm{kg}, \mathrm{CO_2})\, dt}$$

と定義される。放射強制力は，成分 X の赤外吸収の強さを反映する。GWP は，現在（t_0）から Δt 年後（$t_0+\Delta t$）までの時間スケールでの影響を考えるので，成分の放射強制力 ΔF だけでなく，Δt と成分 X の大気寿命も重要である。代表的な温室効果気体の GWP を，Δt =20 年と Δt=100 年について，**表 4.3** に例示する。CO_2 は GWP の基準（式の分母）と定義されるため，Δt によらずつねに GWP=1 である。例えばメタン CH_4 は，今後 20 年間でも 100 年間でも GWP は 1 より大きく，同量の CO_2 放出と比べ温暖化影響が何十倍も大きい。ただし，CH_4 の大気寿命は CO_2 と比べて短いため，時間の経過（Δt を大きくする）とともに GWP は小さくなる。放射強制力が大きくとも大気寿命が短ければ，短期で大気から消失するので長期影響は小さい。例えば代替フロン HCFCs は，フロン CFCs よりも大気寿命が短く，長期影響は小さい。一方，SF_6 のように大気寿命も長く放射強制力も大きい成分は，大きな GWP を示し，微量でも影響が大きい。多くの温室効果気体は，CO_2 と比べて影響が大きい。CO_2 は現代生活に伴って大量に放出されるので，代表的な温室効果気体といえよう。しかし今後の対策としては，CO_2 以外の GWP の大きな成分にも気をつけるべきである。地球温暖化問題だけから見ても，CO_2 を出さなければよいわけではない。ほかの環境問題も考えれば，CO_2 対策だけでは不十分である。

表 4.3 代表的な温室効果気体の GWP

成　分	大気寿命〔年〕	地球温暖化ポテンシャル GWP	
		今後 20 年間	今後 100 年間
CO_2	約 100	1（基準）	1（基準）
CH_4	10	62	25
N_2O	120	290	320
SF_6	3 200	15 100	22 200
CFC-12	102	11 000	10 900
HCFC-123	1.4	273	77

4.2.6 IPCC 報告書

地球温暖化問題は，温室効果気体の地球規模での挙動把握と対策が必要で，国境にとらわれない国際的協調が求められる。地球温暖化問題に対処する代表的な組織として，各国から専門家が集まって科学的な知見を評価する「**気候変動に関する政府間パネル（IPCC）**」がある。ここでは，IPCC が 2007 年にまとめた第 4 次評価報告書に掲載された，地球温暖化に対する諸要因の寄与の図（**図 4.8**）を紹介しておく。この図は，各要因の影響を放射強制力

4.2 温室効果と気候変動

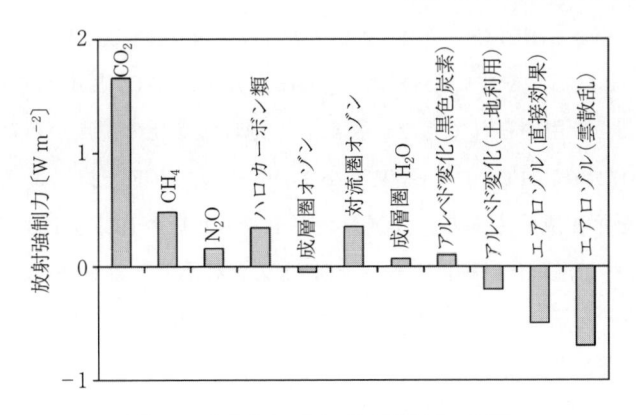

図 4.8 代表的な要因の放射強制力の例[24]

として表したものである。温室効果気体については，量の多い CO_2 の寄与が最大だが，CH_4，N_2O，ハロカーボン類（CFCs や HCFCs）など他成分の影響も無視できない。対流圏オゾンは地球温暖化への影響も大きいので，その挙動把握と増加抑制は地球温暖化の面からも重要である（☞ 3.8 節）。そのほかに，土地利用に伴うアルベドの変化，浮遊粒子状物質（エアロゾル）による光の反射・散乱（直接効果）やエアロゾルからの雲生成に伴う気温低下（間接効果），などが列挙されている。この報告書で特に注目すべきは "近年の気温上昇は‥(略)‥高い確率で‥(略)‥人間活動の影響を受けたもの" と，人間活動の影響に初めて言及した点である。

4.2.7 対策と将来予測

地球温暖化対策として人類ができることは，温室効果気体放出量の効果的な削減だろう。いったん放出された大気中の温室効果気体を回収する技術の研究も有意義だが，根本的な原因である放出量を可能な限り削減する工夫が大前提だろう（一般的には，いったん環境中に放出されて拡散・希釈した成分を回収・除去するのは大きなエネルギーと労力が必要である）。温暖化対策の効果を比べるのに，今後の放出量の変化や対策の仮定「シナリオ」をさまざまに考えて，地球の気候変動が今後どう進むかをモデル計算によって知る「将来予測」が用いられるが，計算結果には大きな不確定性や誤差を含む。例えば，CO_2 放出量シナリオを少し変えただけで，予測結果が大きく変わる場合もある。将来予測を見る場合，前提・シナリオや不確定性には十分に注意してほしい。地球温暖化問題については，今後の放出量や気温の推移に注視しつつ，すばやい対応が求められるだろう。

4.2.8 環境問題を複数の視点から考える

CFCs や HCFCs の環境影響を，成層圏オゾン減少と地球温暖化の二つの視点から考えよ

う。いくつかのCFCsとHCFCsの特性などを表4.1にまとめた。HCFCsは水素原子を含み、OHラジカルと反応しやすいために大気寿命が短く、CFCsと比べてODPが小さいので、代替フロンとして用いられてきた（表4.1）。地球温暖化の視点から考えると、HCFCsは大気寿命が短いためにCFCsよりGWPも小さいものの、HCFC-22のようにCO_2の数千倍もの温暖化影響を示す成分もある。大気寿命が1.4年と短いHCFC-123でさえGWPは77であり、CO_2と比べて温暖化影響は大きい。CFCsの代替品としてHCFCsを用いることは、成層圏オゾン減少の対策としては優れているが、地球温暖化から見れば望ましくない。このように、複数の問題を考慮した多面的思考が重要である。

練習問題4.3 PCなどの清掃に用いられるエアダスターに下記ガス（**表4.4**）を用いる利点や注意点をそれぞれ簡潔に述べなさい（実際のエアダスターの注意書きも参考になる）。

表4.4 エアダスターに用いられる成分の例とその特性

名　称	ODP	GWP	燃焼性
（a）HFC-134a	0	1 300	不燃
（b）HFC-152a	0	140	可燃

4.3　浮遊粒子状物質

大気における物質の存在形態として、ガス状物質（気体分子）のほかに「粒子状物質」がある。大気中を漂っている粒子状物質は「**浮遊粒子状物質**（suspended particulate matter：SPM）」と呼び、**エアロゾル**（aerosols）ともいう。大気化学で扱う粒子（SPM、エアロゾル）は、微小な液滴や固体の破片といった「分子の集合体」である。例えば固体の破片としては、砂粒が粉々に砕け細かくなって舞い上がったものが該当する。微小な液滴としては、水分子が集まったごく小さな液体（水滴）を思い浮かべてほしい。また実際には、砂粒と水滴が一つの粒子になったような、一粒の単位でさまざまな成分や種類が混ざり合う「内部混合」をした粒子もある。小さなチリ・ホコリ（ダスト）や花粉も浮遊粒子状物質の仲間といえる。エアロゾルも気体分子と同様に多様な発生源があり、さまざまな場所から大気中に放出され、大気中を漂って別の場所に運ばれる。エアロゾルも、大気汚染物質と同様に、われわれの暮らす大気中のあらゆる場所に存在する身近なものである。エアロゾルは、個々の粒子の化学的組成や物理的な大きさ（**粒径**）を通して大気環境と深く関わっており、挙動は複雑である。近年、エアロゾルの一分類である$PM_{2.5}$の問題が広く知られてきたが、ヒトへの健康影響、気候変動、大気中の物質循環、とエアロゾルの関わりについて研究の余地は大きい。本節では、$PM_{2.5}$に代表されるエアロゾルについて、基礎事項に絞って紹介する。

4.3.1 基礎的な特性

粒子状物質は分子の集合体であり，個々の粒子に含まれる分子の種類と量（化学的組成），および粒子の持つ大きさ（物理的な粒径）が重要となる。化学的組成としては，例えば水滴なら H_2O が主成分で，砂粒には SiO_2 のような鉱物成分が多く含まれる。海の波しぶきの一部が大気中に飛び出して水分が蒸発した粒子は，海水に含まれる塩分を主成分とし，海塩粒子と呼ばれる。硫黄酸化物の大気化学反応などで生成する硫酸塩イオン SO_4^{2-} を主成分とする粒子を硫酸塩粒子という。ほかにも，多様な成分を含む多様な粒子がある。複数の種類の粒子が内部混合した粒子も存在する。粒子の組成によって光吸収特性・水溶性・酸性度などの性質が変わり，環境影響も異なる。

一粒ごとの粒子の物理的な大きさを指す代表的な用語は粒径である。球形を仮定すれば，粒径は粒子の直径 d である（半径 r ではない！）。分子（大きさ<1 nm）の集合体である粒子状物質は，ナノメートル〔nm〕からマイクロメートル〔μm〕程度の大きさを持つ。日本では，10 μm より小さいものを SPM と呼ぶ。SPM はヒトの髪の毛（直径 70 μm 程度）よりも小さい。浮遊粒子状物質とは大気中を自然に（大気の流れに乗って）漂うものを指す。サイズが大きすぎると自重によってすぐに落下してしまうので，浮遊粒子状物質とはいえない（ジェット機のようにエンジンなどの推進力にて飛行する物体も除外する）。浮遊粒子状物質は，大きさや重さに応じてそれなりの時間漂い続ける。粒子状物質の大気からの消失には，地面への落下（乾性沈着）のほか，降雨によって洗い流されることもある（湿性沈着）。粒子状物質は広域的に輸送・拡散される。大陸で発生した粒子が海を越えて別の島や大陸まで到達する，といった例も報告されている。一方，粒子状物質の局所的な現象として，発生源近傍の都市大気や道路沿いでの健康被害が挙げられる。粒子状物質は，個々の粒子の大きさや重さに応じて，影響範囲や現象もさまざまである。粒径の小さい粒子を微小エアロゾル（fine aerosols）または微小粒子（fine particles），大きい粒子を粗大エアロゾル（coarse aerosols）または粗大粒子（coarse particles）と呼ぶ。微小粒子は小さい気体分子が集まって（凝結して）できるが，粗大粒子は大きな固体の破片または微小粒子が集まって（成長して）生成する。

ここで，粒子状物質の量の代表的な表し方を知っておこう（**図 4.9**）。

（1） **個数濃度**　単位体積あたりに含まれる粒子状物質の個数。単位は，1 m^3 あたりの粒子数なら m^{-3} である。粒子状物質から生成する雲による太陽光散乱を考える場合，粒子の個数濃度が重要となる。大気中の粒子状物質の個数濃度分布は，小さい気体分子からの生成を反映し，微小粒子の領域にピークを持つのが一般的である。

（2） **表面積濃度**　単位体積あたりに含まれる粒子状物質の表面積の総和。単位は，例えば $m^2\,m^{-3}$。粒子表面上へのガス吸着や，表面上での反応など，表面の大きさ（広さ）が

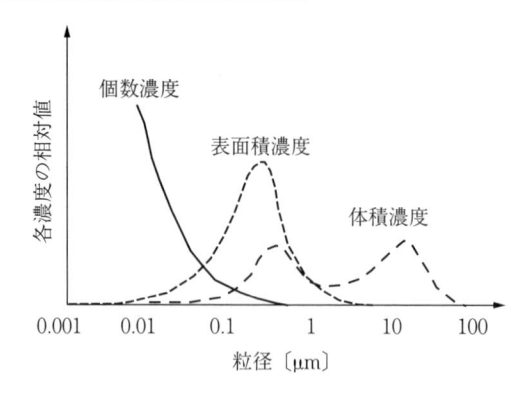

134   4. 大気とその周辺の環境問題の概略

図4.9 エアロゾルの個数濃度・表面積濃度・体積濃度の粒径依存（典型例）

問題となる場合に効く。前述の個数濃度の粒径分布を持つ大気試料で，表面積濃度は個数濃度よりも粒径の大きい範囲（数百ナノメートル程度）にピークを持つのが一般的である。

（3）体積濃度　単位体積あたりに含まれる粒子状物質の体積の総和。単位は，例えば $m^3\,m^{-3}$。ヒトへの健康影響や，大気中での物質循環への寄与のように，粒子に含まれる成分の量（質量やモル数）が問題となる場合に用いる。前述の個数濃度の粒径分布を持つ大気試料で，体積濃度は表面積濃度よりもさらに粒径の大きい範囲と，粗大粒子領域に，計二つのピークを持つのが一般的である。粒径の大きい領域にある二つ目のピークは，海塩粒子や鉱物粒子のように大きなものが砕けてできた粗大粒子を反映している。

粒子状物質の量として「質量濃度」も重要である。質量濃度は単位体積あたりに含まれる粒子状物質の質量の総和で，単位は例えば $g\,m^{-3}$ である。粒子の重量密度が一定なら，質量濃度は体積濃度に比例するので，質量濃度の粒径依存性は体積濃度のものと似る。健康影響など粒子に含まれる汚染物質の量が問題となる場合，質量濃度が目安となる。

【例題4.2】 レーザーパーティクルカウンターにて大気中の粒子（個数濃度）を自動的に測ったところ，1分間で 1.0×10^4 回のカウントを得た。大気中に含まれる粒子状物質の個数濃度は1 L あたり何個（何 L^{-1}）か求めなさい。ただしカウンターに導入する大気試料の流量は1分あたり 2.8 L（＝ $2.8\,L\,min^{-1}$）とし，カウンターでの粒子の数え落としは無いものとする。

[解答例] 1分間で2.8 L の大気を測定した際に，1.0×10^4 個の粒子を検出した，ということ。1分間あたりのカウント回数 $1.0\times10^4\,min^{-1}$，試料流量 $2.8\,L\,min^{-1}$，をそれぞれ1分あたりの検出粒子数と体積に換算して，個数濃度を算出する。

$$個数濃度 = \frac{1.0\times10^4\,min^{-1}\times 1\,min}{2.8\,L\,min^{-1}\times 1\,min} = \frac{1.0\times10^4}{2.8}\,L^{-1} = \underline{3.6\times10^3\,L^{-1}}$$

4.3 浮遊粒子状物質

【例題 4.3】 粒径 $d = 1.0\,\mu m = 1.0 \times 10^{-6}\,m$ の球形粒子 1 個の表面積 S と体積 V を求めなさい。

解答例

表面積 $S = 4\pi r^2 = 4 \times 3.14 \times \left(\dfrac{1.0 \times 10^{-6}\,m}{2}\right)^2 = \underline{3.1 \times 10^{-12}\,m^2}$

体 積 $V = \dfrac{4}{3}\pi r^3 = \dfrac{4}{3} \times 3.14 \times \left(\dfrac{1.0 \times 10^{-6}\,m}{2}\right)^3 = \underline{5.2 \times 10^{-19}\,m^3}$

【例題 4.4】 粒径 $d = 0.5\,\mu m = 0.5 \times 10^{-6}\,m$ の球形粒子 1 個の表面積 S と体積 V を求め、$d = 1.0\,\mu m$ の場合と比較しなさい。

解答例

表面積 $S = 4 \times 3.14 \times \left(\dfrac{0.5 \times 10^{-6}\,m}{2}\right)^2 = \underline{7.9 \times 10^{-13}\,m^2}$

体 積 $V = \dfrac{4}{3} \times 3.14 \times \left(\dfrac{0.5 \times 10^{-6}\,m}{2}\right)^3 = \underline{6.5 \times 10^{-20}\,m^3}$

$d = 1.0\,\mu m$ の粒子と比べ粒径が 1/2 倍、表面積は 1/4 倍、体積は 1/8 倍。

【例題 4.5】 いま、試料大気を流量 $40\,L\,min^{-1}$ にてフィルタに通し、試料中の粒子をフィルタに捕集した。60 分間試料を吸引・捕集し続けたところ、フィルタの重量が $0.24\,mg\,(= 0.24 \times 10^{-3}\,g)$ 増加した。フィルタでは通過する粒子をすべて捕集し、フィルタ重量の増加は捕集粒子のみを反映したと仮定する場合、試料大気の粒子の質量濃度は平均何 $mg\,L^{-1}$ か求めなさい。

解答例 吸引流量 $40\,L\,min^{-1}$ で $60\,min$ だけフィルタに通した大気の体積は

吸引体積 $= 40\,L\,min^{-1} \times 60\,min = 2.4 \times 10^3\,L$

$2.4 \times 10^3\,L$ の大気に $0.24\,mg$ の粒子が含まれていたので

質量濃度 $= \dfrac{0.24\,mg}{2.4 \times 10^3\,L} = \underline{1.0 \times 10^{-4}\,mg\,L^{-1}}$

なお、この質量濃度を単位換算すると、$0.1\,\mu g\,L^{-1}$、$100\,\mu g\,m^{-3}$ である。

⚠ 注意：$PM_{2.5}$ の環境基準は、質量濃度〔$\mu g\,m^{-3}$〕に対して設定されている。

4.3.2 浮遊粒子状物質の生成

浮遊粒子状物質には、他の大気汚染物質と同様に、人間活動由来と自然由来のものがある。自然起源の粒子は人間活動の影響を受けない場所にもあり、最近急に現れたものでもない。人間活動活発化以前から自然起源の粒子は大気中に存在し、浮遊粒子状物質をある程度含む大気の下でヒトは大過なく暮らしてきた。しかし、人間活動による浮遊粒子状物質の増加が $PM_{2.5}$ のような問題を起こしている。

浮遊粒子状物質を発生の仕方にて分類すると、発生源から大気中に直接放出される一次放

出粒子（一次粒子）と，原料物質（前駆体）の大気反応により生成する二次生成粒子（二次粒子）がある。一次粒子には，例えばディーゼル自動車の排出ガスに含まれるディーゼル排気粒子 DEP がある。二次粒子の例として，ガス状の硫酸分子 H_2SO_4 を経て生成するものがある。ガス状 H_2SO_4 は，石炭燃焼排気や火山噴煙に含まれる二酸化硫黄 SO_2 など気体の硫黄酸化物の大気中での酸化反応により生成する。ただし，H_2SO_4 は不揮発性でガスとして存在しにくく，周辺に存在する粒子への取り込みや大気中の水蒸気との新たな液滴粒子の生成にて粒子相に入る。また，アンモニア NH_3 との反応による二次粒子生成も起こる。

$$H_2SO_4 (g) + 2NH_3 (g) \rightarrow (NH_4)_2SO_4 \downarrow$$

NH_3 は土壌や生体から大気中に放出される。反応式で「↓」は「沈殿（固体）を生じる」ことを表す。小さい気体分子の反応によって生成する固体粒子は，ナノメートルオーダーの粒径を持つ微細なものとなる。気体分子の凝縮や反応によって生成した直後の（成長前の）微小粒子は，一般的に粒径が小さい。人為起源の硫黄酸化物による影響を受けた大気試料には，微小な硫酸塩粒子が多い。一方，揮発性有機化合物 VOC の大気化学反応によって生成する**二次有機エアロゾル**（secondary organic aerosols：SOA）が，近年注目されている。揮発性の高い VOC は気相に存在しやすいが，大気中での OH ラジカルや O_3 との反応によって酸化される過程で揮発性の低い（半揮発性の）中間生成物 SVOC（semi-volatile organic compounds）を作る。SVOC は VOC よりも液体や固体になりやすく，液体や固体の粒子表面に取り込まれやすい。SVOC は，自身が液滴や固体となって粒子を生成するほか，粒子に取り込まれて粒子成長に関与する。こうして二次生成・成長した粒子が SOA であり，浮遊粒子状物質に含まれる有機成分として重要となっている。VOC の大気化学反応は浮遊粒子状物質とも深く関わる。光化学オキシダントと浮遊粒子状物質は大気化学反応を通して互いに密接な関係にある。粒子状物質対策には，直接放出される一次粒子だけでなく，人為起源や自然由来のガス状成分からの二次生成粒子の挙動も知っておく必要がある。

4.3.3 $PM_{2.5}$ の問題

近年は特に，粒子状物質の一分類である **$PM_{2.5}$** が問題視されている。粒子状物質は大気環境とさまざまに関わるが，ここではまず $PM_{2.5}$ 問題について説明する。

$PM_{2.5}$ とは粒径が $2.5\ \mu m$ より小さい浮遊粒子状物質の総称で，大きさ（粒径）によって分けただけである。個々の粒子の化学的組成は関係なく，粒径の条件を満たす粒子はすべて $PM_{2.5}$ に含まれる。それでは，粒径が小さいと何が問題だろうか。$PM_{2.5}$ のおもな問題点は，ヒトが呼吸して空気を体内に吸い込む際に，$PM_{2.5}$ も一緒に肺の奥まで到達し，健康影響を及ぼしうることである。ヒトの鼻や口から気管・気管支を通って肺に至る空気の通り道を気道という。ヒトが大気汚染物質などの有害物質にさらされる（曝露される）際に，汚染物質

が気道を通して体内に入り込むことを**経気道曝露**と呼ぶ。不安視されるPM$_{2.5}$の健康影響は，おもに経気道曝露による。粒径の大きな粒子は，気道の内壁に衝突して捕捉され，痰などとして体外に排出されるため，気管の奥まで影響が及びにくい。一方，粒径が小さいほど，気体分子と同じように空気の流れに乗って気道の奥まで到達しやすい。気道を通過する際に粒子状物質が大きさによって分別されることを，気道による粒子の分級効果という。粒子状物質が呼吸器系のどのあたりに影響するかは，粒径によって異なる。小さい粒子は，気道の奥のほうまで影響しうる。肺の奥まで侵入すると，PM$_{2.5}$に含まれる成分が肺胞の毛細血管から肺静脈へ入るかもしれない。高濃度のPM$_{2.5}$は，短時間の曝露でも呼吸器系疾患をもたらす可能性が指摘されるうえ，不整脈など循環器系疾患への影響も心配される。比較的低濃度でも長時間曝露による影響がありうる。

　日本では2009年に，大気中のPM$_{2.5}$濃度に関する環境基準（1日平均値35 μg m^{-3}かつ1年平均値15 μg m^{-3}）を制定し，全国での達成を目指している。1日平均値は短時間での高濃度現象を，1年平均値は長期の平均的な大気質を，それぞれ評価する目安である。日々の運用としては，1日平均値70 μg m^{-3}を暫定指針値として設定し，この値を超えることが予想される場合には，自治体から住民へ注意喚起する。1日平均値が70 μg m^{-3}を超えるという判断には，朝方や午前中のPM$_{2.5}$測定値（1時間値）において85または80 μg m^{-3}を超えるかを目安とする。条件を満たした場合に「不要不急の外出や屋外での長時間の激しい運動をできるだけ減らす」と注意喚起する（2014年現在）。高濃度PM$_{2.5}$への接触の回避によって曝露量の低減を目指す。PM$_{2.5}$は経気道曝露が問題となるため，長時間の激しい運動で呼吸量が増えると曝露量も上昇する。

4.3.4　環境との関わり

　本節の最後に，浮遊粒子状物質の環境との関連を補足しておく。PM$_{2.5}$の項で紹介したように，浮遊粒子状物質は健康影響が懸念される。表面に有害物質が付着した粒子の健康影響も不安視されている。また，酸性雨（☞4.5節）には気体状の酸性ガスのほか，粒子状物質に含まれる酸性物質も重要である。酸性物質が雲や雨に溶け込むと，降雨などの酸性化や汚染物質濃度の上昇をもたらす。粒子状物質は，IPCC報告書の項（☞4.2.6項）で紹介したように，気候変動とも深く関わる。大気中を漂う粒子状物質が太陽光や赤外放射を散乱・反射する。これを粒子状物質による放射への直接効果と呼ぶ。粒子による光散乱は，粒径・組成・粒子数や光の波長分布によって決まる。さらに，粒子状物質が核となって雲を生じることもある。雲も太陽光や赤外放射を散乱・反射する（間接効果）。粒径の小さい雲粒が多く生成すると光散乱が強くなる。直接効果・間接効果ともに負の放射強制力を有し，気温を下げる効果を持つ。発生源から直接放出される一次粒子だけでなく，ガス状物質として放出さ

れてから大気化学反応によって二次粒子を生成する場合もある。人間活動によって粒子状物質が多くなると，直接効果と間接効果によって気温を下げる効果を生じる。人間活動は温室効果気体を放出して気温を上昇させるだけでなく粒子状物質を介して気温を下げる側面もある。だからといって，粒子状物質が何とかするから無制限に人間活動を拡大しても大丈夫，というわけではない。黒色炭素（black carbon：すす）のように気温上昇に寄与する粒子もある。トータルとして気候変動を抑制する必要がある。また，気候変動だけクリアすればよいわけでもなく，粒子状物質が増えすぎれば$PM_{2.5}$のような問題が頻発しかねない。

　粒子状物質は，大気化学反応における不均一反応の場も提供する。固体または液体である粒子状物質の表面は，大気中の気体成分の反応を促進しうる。化学の分野では，固体表面は反応を促進する「**触媒**」として利用される。触媒とは，自身は変化しないが反応を促進する働きを持つものである。気相中で起こりにくい反応でも，固体表面が存在すると効率的に反応が進むことがある。液体についても，気体成分が表面から液体中に溶け込んで，液体の中で反応が起こる場合がある。粒子表面における大気微量成分の反応例としては，南極オゾンホールに関与する極域成層圏雲 PSC 表面における貯留成分の**不均一反応**が挙げられる。不均一反応とは，異なる相（気体，液体，固体）の間で起こる反応である。粒子状物質はさまざまな形で環境と深く関わっており，その挙動の把握・解明が重要となる。

4.4　室内空気の汚染

　建物内部の空間である室内にも空気がある。室内空気での気体分子や粒子状物質の挙動を知ることは，快適な暮らしを保つうえで重要である。本章では，大気環境の考え方を活用しつつ，室内空気環境の概要を紹介する。ただし，大気と室内では扱う空間の大きさ（体積），汚染物質の濃度，成分の種類などが大きく異なる。

　現代人は，人生のうち長い時間を室内や屋内で過ごす。学生なら授業時間中は教室に居る。デスクワークなら部屋で仕事をするだろう。屋外作業や外回りの人も含め，就寝時間には各自の部屋で睡眠を取る。室内空気中の汚染物質濃度が高いと，室内で長時間過ごす人が物質にさらされる量（**曝露量**）が大きく，健康影響などのリスクが高い。

　室内空気汚染の歴史は浅い。1970年代の石油ショックで欧米を中心として省エネルギー推進の動きが活発になると，冷暖房の燃料や費用の節約を企図して，室内空気の「換気」の基準が緩和された。冷暖房による冷気や暖気を換気して外に放出するのは省エネルギーに反する，という発想である。ところが欧米で省エネのために換気を減らした「省エネビル」では，1980年代に体調不良者が続出した。そこにいると体調が悪くなる場合があるが原因がよく分からない，という意味で「シックビル症候群」と呼ばれた。換気を減らしたところ，

4.4 室内空気の汚染

室内にて放出される汚染物質の濃度が上昇して体調不良をもたらした，と考えられる。日本では，おもに新築の住宅に起因する症状に特化して「**シックハウス症候群**」と呼ばれる。最近の建物は，オフィスも住宅も断熱性や気密性が高く，エネルギー効率は良いが，自然の換気が弱い傾向にある。現代の室内では，汚染物質が換気されずに高濃度になりやすい。快適で健康な現代生活のためには，室内の汚染物質挙動を知らねばならない。

4.4.1 室内空気汚染の例

室内空気への気体成分の放出源としては，おもに「燃焼」と「揮発」がある。燃焼由来とは暖房・調理・喫煙など物を燃やす際に放出されるものである。炭素を含む有機化合物を完全燃焼すれば CO_2 が，不完全燃焼すれば CO も，空気中に放出される。窒素分を含むものを燃やす，または N_2 を含む空気と一緒にものを高温で燃やせば，窒素酸化物 NOx が（おもに NO の形で）放出される。硫黄分を含むものを燃やせば SO_2 のような硫黄酸化物が放出される。揮発由来とは，液体や固体の表面から空気中に蒸発・気化するものを指す。揮発由来の室内空気汚染物質として，ホルムアルデヒド HCHO などの VOC が代表的である。壁材，接着剤，塗料，断熱材，などの建築材料（建材）には微量の VOC が含まれ，室内の建材表面から徐々に VOC が揮発し続ける。一般に，建材からの成分の揮発量は新築時が最大で，時間とともに減少する。建材以外にも，家具・家財から成分が揮発する場合がある。新品のパソコンや家電製品を開梱すると，特有の臭いを感じるかもしれない。臭いは何らかの成分の放出の反映である。ただし臭いを感じなくとも何も出ていないとは限らない。無臭の成分もあれば，臭いを感じないくらい低濃度の場合もある。

室内環境におけるアレルゲンとして，例えば洗剤，ペット，ダニ，カビ，花粉が知られる。これら原因物質への接触や摂取によりアレルギーをひき起こす可能性があり，アレルギー持ちの人がいる場合は注意すべきだろう。たばこの煙は，多様な物質を空気中に放出する代表的な汚染源である。そのほか，室内空気に何らかの物質をもたらすものは，汚染源となりうる。例えば，幹線道路沿いの部屋で不用意に窓を開ければ，自動車排出ガスや歩道の歩きたばこの煙が外気から流入するかもしれない。室内で殺虫剤や芳香剤・消臭剤を使えば，何らかの物質を室内空気に放出する。特に，化学物質に敏感な人がいる場合には気をつけたほうがよい。室内の汚染物質の発生源や空気の流れを**図 4.10** に例示したので，各自の部屋に置き換えて考えてほしい。普段，何気なく暮らしていても，気づかないうちに多様な汚染物質を室内空気に放出しているかもしれない。

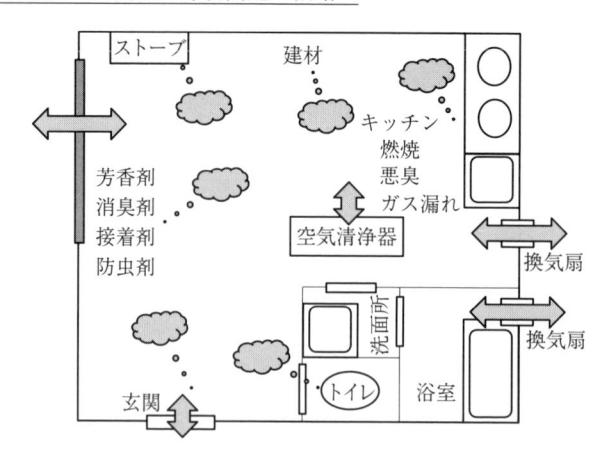

図 4.10 室内での汚染物質の発生源と空気の流れの概要

4.4.2 シックハウス症候群

日本におけるシックハウス症候群について補足しておこう。厚生労働省は，シックハウス症候群を「家屋内から発生する化学物質による室内空気汚染のために生じる健康被害」のように定義し，対策の目安となる濃度（指針値）を示している。指針値より高濃度の VOC にさらされると症状が出る可能性が高くなるが，原因となる家屋から離れれば症状が軽減する，というのがシックハウス症候群の特徴である。汚染物質が低濃度でも，長時間さらされると健康に影響する場合があるのも，重要な特徴である。

室内空気汚染による健康影響は，高濃度汚染物質による短期的な影響（**急性影響**）だけでなく，低濃度だが長期的な影響（**慢性影響**）も重要である。また，人や条件によって汚染物質に対する耐性や健康影響が異なる。少量で症状の出る人もいれば，多量でも問題の無い頑丈な人もいる。室内空気汚染の健康影響については，「自分は大丈夫だから，ほかの人も皆大丈夫だろう」ということではなく，周囲への配慮が重要である。室内空気汚染の客観的評価には，例えば厚生労働省の指針値が活用できる（代表的成分の指針値：ホルムアルデヒド 100 μg/m³，トルエン 260 μg/m³，総 VOC 400 μg/m³）。各成分の濃度が指針値を超えないように対策が望まれる。なお，室内空気の成分濃度の単位には，慣例的に重量密度〔μg/m³〕が用いられる（☞ 2.4.5 項）。

4.4.3 室内空気汚染対策の考え方

化学物質が原因の室内空気汚染は，成分の分子レベルでの挙動把握が重要である。室内空気を分子の視点で表した概念を**図 4.11** に示す。室内空気も大気と同様に，おもに窒素分子 N_2 と酸素分子 O_2 からなり，水蒸気 H_2O や微量の汚染物質も存在する。発生源があれば室内

4.4 室内空気の汚染

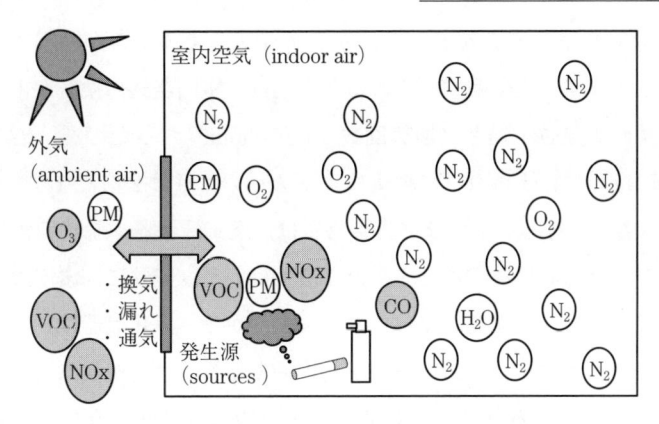

図4.11 室内空気を分子の視点で見た概念図

空気に汚染物質（VOC, NOx, PM, CO, など）が放出される。換気や隙間からの漏れによって外気と室内空気が入れ替わる際には，室内の汚染物質が外気に出るとともに，外気の汚染物質も室内に入ってくる。

室内空気中の汚染物質 X の増減を簡略化すると

$$\frac{d[\mathrm{X}]}{dt} = P - L[\mathrm{X}]$$

と書ける。P は X を空気中に供給する速さで，発生源から室内への放出速度 E を反映する。反応による生成を無視すれば P は室内空間の体積 V を用いて

$$P = \frac{E}{V}$$

と書ける。V の小さい室内空間では，わずかな放出 E でも P が大きくなりうる。狭い空間では少々の汚染物質放出でも濃度上昇して，影響が大きくなりやすい。V の大きい大気では汚染物質が拡散して希釈する余地も大きく，室内と比べて濃度は上がりにくい。一方，L は X が消失する速さで，浄化・換気による減少速度を含む。十分に大きな L を確保すれば，X の濃度上昇を抑制できる。定常状態（$d[\mathrm{X}]/dt = 0$）での X の濃度は

$$[\mathrm{X}]_{\mathrm{ss}} = \frac{P}{L}$$

となり，P の増加で X は高濃度に，L の増加で X は低濃度になる。

以上を念頭に置いて，室内空気中の汚染物質濃度の低減策を考えてみよう。対策は，① P を減らす，② L を大きくする，の二つに大別される。P を減らすには，発生源を見出して放出を止める（または抑制する）。室内空気汚染の原因である発生源を元から断ち，放出を減らせば，濃度上昇を抑えられる。L を大きくする方策や技術には限界があるため，無駄な放出を減らすことが重要となる。発生源を無頓着に放置しては対策の取りようがないので，室内にいる人の意識や気の持ち方も重要となろう。技術が進歩しても，結局は扱う人次第で

ある。発生源に対策を施して P を減らしてから L を大きくするのが効率的である。L を大きくする手段としてまず，換気が挙げられる。例えば，室内空気の換気が平均して1時間に1回空気が入れ替わる強さ・速さ（**換気回数**＝1回/hour）だったのを，倍の1時間に2回（換気回数＝2回/hour）に上げれば，換気による L への寄与は2倍となり，L が大きくなって［X］が減る。換気で対応しきれない汚染物質は，空気清浄器や脱臭装置を使って室内空気から除去する。最近は高性能機器を入手できるとはいえ，無駄に高濃度の汚染物質を浄化し続ければ消耗品の交換頻度が高くなってコストもかかる。浄化機器は，発生源の抑制や換気などの後に最後の仕上げとして用いるのが効率的であろう。簡便な除去・浄化の方法としては，例えば活性炭など吸着剤に空気を通して X を吸着剤表面に取り込む吸着法がある。重要なのは，汚染物質を空気中からしっかりと取り除くことである。室内の臭い対策として見かける消臭剤や芳香剤の多くは，人の嗅覚に心地良い香りのする成分を空気中に放出して，嫌な臭いを感じないようにしている。原因物質を除去するわけでなく，L には寄与しないうえ，芳香成分や溶剤といった物質を空気中に放出している。室内空気のトータルの汚染物質量をむやみに増やさないためには要注意である（ただし芳香剤や消臭剤の中には，この説明にあてはまらない製品もあるかもしれない）。影響は人それぞれで，普遍的な最善策を見出すのは難しい。個々の室内状況や体調の把握が，対策の第一歩ではないか。

4.5 酸性雨と水質

大気汚染物質が関与する代表的な環境問題の一つに，**酸性雨**が挙げられる。酸性雨の原因となる酸性物質は，大気汚染物質の光化学反応によって生じる。酸性雨を理解するには，気体分子の化学だけでなく，水や溶液の化学も知っておく必要があるが，ここでは水質関連の最低限の知識を示しつつ，大気汚染物質から見た酸性雨問題の紹介にとどめる。

4.5.1 水圏環境と水質

地球上に豊富に存在する水 H_2O は，地球環境にて重要な役割を担っている。例えば，海水が蒸発して雲となって雨を降らすうえ，水蒸気は温室効果を持つなど，水は気候と深く関わる。地球環境のうち水を中心とする部分を水圏（**水圏環境**：hydrosphere）といい，気体を中心とする大気圏と併存している。地球上の水の総量は体積として 1.4×10^9 km^3 とされる。地球表面の水がおもに液体であるのは，地球の平均気温 288 K（15℃）では1気圧下で水が液体として存在しやすいためである。液体の水として代表的なのは海洋であり，地球表面積の約 70 % を占める。海洋は，地球の水の約 97 % を貯留している。海水は，NaCl などの塩分の含量が大きい。海水中の Na^+ イオンと Cl^- イオンの典型的な濃度を足すと約 30

g kg^{-1}（1 kg の海水中に 30 g の NaCl が溶けている状況）で，海水は約 3 % の NaCl 水溶液といえる。ただし，海水には Na$^+$，Cl$^-$ 以外にも多様な成分が溶けている。海洋の次に水量が多いのは，氷河・氷山・積雪といった氷雪であり，地球上の水の約 2 % を貯留している。河川水・湖沼水・地下水といった淡水は，おもに陸域を循環するため陸水ともいわれ，その量は地球の水の 1 % 以下である。大気中に存在する水（水蒸気）は，地球全体からすればごく微量だが，わずかな水蒸気が気候に大きな役割を果たしている。大気中の水蒸気量は，地球全体の 1 日あたりの平均雨量の約 10 倍である。「海などから水が大気に蒸発し，水蒸気として大気を漂い，雲や雨となって大気から消失する」という大気の水循環を考える。大気の水蒸気量が平均約 10 日分の雨量とは，水蒸気が大気を漂う平均時間が約 10 日，ということである。ある成分がある場所にとどまる平均的な時間を「**平均滞留時間**」といい，地球上での物質循環を考える際に重要である。平均滞留時間は，その場所に存在する量を，単位時間に出入りする速さで除して求められる。水の平均滞留時間は，大気 10 日，海水 3 200 年，氷雪 9 600 年，河川水 13 日，とされる。

水の汚染度合いを表す量や指標を水質と呼ぶ。水質には，pH，溶存酸素量，大腸菌群数，電気伝導率，といった一般的な性状を示すものや，全窒素，全リン，ヒ素，カドミウム，鉛，水銀，全有機炭素，化学的酸素要求量 COD，など溶存成分量を表すものがある。水質を表すには，水溶液中の成分量を表す濃度が重要となる。溶けている物質を溶質，溶質を溶かす液体を溶媒，溶質が溶媒に溶けた液体全体を溶液という。

4.5.2 酸性雨とは

人間活動によって放出された大気汚染物質（NOx や SO$_2$）は，大気光化学反応にて酸化されて酸性物質（HNO$_3$ や H$_2$SO$_4$）を生成する。酸性物質が雨などに溶けて地表に降ってくるものを，一般的に酸性雨と呼ぶ。酸性雨は英語で acid deposition という。直訳すれば「**酸性降下物**」で，必ずしも「雨」に限定されない（☞ 4.5.3 項）。雨に酸性物質が多く溶け込んで酸性度が高く（pH が低く）なると，生態系への影響が心配される。

では，pH がどのくらい低いものを酸性雨と呼ぶのだろうか。普通，pH が 7 より小さい溶液は酸性，7 より大きければアルカリ性，7 が中性である。酸性雨とは pH が 7 より小さい雨を指すのか？答えは No である。人間活動による NOx，SO$_2$ といった汚染物質の影響を受けない自然の雨でも，大気中に存在する CO$_2$ が溶け込んで弱酸として雨水中に存在するため，pH が 5.6 程度の弱酸性を示す。雷放電による NOx，火山から放出される SO$_2$ のように，自然界から放出される酸性物質の影響も受ける。したがって，酸性雨とは酸性の雨や pH＜7 の雨ではなく，人間活動の影響を受けて自然の状態（pH＝5.6）よりも酸性側に偏った雨を指す。目安として，pH 4 台の前半であれば酸性雨といえよう。

4.5.3 広義の酸性雨

それでは，酸性でない雨や，pH＜5.6でない雨は，大気汚染として問題ないのか？これも答えはNoである。例えばpH＝7の中性の雨はいつもキレイか，を考えよう。実際の観測例として，中国・北京での降雨が，硫酸イオンSO_4^{2-}といった酸性物質を大量に含むと同時に，黄砂など土壌に含まれるアルカリ成分（Ca^{2+}など）も共存し，中和によって中性pH＝7を示した。この例では，pH＝7だが酸性物質を大量に含んでいるので，酸性雨として問題となる。酸性雨を考えるには，pHだけでなく溶存成分の量も重要である。

一方，雨だけでなく雪，霧，粒子状物質のように酸性物質を含んで地表に降下するものはすべて，酸性降下物として注目される。また，汚染物質の光化学反応から酸性物質を生成するので，酸性降下物の環境影響を考えるには，酸性物質やその原因となるガス状・粒子状の汚染物質，および反応に関与するラジカル，も重要となる。

4.5.4 酸性雨の被害と監視

酸性雨は，1960年代頃からヨーロッパで問題となった。産業の活発な西欧から放出された汚染物質が風に乗って国境を越えて運ばれ（越境汚染），北欧などに酸性物質を降らせて，湖沼の酸性化や森林の衰退をもたらした。多くの国々が国境を接するヨーロッパでは，地理的に越境汚染が問題となりやすい。他国が排出した汚染物質によって，自国の森林や湖沼の生態系が破壊されかねない。また，酸性雨は人工物を劣化させ破壊する可能性も持つ（「酸性雨　銅像　写真」のように検索してみよう）。環境や人間生活に影響しうる酸性雨は，監視し続ける必要がある。特に越境汚染状況を知るための広域的な監視網が必要となる。越境汚染への取組みは欧州が先行していたが，アジアでも「東アジア酸性雨モニタリングネットワーク（EANET）」が構築され，酸性雨や関連物質の広域的な常時監視が行われている。近年のアジア諸国の急速な発展に伴い，大気汚染物質の放出量も増加傾向にあり，各地で光化学オキシダントや$PM_{2.5}$など大気汚染問題が深刻化しつつある。大気中に放出される汚染物質は，酸性雨とも深く関わる。多様な大気汚染問題を考慮しつつ，汚染物質の放出量や挙動を把握し，国際協調と国内対応のもとに実効的な対策を進めることが，課題である。

■ コラム：受動喫煙と分煙

たばこの煙には，喫煙者の肺に入る煙（主流煙）のほか，吐き出す煙（呼出煙，呼気）と，たばこの先端から立ちのぼる煙（副流煙）がある。環境中に放出される副流煙と呼出煙を合わせて**環境たばこ煙**（environmental tobacco smoke：ETS）と呼ぶ。汚染物質濃度が最も高いのは副流煙である（**表**）。副流煙は，くすぶり続ける低温燃焼の状態で放出されるうえ，吸わずに手に持つ時間も長いため，全体として汚染物質放出量が大きい。

4.5 酸性雨と水質

表　ETSの主流煙と副流煙の代表的成分量の測定例

	CO	ニコチン	NO	トルエン	B[a]P	HCN
主流煙	6.21 mg	0.438 mg	88 µg	19 µg	5.6 ng	32 µg
副流煙	45.5 mg	4.48 mg	2 030 µg	618 µg	112 ng	130 µg

※　A社　某銘柄「標準的」燃焼1本あたりの放出量（重量）

　喫煙とは，喫煙者が主流煙成分を体内に摂取すると同時に，汚染物質をおもに副流煙として周囲にばらまく。喫煙者が自分の意志で喫煙して健康を損なうおそれがある一方，周囲の非喫煙者が自分の意志とは関係なくETSにさらされ，有害物質の影響を受ける危険性がある。本人が積極的に喫煙せずとも強制的に周囲のたばこ煙にさらされることを，**受動喫煙**と呼ぶ。たばこ煙には，4 000種類以上ともいわれる成分が含まれる。たばこの健康影響は，おもにニコチンやCOなど有害物質の摂取による。喫煙の急性および慢性影響としては，がん，循環器疾患，呼吸器疾患，胃潰瘍，などが知られている。喫煙者自身の能動喫煙による影響だけでなく，受動喫煙にも同様の影響が懸念される。健康影響だけでなく，臭いも問題視され，喫煙が敬遠される要素の一つとなっている。衣類や室内への付着臭も注目される。喫煙室から禁煙エリアに出てくる際には，衣類から煙をはらって臭いを軽減する配慮があってもよい。室内空間は屋外と比べて狭く，拡散や希釈の効果が弱いので，汚染物質は少量でも高濃度となりやすい。室内の喫煙が特に制限されるのは，このためである。

　受動喫煙対策としては，喫煙場所を禁煙エリアと分ける「分煙」が挙げられる。壁や仕切りの無い単なるエリア分けでは，煙の分子や粒子が自由に行き来するので気休め程度の意味しかない。対策として分煙を採用するなら，煙や臭いをしっかりと遮断して漏らさないことが求められる。また，受動喫煙は室内だけの問題ではない。室内は屋外に比べて煙がこもりやすく影響が大きい，というだけである。屋外でも，屋根や壁のついた通路や風の弱い冬の夜など，空気がよどみやすい状況では，汚染物質が高濃度になりやすい。

　特に歩きたばこは，火傷や怪我の危険だけでなく，すれ違う歩行者に短時間だが高濃度の汚染物質にさらさせ，後方を追随する歩行者には長時間さらさせ続ける。「外で吸えばどんな場合でも大丈夫」ではない。吸う人自身だけの健康の問題ではなく，周囲に有害物質をばらまいている，という自覚を喫煙者には持ってほしい。喫煙マナーを守る人が多くいる一方で，無頓着な不心得者が一部にいるのは事実である。高濃度の煙に慣れている喫煙者は「たいしたことない量」「ちょっとだけ」と思っても，煙に不慣れな非喫煙者は「きつい臭い」「相当な量」と感じることもある。受動喫煙にも「人によって耐性や影響が異なる」という側面がある。「いわれなければ大丈夫」「いわれないから気づかなかった」「いわないと分からない」ではなく，喫煙前に一呼吸おいて，たばこ煙の影響を想像しよう。そのためには，啓蒙活動も重要となろう（「いっても分からない」では，規制を厳しくせざるを得ない？）。なお，受動喫煙を科学的に正しく評価する方法の一つとして，たばこ煙成分の分子レベルでの定量的な挙動把握が有効である。身近な受動喫煙の問題を改善するにも，空気中の分子や粒子の挙動を化学の視点で考えなければならない。

第5章

大気環境化学への理解を深める

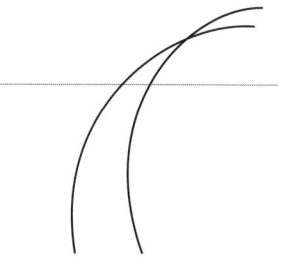

本章では，研究や計測の概要，有害物質のリスクや排出削減の考え方，を補足する。

5.1 大気環境化学の研究

大気環境問題を解決するには，微量成分の空間分布・時間変動・反応特性といった挙動の解明が重要である。大気環境化学の研究は，微量成分の挙動把握を目的として，**実大気観測**，**室内実験**，**モデル計算**，の「三本柱」で補完し合って進めていく。

（1）**実大気観測** 微量成分の分布・変動・反応といった大気環境の状況を直接測って把握するアプローチである。百聞は一見に如かず，実際に測ってみるのが手っ取り早い，というスタンスである。可能であれば，あらゆる状況や成分を測るべきだが，観測は万能ではない。いつでも，どこでも，どんな成分でも，好きなように測れるわけではない。大気中の濃度が低すぎて検出が困難な場合もある。時刻や場所によって濃度が大きく変動する場合もある。地表の観測小屋に測定装置を設置すれば，地表付近の大気は連続的に測定可能だが，上空の大気を測るのは難しい。測定器を設置できない海上や，電源の無い場所での観測は簡単ではない。例えば，陸上で東西・南北それぞれ100 mおきに測るのも，上空で東西・南北・上下の各方向に100 mおきに測るのも，大変である。人工衛星からの観測で，地球上のあらゆる地点のデータを得られる場合もあるが，検出限界・時間分解能・空間分解能に限界があるうえ，あらゆる成分を測れるわけではない。限界を承知のうえで，可能な範囲で測ることになる。現在測れない状況や成分の観測を実現しようと，新たな測定法や装置の開発を目指す研究も多い。観測を通した大気環境研究では，成分や状況を決めて測り，観測で捕捉した現象が既存の理論で妥当に予測・説明できるかを検証することが多い。既存の理論（に基づくモデル計算）で説明できない結果を観測した場合，未知の成分や現象の存在可能性を見出すことがある。または，新たな仮説を検証するために，測定可能な成分や状況の観測から試すこともある。大気現象の実地での検証は，実大気観測の重要な目的である。大気現象仮説の実証には，観測結果と仮説の整合性を示す必要がある。

（2）**室内実験** 成分AとBの反応特性（反応速度定数，生成物の種類や量）を知る

ことは，大気中での微量成分の挙動を知る前提として重要である．反応特性を知るには，室内実験が有効である．例えば，成分AとBの濃度既知のガス試料（**標準ガス**）を一定条件（気温 T，気圧 P）のもとで反応させ，経過時間（反応時間）に対するAまたはBの濃度変化を測定すれば，反応A＋Bの T, P における反応速度定数が求められる．さらに，生成物候補の濃度変化を測れば，反応メカニズムの知見も得られる．実験室内の反応実験では，反応物A，Bの組合せや反応条件は任意に設定できる．調製可能な標準ガスの濃度範囲で，制御可能な T, P, 反応時間の条件について実験が可能である．実際の大気にはさまざまな成分が共存しているが，室内実験ではA，Bのみが共存する理想的な状況を作り出して素反応A＋Bの特性を調べることができる．室内実験で得られる反応データベースは，モデル計算での反応の再現に不可欠となる．室内実験は，あくまで大気現象解明のためのアプローチであり，実大気条件に近い状況を調べることが望ましい．

（3）**モデル計算** 観測困難な現象の把握には，一定の仮定や前提（シナリオ）のもとで推定するモデル計算が有効である．モデルとは，複雑な系を単純化したものを指す．例えば，観測困難な成分の空間分布や時間変動を推定する場合や，将来の濃度を予測する場合に，モデル計算が用いられる．近年のコンピュータの進歩によって計算の速さや精度が向上し，地球規模での細かい成分分布も計算できる．ただし，計算で何でも分かるわけではない．反応速度定数が未知の反応はモデルに組み込めない．モデルに入っていない未知成分の反応が実大気中で効けば，計算結果と異なる傾向が観測されうる．計算の前提や仮定をわずかに変えただけで，計算結果が大きく変わることもある．モデル計算による定量的な推定には限界がある．限界を十分に認識したうえで，大気環境現象解明のツールとしてモデル計算を有効に活用する．なお，限られた地点にて得た観測結果を，モデル計算結果と比較して，計算の妥当性を観測によって検証することも重要である．

5.2 大気環境の計測

5.2.1 大気観測の種類

大気環境の実状を知るには，実大気観測が有効である．ひとくちに大気観測といっても，さまざまである．測る場所やプラットフォームで区別するなら，地表の観測所にて大気を測る地表観測，小型のセンサを搭載した気球を打ち上げて上空の大気を測る気球観測，測定装置を航空機や船舶に載せて航路上の大気を測る航空機観測や船舶観測，人工衛星から大気を測る衛星観測，などがある．地表観測では，電力や観測小屋を確保すれば，実地の大気を安定に測り続けられるが，測定場所は陸上の一部に限られる．陸上でも不便な場所での観測は簡単ではない．気球観測は，搭載可能な小型・軽量のセンサがあれば成分の高度分布を測定

できるが，気球を打ち上げる技術や資材が必要なうえ，いつでもどこでも打ち上げられるわけではない。地表から上空までのオゾンの高度分布を観測する「**オゾンゾンデ**」が気球観測の代表例である。航空機観測は，汚染物質濃度の高い空気塊（プルーム）の探索や，発生源地域からの汚染物質輸送の様子を捕捉できる。一回の航空機観測では，短時間の限られた航路上の成分分布（スナップショット）が得られる。

　大気観測を測り方で分類すれば，自動連続観測，試料捕集とバッチ分析，リモートセンシング，などがある。自動連続観測は一か所で測り続ける。ただし自動連続観測は，測定装置を実地（フィールド）に持ち込んで安定に動作させる必要がある。測定装置は，環境の整った実験室では問題なくとも，フィールドでトラブルが起こることも多い。また，成分や測定対象によっては，自動連続観測法が確立していない。一方，フィールドの大気試料を専用容器に捕集し，実験室に持ち帰って分析する方法がある。大気試料を一つひとつの容器ごとの単位（バッチ）に区切って順番に分析するので，バッチ分析と呼ぶ。試料捕集とバッチ分析では，分析装置は実験室にて安定に使える。ただし，連続的な時系列データを得るには頻繁に試料捕集して分析する必要がある。また，容器への捕集と保管の際に濃度が変わる成分には，試料捕集は使えない。リモートセンシングとは，離れた地点に光源や光検出器を設置して，測定空間に光を照射して応答を測る方法の総称である。衛星観測などのリモートセンシングは，装置を持ち込めない空間の成分を遠くから把握できる。

　大気観測の方法や機器には，研究者が用いる最先端のもの，全国各地で現場の技術者が用いる汎用機器，簡単に使える簡易法，がある。担当者が常駐して観測する有人観測と，自動的に測る無人観測がある。自動連続測定装置を用いる連続観測は，大気汚染物質の常時監視に用いられる。日課としての観測をルーチン観測と呼ぶ。ルーチン観測には，使い方の確立した市販の汎用装置を用いることが多い。1年間通した連続観測を特に通年観測と呼ぶ。通年観測を行えば，春夏秋冬，1月から12月まで，大気微量成分濃度の季節変動を把握できる。大気微量成分の挙動は，日射量や風・気温といった気象要素にも影響されるので，気象要素も測りつつ，最低でも1年分の通年観測をするのが望ましい。一方で，短期間に限定した集中観測も行われる。例えば，新たに開発した観測装置の実用化試験には，フィールドで実大気の集中観測を実施する。実験室にて標準ガス試料を用いた基礎実験では動作した新装置が，大気試料を実地で測れるかを確かめる。その場合，数日～数週間にわたり集中的に観測試験を行い，装置の実用性を検証する。研究者たちが最先端の観測機器を持ち寄って，ハイレベルな集中観測を行うこともある。最先端機器は，操作や保守に独自のノウハウや多大な労力とコストを要するが，短期の集中観測でも十分な成果が見込める。

　大気観測では，プラットフォーム，測り方，機器のレベルや汎用性，観測期間，などさまざまな選択肢があるので，対象や用途・条件に応じたものを選ぶのが重要である。

5.2.2 大気観測の特徴

大気微量成分の実大気観測では，以下の点に留意しなければならない。

（1）**測定対象成分の濃度が低い**　大気微量成分の濃度は，体積混合比で百万分の一（ppmv），十億分の一（ppbv），一兆分の一（pptv），と非常に低い。大気試料中にごくわずかしか存在しない成分を，目的に応じて，精度よく，すばやく，測定する必要がある。特に，人間活動の影響を受けない清浄大気を調べるなら，相当に低濃度の成分を定量せねばならない。化学の室内実験では，測定しやすい高濃度条件を意図的に設定できるが，大気試料は都合良く設定できない。化学の室内実験で使われる測定法でも，そのまま大気観測に使えるとは限らない。低濃度成分の定量には，大気観測向けの工夫が必要となる。

（2）**大気は多様な成分の「混合試料」である**　大気は，窒素，酸素，水蒸気，二酸化炭素，窒素酸化物，揮発性有機化合物，オゾン，など多種多様な成分が共存する「**混合試料**」である。しかも，**組成**（成分の種類と量）は測るまで分からないうえ，全成分を網羅するのは難しい（一方で化学実験では，必要最低限の成分を用いて単純化・理想化した条件で行う）。大気に多様な成分が共存するため，測定対象以外の成分が測定に影響する可能性（潜在的な干渉：potential interference）がある。例えば，地表大気に存在する水蒸気が測定に干渉する場合，温湿度の観測結果を用いて影響を補正する必要がある。測定法を大気観測に用いる場合，共存成分による干渉の可能性を事前に調べておくことが望ましい。

（3）**再現実験が困難である**　大気観測は，自然の環境や現象を対象とするので，室内実験のように都合よく理想化した条件でデータが取れるわけではない。さらに，観測に失敗したら同じ条件の試料を測り直すことは難しい。この試料はいましか測れない，という一期一会の心構えで向き合うことが肝要である。観測に失敗すれば何も分からない。一方で，観測がうまくいかずに限られたデータしか得られなくとも，前例や文献をよく参照しつつ解析や考察に努めることで現象が見えてくることもある。大気環境化学の研究では，限られた観測データを最大限に活用する。限られた情報を手掛かりに，現象の把握を目指す。無論，データの改善や蓄積など，より良い情報を得る努力も必要である。

5.2.3 大気観測の考え方

大気観測は，多様な成分・状況・問題を対象とするので，観測の前に以下の項目を明確にし，測定の対象や目的に応じて分析手法や測定条件を決める必要がある。

（1）**目　的**　どんな環境問題の解決や監視のために観測するのか。（例）環境基準値をクリアするか監視するために大気汚染物質濃度を測り続ける。

（2）**状　況**　場所，季節，気温，成分や濃度範囲など，観測の状況の想定。

（3）**データ**　測定の時間間隔（時間分解能）は？秒単位の変動を見るのか，日平均値

か，季節変動か，経年変化か。瞬時値か，平均値か。空間分布は？1地点か，広域の分布か。測定対象は？1成分か，多成分か。低濃度まで定量か，高濃度を大雑把に測るのか。

5.2.4 分析とは

分析とは，対象の特性を利用して情報を得る作業である。例えば，ある物質が特定の波長（エネルギー）の光を吸収する場合，その物質を含む試料に光を照射したときの吸光度を測ることで，試料中の物質の量を知ることができる（吸光法）。分析のうち，道具や機器（ツール）を使う場合を特に**計測**と呼ぶ。試料（測定対象）に，分析機器や計測器といったツールを用いることで，濃度や気温・気圧といった量のデータを得るのが，計測である（例：温度計を用いた水温の計測）。大気を測る際も，計測器から大気試料に何らかの相互作用を及ぼす際の応答をもとに，データを得る。

分析には，**定性分析**と**定量分析**がある。定性分析では，ある成分が試料に含まれるかを調べる。定量分析では，ある成分が試料にどのくらい含まれるかを調べる。環境問題では，汚染物質の量によって影響が決まるので，定量分析が特に重要である。分析法の特性を表す代表的な量として，**確度**・**精度**・**感度**がある。確度とは分析の正確さを指し，分析結果の真値への近さを表す。分析結果の真値からのズレを**系統誤差**と呼ぶ。精度とは，分析の精密さや繰返し再現性の高さを表す。繰返し分析における結果のばらつき（標準偏差）を**偶然誤差**と呼ぶ。感度とは，対象成分の量に対する応答の強さの比で，**校正**における**検量線**の傾きとして定義される。感度が高いと，微量の成分でも定量できる。「どのくらい低濃度まで測れるか」の指標としては，**検出下限**（**検出限界**）がある。

5.2.5 分析機器の校正

定量分析には「**校正**」が不可欠である。校正とは，機器で試料を分析する際に，機器の応答（信号）から試料中の成分濃度を知るために，濃度既知の標準試料を用いて濃度と信号の関係「**検量線**」を得る作業のことである。校正と分析の手順は

① 標準試料に対して信号を測る。
② 濃度 x に対する信号 y の関係「検量線」を得る。
③ 大気など濃度未知試料を測定した信号に検量線を適用して試料の成分濃度を算出する。

というのが一般的である。大気観測の際には，大気濃度に希釈した標準試料を用いた校正を実施するのが望ましい。

5.2.6 測定の時間分解能

時間分解能とは，データを1回得る時間間隔や積算時間に相当する。1分ごとに1回デー

タを得る場合，その値は1分値という．有害物質の長期影響を調べるなら長時間の平均値を測ればよい．一方，短時間の現象を捉えるなら高い時間分解能が求められる．測定地点の近傍を通過する自動車1台ごとから放出される排出ガスによる大気のNOx変動を知りたいなら，自動車の通過時間（秒～分程度）を考慮して秒単位にてNOxを測る必要がある．観測の対象や目的に応じた時間分解能の適切な設定が重要である（**図5.1**）．

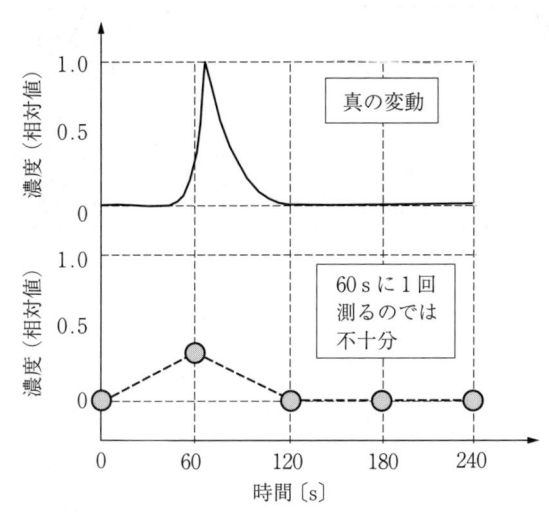

短時間現象を正しく捕捉するには高時間分解能測定が必要

図5.1 測定の時間分解能の説明例

5.2.7 定量的なデータとの接し方

測定装置を用いた大気観測の結果報告では，確度・精度・感度・検出下限といった分析特性を示して，データの信頼性を相手に明確に伝えなければならない．例えば，観測の結果$PM_{2.5}$が$100\,\mu g/m^3$であっても，「$PM_{2.5}$が指針値（$70\,\mu g/m^3$）を超えた」かどうか，すぐには判断できない．測定法の精度が$\pm 100\,\mu g/m^3$ならば，観測結果は$100\pm 100\,\mu g/m^3$となり，分かるのは$0\sim 200\,\mu g/m^3$のどこかに真値があることだけで，指針値を超えたとは断言できない．測定法の精度が$\pm 10\,\mu g/m^3$ならば，観測結果は$100\pm 10\,\mu g/m^3$となり，$90\sim 110\,\mu g/m^3$の範囲に真値があることが示され，指針値$70\,\mu g/m^3$を超えていたと結論づけられる．分析法の特性によって定量結果の意味が大きく変わる．

5.2.8 大気観測の準備と実施

大気観測には，対象や目的に沿った装置や場所を準備する必要がある．自動連続観測の準備と実施に関する典型的な流れを**図5.2**に示しておく．まず測定装置について，環境の整った実験室（本拠地）にて動作試験や外気測定試験を行い，装置の性能や特性を確かめてお

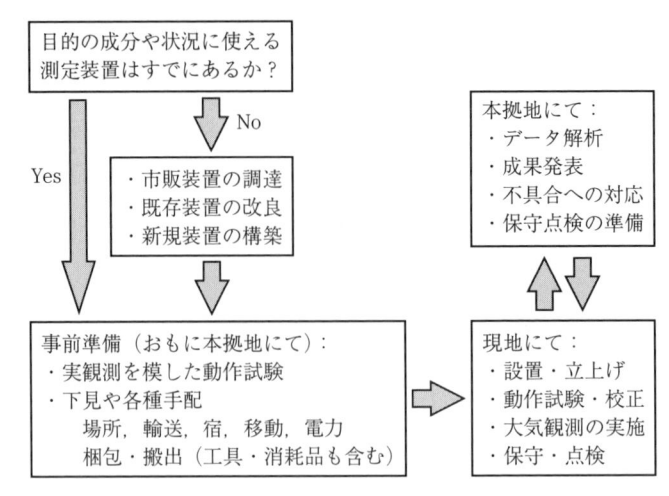

152   5. 大気環境化学への理解を深める

```
目的の成分や状況に使える
測定装置はすでにあるか？
   │Yes          │No
   ↓             ↓
             ・市販装置の調達
             ・既存装置の改良
             ・新規装置の構築
             │
   ↓         ↓
事前準備（おもに本拠地にて）：            本拠地にて：
・実観測を模した動作試験              ・データ解析
・下見や各種手配                    ・成果発表
  場所，輸送，宿，移動，電力           ・不具合への対応
  梱包・搬出（工具・消耗品も含む）       ・保守点検の準備
        →  現地にて：          ↑↓
           ・設置・立上げ
           ・動作試験・校正
           ・大気観測の実施
           ・保守・点検
```

図 5.2 大気観測の準備と実施の流れの例

く。目的の性能や特性に達していない場合や，外気を測るのに問題が生じた場合には，必要に応じて改良する。また，無人での自動連続観測を企図するなら，長期間放置する模擬試験も事前にしておく。一般的に，大気の観測場所は不便で，現地では対応しきれないので，事前準備はできるだけ済ませておく。「こんなことも起こるかもしれない」という慎重さが必要である。測定場所を下調べして必要なものを列挙し，本拠地で対応しておく。本拠地での準備が整ったら，装置などを現地に輸送する。現地での立上げを効率的に行うために，輸送や梱包を工夫する。現地では，事故防止に配慮しつつ，想定通りに装置を立上げていく。現地滞在中に，観測データの収集と解析までは最低限試し，企図した通りに観測できることを確認しておく。自動連続観測が始まったら，定期的に現地を訪れて，装置の動作確認と保守・校正やデータ収集をする。本拠地にデータを持ち帰ったら一通り解析し，観測できたことを確かめる。不具合に気づくのが遅れると，データが多く失われてしまう。なお，集中観測でも大筋は同様の流れだが，短期間で撤収する。

　大気観測データは簡単に得られるわけではない。自然を相手とした相当な努力の末にようやく得た貴重なデータも多いことを知っておこう。一方で，具体的な数値を示さない，またはデータの表面だけ触れるような浅い情報や記事も世の中には多いので注意しよう。

5.3　曝露量とリスク

　環境問題の程度を把握するには，人間活動が環境にどのくらい影響を及ぼしうるか，の数値化も重要なアプローチである。環境に影響を及ぼすおそれがある際には，予想される影響を数値化し，できるだけ影響が小さくなる方策をとるのが望ましい。環境への影響を数値化

したものとして「**環境リスク**」の考え方がある。環境リスクとは，人間の活動や行為に伴う環境汚染や環境破壊について，自然現象を含む諸過程を通して，ある条件（シナリオ）のもとで，結果的に人体や生態系に影響を及ぼすおそれや可能性，のことである。例えば「NOxやVOCの排出量削減を実施する場合としない場合の光化学オキシダントによる健康影響のリスクを評価する」のように用いる。

5.3.1 環境問題における有害物質への曝露のリスク

環境リスクにはさまざまなパターンがあるが，本書では特に，有害物質にさらされる場合のリスクを紹介する。リスクとはふつう，発生する確率と，発生時の影響や損失の大きさを，掛け合わせた積（期待値）として考える。複数の選択肢について，それぞれのリスクをトータルとして判断する。リスクは高いがリターンも高い「ハイリスク・ハイリターン」で賭けに出るのか，リターンは低いがリスクも低い「ローリスク・ローリターン」で無難に行くのか，を判断する。さて，ある有害物質にさらされる環境リスクは

$$環境リスク＝曝露量×危険性$$

として定義される。**曝露量**とは，その有害物質への接触や曝露の頻度・範囲・量・確率を含み，一般的なリスクにおける「発生する確率」に対応する。**危険性**とは，その物質の単位量あたりの環境影響や有害性を表したもので，「発生時の影響の大きさ」に相当する。有害物質の環境リスクは，物質の量と，単位量あたりの影響の大小，によって決まる。

5.3.2 曝 露 量

曝露量としては，最終的に体内に取り込む量が重要である。呼吸によって有害物質を人体に取り込む経気道曝露では，次式によって求められる（厳密には時間積分が必要）。

$$曝露量＝空気中の有害物質濃度×体内に取り込む速さや効率×その空間にいる時間$$

曝露量低減には，濃度を下げる，人体への接触や取込みを抑制する，その場所から短時間で離れる，などが有効である。有害物質の人体への曝露には，経気道曝露だけでなく，口から消化器系を通した**経口曝露**や，皮膚を通した**経皮曝露**もある。それぞれの経路ごとの影響を考慮した対策が効果的である。

5.3.3 有害物質の危険性

同じ物質でも摂取・曝露の仕方や期間によって危険性は異なる。例えば$PM_{2.5}$は，おもに経気道曝露が問題視される。一方，$PM_{2.5}$の降り注いだ野菜を口から食べても経口曝露としてごく微量なので，たいした問題ではないと考えられる。期間の違いは，短時間に反復的または大量に有害物質を摂取した場合の毒性や健康影響を指す「**急性毒性**」「**急性影響**」と，

人や生物の寿命のうち相当の部分を占めるような長期にわたって有害物質を摂取したときの「**慢性毒性**」「**慢性影響**」がある。ごく短時間の曝露でも，限度を超える大量の有害物質は重大な影響がある，というのが急性毒性である。一方で，有害物質の慢性影響は，低濃度でも長時間接触することで起こりうる影響を指す。急性毒性が起こるほど高濃度でなく，短期的には影響や症状が現れないが，長時間にわたって接触し続けると，急性毒性とは異なる影響が出る場合がある。慢性影響は長期にわたって追跡する必要があり，疫学研究が難しい。有害物質の危険性は，短期影響と長期影響を区別して考える。

危険性は症状によっても分類される。人や動物にがんを発生させうる性質を発がん性といい，発がん性を持つ有害物質を発がん性物質と呼ぶ。発がん性だけでなく，DNAや染色体に異常を誘発する遺伝毒性（変異原性）など，さまざまな危険性がある。有害物質それぞれについて，さまざまな種類の危険性を，曝露の仕方や期間によって区別する。

5.3.4 有害物質のリスクに関する補足

物質の有害性を含めた諸特性は，**製品安全データシート**（**MSDS**）によって知ることができる。MSDS制度とは，代表的な有害物質（指定化学物質）のリスクなどの性状および取扱いに関する情報の提供を，試薬メーカーなどに義務付けた制度である。試薬メーカーや厚生労働省のWebページ上でMSDSシートを検索できるので，調べてみよう。試薬を安全に取り扱うためには，MSDSを事前確認しておこう。

さて，一定レベルより低い曝露量では健康影響が見られない場合がある。このとき，影響が見られる曝露量の最小値を，**しきい値**または**閾値**（threshold）と呼ぶ。閾値よりも低濃度・少量の曝露では健康影響が見られない。ただし，特に長期曝露について，低濃度・少量の領域での閾値や健康影響の判断は難しい。例えば$PM_{2.5}$がわずかに増えても，その影響を明確に断言することはできない。大気汚染物質のリスク，特に長期影響の評価には限界がある。$PM_{2.5}$などの大気汚染物質の曝露量をできるだけ減らす，というのはリスクの考え方としては正しいが，神経質になりすぎるのは（閾値以下かもしれないので）意味がない可能性もある。対策のための労力と，期待される効果との，バランスも大切であろう。

本節の最後に，有害物質のリスクへの理解度を確認しておこう。

【**例題 5.1**】 次の二つの例文について，本節の考え方に鑑みて，間違っている点があれば指摘し修正しなさい。まったく間違っていない場合には「正しい」と答えなさい。
例文1：われわれが普通に飲む水 H_2O は，際限なく大量に摂取しても安全である。
例文2：猛毒として知られる青酸カリ（シアン化カリウム KCN）を摂取すると，必ず死ぬ。

解答例
（例文1）「際限なく大量に摂取しても安全」ではない。安全と思える水でも，飲み過ぎれば健康に害を及ぼしかねない。水が安全と思えるのは「単位量あたりの危険性が低く，致死量などが大きい」というだけで，「危険性がゼロで，無制限に摂取しても大丈夫」ではない。
（例文2）「必ず死ぬ」とは限らない。猛毒の青酸カリでも，致死量より少量であれば，死なない場合もある。危険な毒物でもごく少量ならば健康に害を及ぼさないこともある。ただし毒物が危険なのは「単位量あたりの危険性が高く，少量でも致死量に達する」ためである。

無論，毒物を積極的に摂取してはならない。例題は，有害物質のリスクを正しく理解するための一例である。「行き過ぎはよくない」「影響は量によって決まる」ことを認識してほしい。また，環境中への汚染物質の放出は簡単だが，いったん放出したものの回収・浄化は困難である。放出によって曝露量や環境リスクを無駄に増やしてはならない。

5.4 大気汚染への対応

ここまで読み進めて，「どうすればよいかを知りたい」という読者も多いかもしれない。そこで本節では，大気汚染への対応の考え方や具体例を通して，考えるヒントを示す。ただし，ここで示すのは行政や技術者による対応や考え方の例なので，一般市民にとってすぐに役立つ対応策を示すものではない。それでも，各個人が大気汚染の現状や考え方を把握して行動するヒントを得られれば，環境問題の解決に向けた一歩ともなろう。環境問題は，一部の役人や技術者だけでは解決できず，個人や社会全体の協力が大切である。

5.4.1 環境基準と排出規制

日本では公害問題の時代に重大な健康影響が生じたため，大気汚染物質を低減して影響を抑制する必要に迫られた。そこで国は，公害対策基本法（1967年）において**環境基準**を設定することを規定した。その後，複雑化・多様化・広域化する環境問題への対応を目指す環境基本法（1993年）に，環境基準に関する規定は引き継がれた。環境基準とは「健康の保護・生活環境の保全のために，維持されることが望ましい基準」と環境基本法に記述されている。環境基準は，行政上の政策目標であり，罰則があるわけではないが，国などの行政機関は環境基準の達成を目指した対応が求められる。ただし，大気汚染物質は膨大な種類が存在するため，すべての物質に基準値を設けることは現実的ではない。そこで，優先的に対策をとるべき成分を選んで基準値を設定している。時代の経過とともに環境問題も変化し，環境基準の対象成分も順次追加されている。

注意すべきは，環境基準値を超えても即座に有害とは限らない点である。大気汚染物質の健康影響は，短期・長期の有害性と曝露量を考慮して評価される。ただし，同じ条件でも人

によって症状が違う場合もあれば，同じ人でも体調や条件の違いで結果が変わりうるので，一つの値（環境基準）によって疫学的な影響の有無が明確に線引きされるものではない。さらに，環境基準の値は，達成の可能性や行政上の事情も含めて総合的に決められ，必ずしも健康影響だけを反映するものでもない。大気汚染物質への対応の仕方や考え方を明確にするための「目安」として，環境基準が設定されている。

✎ **練習問題5.1** 大気汚染物質について定められている環境基準を調べなさい。

環境基準を達成するには，大気汚染の常時監視とともに，汚染物質の排出量削減が重要である。各種発生源に対し，汚染物質放出量の上限値を定めて対策を求めるのが，**排出規制**である。規制には罰則を伴うことが多い。例えば自動車排出ガス規制では，自動車の種別や汚染物質の成分ごとに排出量の基準値（上限値）が定められ，値を超える車種は販売できない。規制の基準値は年々段階的に厳しくなっている。例えば2009年の規制値では，ディーゼル重量車は1974年の20分の1しかNOxを排出できない。以上のように，環境基準や排出規制を設定して，汚染物質排出の抑制と大気環境の改善を目指している。実際に，国内ではNOxの減少傾向が観測され（図3.21（b）），排出対策の効果が見られる。

5.4.2 除去・浄化のための技術の例

汚染物質はいったん環境中に放出されると，回収・浄化には多大なエネルギー・コスト・時間・労力が必要となる。したがって，汚染物質を環境中に出さない，または放出量を減らす努力が，環境問題対策として最大の課題である。大気への汚染物質排出量を効果的に減らすには，発生源における汚染物質の除去や浄化といった処理技術が不可欠である。汚染物質処理には，活性炭への吸着のような物理的手法と，反応を活用した化学的手法がある。発生源の状況に応じて，コストや除去効率も考慮して，処理法を選択する。

例えば，工場や発電所で燃料を燃焼する際に発生するNOxの除去は，**排煙脱硝**と呼ばれる。排出ガスNOxの除去・無害化には，選択触媒還元法SCRが広く用いられる。排煙にアンモニアNH_3を添加して触媒の共存下で加熱することで，NO，NO_2を無害なN_2，H_2Oに変換する。なお，工場向けの排煙脱硝装置は規模が大きいうえにアンモニアを常備する必要があるため，積載量の限られた自動車でのNOx浄化には使えない。自動車排出ガスのNOx除去には，三元触媒が用いられることが多い。三元触媒は，炭化水素C_xH_y，CO，NOxの三種の汚染物質を並行処理できる。

水質の話だが，オゾンを活用した高度浄水処理を紹介しておこう。浄水場では，水の消毒殺菌には塩素化合物が用いられるが，残留塩素やトリハロメタンが問題視されている。近年，塩素化合物を使わず水を消毒するのに，オゾンが用いられる例がある。酸化力・殺菌力

を有するオゾンを通すことで，水中の有機物を分解する。オゾンは，使用後に酸素 O_2 に分解して無害化されるうえ，残留塩素のような問題は起こりにくいとされる。対流圏大気では光化学オキシダント問題や地球温暖化が懸念されるオゾンだが，正しく使えば有用となる。

5.5 補足とまとめ

環境化学の項目のうち，扱いきれなかったものを補足しておこう。

5.5.1 環境負荷とは

人間活動に伴う環境への影響については，**環境負荷**という考え方がある。環境基本法の基本理念の一つに「環境への負荷の少ない持続的発展が可能な社会の構築等（第四条）」という項目があり，「人の活動により環境に加えられる影響であって環境の保全上の支障の原因となるおそれのあるもの（第二条）」を環境負荷としている。あらゆる物質の対策を同時に行うのは困難なので，現実的には環境負荷の大きい汚染物質への対応を優先する。優先的に取り組むべきは，環境基準が設定されている成分や，各種の法律などで対応が義務付けられている成分である。環境負荷の低減策としては，原因となる「環境負荷物質」の使用量や放出量の削減，環境負荷の小さい代替品の使用，が考えられる。注意すべきは，ある環境負荷に対応した場合に意図しなかった別の環境負荷をもたらす可能性である。環境負荷低減を目指した新たな技術や材料の開発にて，当初想定していた環境負荷が低減しても，ほかに重大な問題をひき起こすようでは，根本的な解決とならない。また新技術などは，普及の可能性，十分な低減効果，および製品として本来必要な性能や品質，がそろわなければ実用的ではない。効果や性能が優れた技術でも，コストや手間が許容範囲を超えている，または取扱いが難しすぎるのでは広く普及せず，結果として環境負荷低減には貢献しない。製品としての品質や性能を実現できないのでは使えない。新製品が従来品と比べ環境負荷を低減できないのも困る。

【例題5.2】「代替フロン」の「従来品，用途，開発の主眼と要点，問題点」を整理しなさい。

解答例

従来品：特定フロン類 CFCs。
用途：化学的に安定な冷媒・洗浄液として。
開発の主眼と要点：オゾン層を破壊しない代替品の開発。オゾンを破壊する塩素原子を含まない，または分子内に水素原子を有して対流圏で消滅することが条件。
問題点：地球温暖化への影響，毒性や可燃性への懸念。

✏ **練習問題 5.2** 「ハイブリッド自動車」も，例題と同様に項目に分けて整理しなさい．

5.5.2 安全と安心

近年「安全と安心」という言葉をよく耳にする．安全とは危険の対義語で，身体などへの物理的影響がなければ安全である．安心とは不安の対義語で，心理的影響に関する言葉である．環境問題や環境変動は，人々の生活を不安にさせる要因の一つである．安全・安心を脅かす要因としての環境問題は，地球規模の環境汚染，大気汚染，水質汚濁，室内環境汚染，有害物質による汚染，などがあり，健康や食品の問題とも関連する．汚染物質の分子レベルでの重要性は本書にて述べてきたが，化学の側面だけでなく，安全と安心（人体や人間の心理への影響）のような人間的・人間科学的な面も重要であろう．

5.5.3 さいごに

本書では，大気環境問題に関連する基礎事項を紹介しながら，環境問題に対する考え方の一端を示してきた．現代には多様な環境問題があり，未解明な点も多いが，考え方や知見のある程度の蓄積があるので，繰り返し触れて十分に慣れよう．この分野は対象が広く扱う内容も多いので，消化しきれないだろう．最初は分からないことがあって当然だが，反復学習や実地での経験を積む努力を焦らずに進めていくことが大切である．まずは背景となる考え方や個別の知識を少しずつ身につけよう．記事や情報に触れたときに「この用語はこの本で見たから読み返してみよう」「この本に書いてあったはず」「この本には何と書いてあるか」「式や単位変換や反応はどうだったか」と思ったら辞書代わりに活用してほしい．何らかの形で，本書が今後の興味・生活・勉強に役立てば，またそのきっかけとなれば，幸甚である．

付　　　録

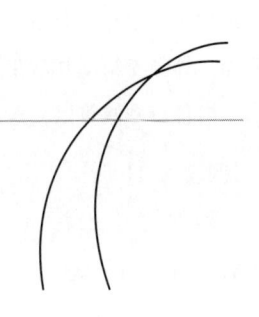

A.1　物理量と単位

　化学や物理学において，観測や実験にて測定される量を「**物理量**」または単に「**量**」という。長さ，時間，温度，圧力，濃度，など測れるものはすべて物理量である。それでは「量を測る」とは，どういうことだろうか。定規を使った長さの測定を思い浮かべよう。定規には目盛があり，測りたいものを目盛に当ててその長さを読み取るだろう。目盛は長さを測る基準である。量を測るとは，測りたい量が同種の量（例えば長さ）の基準と比べ何倍かを決める作業である。量の測定値は，約束で決めた「**単位**」と，倍数を表す「**数値**」の積として表す。定規では，単位は目盛一つの長さ（mm や cm），数値は測った幅に相当する目盛の個数（例えば 1 mm の目盛が「20」個），測定される量は測ったものの長さ（1 mm／目盛×20 目盛＝20 mm）である。物理量は数値と単位の積である。

　　　　物理量＝数値(倍数)×単位

科学技術での計算とは，数学のように純粋な数字（数値）のみの演算ではなく，単位を持つ量の計算である。つまり，数値だけでなく単位もセットとして扱う。単位も加減乗除の演算の対象である。数学計算とのもう一つの違いは，科学技術計算では完全に分かった数ではなく，測定誤差のために不確かさを持つ数値を扱い，演算のたびに測定値の不確かさが量から量へと伝わることである。物理量の表し方は，数値と単位は立体（まっすぐな字体），物理量の記号は斜字体にて書く。例えば質量 2 g を記号 m にて表せば

　　　　$m = 2$ g

と書く。m には数値 2 と単位 g の積が代入されている。

　量の計算手順は，まず量を記号で表し，数学の演算規則を用いて，記号のまま式変形によって量の間の関係式を最終形まで導く。最終形は，知りたい量 x を左辺，既知量 a, b, c, ⋯ から x を求める式を右辺，とする。

　　　　$x = f(a, b, c, \cdots)$

既知量 a, b, c, ⋯ に量（数値と単位の積）を代入して，数値と単位を一緒に計算すれば，

左辺の x が求められる。この方式を **quantity calculus** と呼ぶ。なお，量を代入して計算する際，等号で結ばれる左辺と右辺の間で単位が一致するはずである。また，単位の異なる量同士の加算や減算はできない。記号に量を代入する前に，単位をそろえておく（☞A.2節）。

【例題 A.1】 $P=1.0\times10^5$ Pa, $n=2$ mol, $T=300$ K の気体試料が占める体積 V は何 m³ か求めなさい。ただし，気体定数は $R=8.31$ J K^{-1} mol^{-1} とする。

解答例 まず，状態方程式 $PV=nRT$ を変形して体積 V を求める式を書く。

$$V = \frac{nRT}{P}$$

これが計算手順での「式の最終形」である。ここに各量（数値と単位）を代入し計算する。

$$V = \frac{nRT}{P} = \frac{(2\,\mathrm{mol})(8.31\,\mathrm{J\,K^{-1}\,mol^{-1}})(300\,\mathrm{K})}{1.0\times10^5\,\mathrm{Pa}} = \underline{0.050\,\mathrm{m^3}}$$

⚠ **注意**：単位の換算も確認しておくこと。

$$(\text{右辺の単位}) = \frac{[\mathrm{mol}][\mathrm{J\,K^{-1}\,mol^{-1}}][\mathrm{K}]}{[\mathrm{Pa}]} = \frac{\mathrm{J}}{\mathrm{Pa}} = \frac{\mathrm{N\,m}}{\mathrm{N\,m^{-2}}} = \mathrm{m^3}$$

⚠ **注意**：「物理量」と「物質量 mol」を混同しないように！

⚠ **参考**：巻末の引用・参考文献4)に示した日本化学会の「第5版 実験化学講座 1．基礎編Ⅰ」, pp.378-398, "4.2 化学で使われる量と単位の表記法"。

A.2 SI 単位系と単位換算

人や国によって用いる単位が異なるのでは，量を伝える際に混乱を生じかねない。量の測定や計算では単位をそろえておく必要がある。長さ，質量，時間，電流，といった量に用いる単位の体系を**単位系**といい，**SI 単位系**が推奨されている。SI 単位系とは，メートル法や十進法に基づいた国際単位系で，長さはメートル〔m〕，質量はキログラム〔kg〕，時間は秒〔s〕，電流はアンペア〔A〕，を用いる。m, kg, s, A の四つを**基本単位**と呼ぶ。その他の量は基本単位を組み合わせた**組立単位**を用いる。例えば圧力の単位パスカル〔Pa〕は m, kg, s の組み合わせ（Pa = N m^{-2} = kg m s^{-2} m^{-2} = kg m^{-1} s^{-2}）である。

さて，地表での日常の気圧はおよそ 1.0×10^5 Pa だが，天気予報で毎回 10 の 5 乗パスカルや十万パスカルといっては分かりにくい。そこで，100 Pa を 1 hPa（ヘクトパスカル）と呼んで地表気圧を 1 000 hPa とすれば，すっきりする。hPa で表せば，地表気圧の数値が 3 ～ 4 桁となって扱いやすいうえ，1 hPa 未満の大して意味のない桁も省略できる。10 の〇乗（数値の桁）を表すのに，hPa の h（ヘクト）のように単位の前に**接頭辞**をつけることが多い。SI 単位にて桁を表す接頭辞を **SI 接頭辞**と呼ぶ（表 A.1）。接頭辞を使った単位は，例えば 1 hPa = 10^2 Pa = 100 Pa, 1 mm = 10^{-3} m = 0.001 m, である。

表 A.1 　SI 接頭辞の例

接頭辞	記号	大きさ	接頭辞	記号	大きさ
テラ	T	10^{12}	ピコ	p	10^{-12}
ギガ	G	10^{9}	ナノ	n	10^{-9}
メガ	M	10^{6}	マイクロ	μ	10^{-6}
キロ	k	10^{3}	ミリ	m	10^{-3}
ヘクト	h	10^{2}	センチ	c	10^{-2}
デカ	da	10^{1}	デシ	d	10^{-1}

なお，物理量（☞ A.1 節）で「単位も計算する」手順は，単位換算にも活用できる。

【例題 A.2】　濃度の単位 $\mu g/L$ を基本単位に換算しなさい。

解答例　$1\,\mu g/L = \dfrac{1\,\mu g}{1\,L} = \dfrac{1\times 10^{-6}\,g}{1\times 10^{-3}\,m^{3}} = 1\times 10^{-3}\,g\,m^{-3} = \underline{1\times 10^{-6}\,kg\,m^{-3}}$

⚠ メモ：量の計算では，SI 基本単位にそろえると，単位換算による誤りを防ぎやすい。

⚠ メモ：すべての計量を SI 単位にて行えば，単位換算は 10 のべき乗の関係となり，わかりやすい（ポンド，インチ，尺などの非 SI 単位はできるだけ避ける）。

A.3　有　効　数　字

　最小目盛 1 mm の定規でものの長さを測るときに，おおよその見た目で 0.1 mm の桁まで読むと，小数点以下の数字は正しいとはいい切れない。この定規で長さ 20.3 mm と読んだ場合，10 mm の桁（数字 2）と 1 mm の桁（数字 0）は正しいが，一番下の桁（数字 3）には**誤差**が含まれ，確定できない。このように，測定によって決められる数値の桁には，必ず限界がある。測定値のうち，意味のある（確定できる）桁数を**有効数字**と呼ぶ。測定結果を 20 mm と報告すればその有効数字は 2 桁だが，2×10 mm や 2 cm と書けば有効数字は 1 桁であり，15 mm（1.5 cm）から 25 mm（2.5 cm）の間で区別できない。2 桁目まで意味があることを伝えたいなら，20 mm，2.0×10 mm，2.0 cm などと書く。有効数字が変わると，物理量の持つ意味が変わってしまう。20 mm と 2 cm は同じではない。前者は小数点第 1 位に誤差を持ち，19.5 mm から 20.5 mm の間の量である。後者は 1 mm の桁に誤差を含み，15 mm から 25 mm の間の量である。物理量を示す際には，測定の精度や限界を考慮して，意味のある桁を報告しなければならない。

　二つ以上の量の積や商の計算（乗算，除算）では，有効数字の一つ下の桁まで計算し，その桁で四捨五入して，有効数字の桁まで報告する。数学のテストなら，すべての桁を厳密に計算するが，科学技術計算は有効数字として意味のある桁までである。また，有効数字を明確にするために，「位取りの 0」は 10 の何乗かを表す「べき乗」を使って $a\times 10^{b}$ と表記す

るのが望ましい。例えば 54 321 mm を有効数字 4 桁で表すなら 5.432×10^4 mm と書く（54 320 mm と書くと有効数字 5 桁）。

【例題 A.3】 物理量 4.035×10^4 ppbv の有効数字は，何桁か求めなさい。

解答例 「4.035」の桁数，<u>4 桁</u>。

【例題 A.4】 物理量 0.001 ppbv の有効数字は，何桁か求めなさい。

解答例 「0.001」をべき乗で書き直した「1×10^{-3}」の「1」の桁数，<u>1 桁</u>。

【例題 A.5】 $P=1.0\times10^5$ Pa, $V=100$ m^3, $R=8.3145$ J K^{-1} mol^{-1}, $T=300$ K の気体試料について，物質量 n [mol] を求めなさい。

解答例 気体の状態方程式から
$$n=\frac{PV}{RT}=\frac{(1.0\times10^5\,\mathrm{Pa})(100\,\mathrm{m^3})}{(8.3145\,\mathrm{J\,K^{-1}\,mol^{-1}})(300\,\mathrm{K})}=4\,009\,\mathrm{mol}=\underline{4.0\times10^3\,\mathrm{mol}}$$

⚠ 注意：P, V, R, T のうち有効数字が最小な P の「有効数字 2 桁」で報告する。

⚠ ヒント：有効数字 2 桁なので，途中式を有効数字 3 桁で計算して最後に四捨五入してもよい。
$$n=\frac{PV}{RT}=\frac{(1.0\times10^5\,\mathrm{Pa})(100\,\mathrm{m^3})}{(8.31\,\mathrm{J\,K^{-1}\,mol^{-1}})(300\,\mathrm{K})}=4.01\times10^3\,\mathrm{mol}=\underline{4.0\times10^3\,\mathrm{mol}}$$

二つ以上の量の和や差の計算（加算，減算）では，一番下の桁の位置が最も高い（筆算で最も左にくる）数値に合わせて報告する。

【例題 A.6】 $n_1=1.0$ mol, $n_2=0.57$ mol の気体試料を混合したら，何 mol になるか求めなさい。

解答例 $n=n_1+n_2=1.0$ mol $+0.57$ mol $=1.57$ mol $=\underline{1.6\,\mathrm{mol}}$

⚠ 注意：n_1, n_2 の中で一番下の桁（末位の桁）の位置が高い n_1 に合わせて報告する。

⚠ 注意：最後に小数第 2 位で四捨五入していることに注意。

A.4 数学の補足

大気環境現象の把握には，数値や量を用いた定量的な取扱いが不可欠であり，数学的な式変形や演算が必要となる。ここでは，最低限の数学関連項目を概説するが，高校までの数学の教科書をしっかりと自習するのが望ましい。

（1）**指数関数** $y=a^x$ の形の関数を指し，指数 x は実数，指数関数の底 a は正の実数である。

$$a^0=1, \quad a^1=a, \quad a^w\,a^z=a^{w+z}, \quad a^{-x}=\frac{1}{a^x}$$

である。例として，$y=2^x$ のグラフを図 A.1 に示す。一次反応や擬一次反応での反応時間に

図A.1 指数関数の例 ($y = 2^x$)

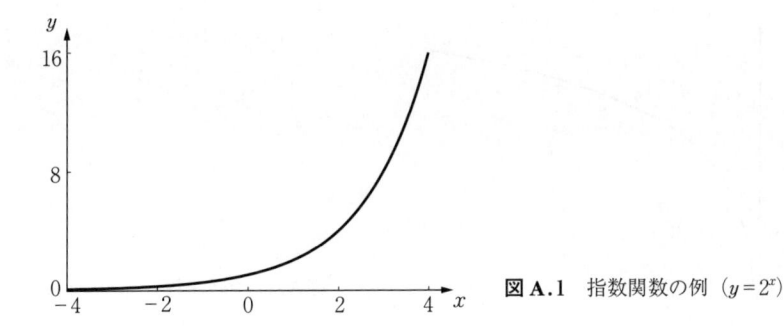

対する反応物濃度の減衰は，指数関数で表せる．x が自然数のとき x を乗数と呼び，a^x を a のべき乗または累乗と呼ぶ．物理量の表記では，数値は有効数字を反映する小数と10のべき乗との積の形で書く（例：1.0×10^5 Pa）．

（2）対 数　$x = a^y$ の関係において，x は a を底とする y の指数関数である．逆に y は a を底とする x の対数であり

$$y = \log_a x$$

と書く．対数関数は指数関数の逆関数である．$e = 2.718\cdots$ を底とする対数を自然対数といって

$$y = \ln x$$

と書く（ln は自然対数 natural logarithms の意味）．すなわち，$\ln x = \log_e x$ である．

一方，10を底とする対数を常用対数といい

$$y = \log_{10} x = \log x$$

と書く．

$$\ln e = 1, \quad \ln 1 = 0, \quad \ln ab = \ln a + \ln b$$

$$\ln\left(\frac{1}{a}\right) = -\ln a, \quad \log_a x = \frac{\log x}{\log a}, \quad \ln_a x = \frac{\ln x}{\ln a}$$

などが対数の重要な性質である．また

$$10^x = y \Leftrightarrow \log y = x, \quad e^x = y \Leftrightarrow \ln y = x, \quad e^{\ln x} = x$$

$$10^{\log x} = x, \quad \log 10^x = x \log 10 = x, \quad \ln e^x = x \ln e = x$$

$$\log x^a = a \log x, \quad \ln x^a = a \ln x$$

といった性質もある（⇔は一方が成立すれば他方も成り立つことを表し，そのほかは左辺を右辺に変形できることを表す）．常用対数と自然対数の間には

$$\ln x = \frac{\log x}{\log e} = 2.303 \log x$$

の関係がある．$y = \ln x$ のグラフを**図A.2**に示す．対数は，気圧の高度分布（静水圧平衡）のほか，指数関数の式変形にも用いる．指数関数 e^x は $\exp x$ とも書く．なお，対数関数 $\ln x$ や指数関数 e^x には，単位を持たない数値 x を代入する．

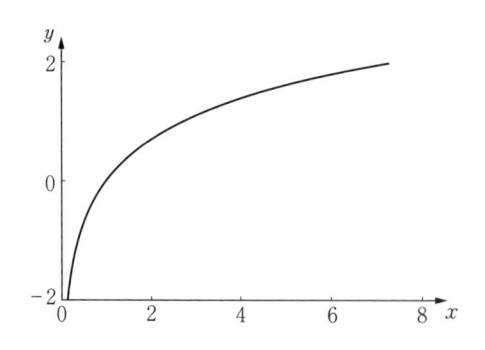

図A.2 対数関数の例 ($y = \ln x$)

【例題 A.7】 次の（a）〜（d）を計算しなさい。$\log e = 1/2.303$, $\log 2 = 0.3010$, $\log 3 = 0.4771$ とする。

（a） $5.0 \times 10^5 + 3.5 \times 10^4$ （b） $2^5 \times 2^8$ （c） $\ln 8 + \ln 16$ （d） $\log 8100$

解答例
（a） 与式 $= 10^4 \times (5.0 \times 10^1 + 3.5) = 10^4 \times (50 + 3.5) = 53.5 \times 10^4 = \underline{5.4 \times 10^5}$
（b） 与式 $= 2^{5+8} = 2^{13} = \underline{8192}$
（c） 与式 $= \ln 2^3 + \ln 2^4 = 3 \ln 2 + 4 \ln 2 = 7 \ln 2$
$= \dfrac{7 \log 2}{\log e} = 7 \times 0.3010 \times 2.303 = \underline{4.852}$
（d） 与式 $= \log(3^4 \times 10^2) = \log 3^4 + \log 10^2$
$= 4 \log 3 + 2 \log 10 = 4 \times 0.4771 + 2 \times 1 = \underline{3.908}$

（3） **微分法** 関数 $y = f(x)$ について x を値 x_0 に限りなく近づけると $y = f(x)$ が y_0 に近づくとき「x を x_0 に近づける際の $y = f(x)$ の極限は y_0 である」といい

$$\lim_{x \to x_0} f(x) = y_0$$

と書く。関数 $y = f(x)$ について，極限

$$\lim_{h \to 0} \frac{f(x+h) - f(x)}{h} = f'(x)$$

を導関数という。$h = \Delta x$, $f(x+h) - f(x) = \Delta y$ とおけば

$$f'(x) = \lim_{\Delta x \to 0} \frac{\Delta y}{\Delta x} = \frac{dy}{dx}$$

と書ける。本来の定義では，dy を y の微分，dx を x の微分というが，関数 $y = f(x)$ について導関数 $f'(x)$ を求める計算も得られる導関数も微分という。図A.3のように，導関数 $f'(x) = dy/dx$ は，関数 $y = f(x)$ のある x における y の増加率（傾き）に相当する。自然科学では，ある物理量 y のほかの物理量 x への依存性 $y = f(x)$ を調べる際に，x の変化に対する y の変化特性を表すのが微分 dy/dx である。

例えば，自動車の走行距離 L が走行時間 t の関数 $L(t) = f(t)$ として書ける場合，L の t による微分 $dL/dt = f'(t)$ はある時刻 t における自動車の走行速度 $v(t)$ である。大気化学

A.4 数学の補足

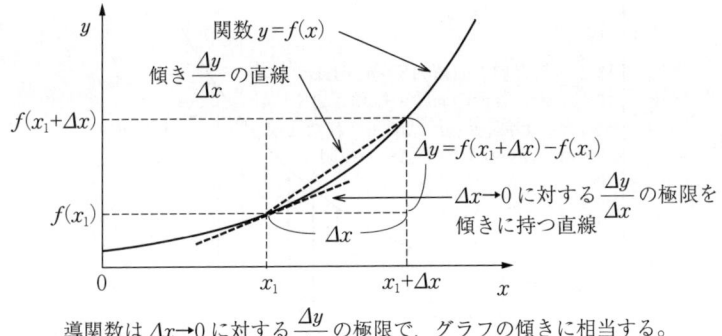

関数 $y=f(x)$

傾き $\dfrac{\Delta y}{\Delta x}$ の直線

$\Delta y = f(x_1+\Delta x) - f(x_1)$

$\Delta x \to 0$ に対する $\dfrac{\Delta y}{\Delta x}$ の極限を傾きに持つ直線

導関数は $\Delta x \to 0$ に対する $\dfrac{\Delta y}{\Delta x}$ の極限で，グラフの傾きに相当する。

図 A.3 微分（導関数）の説明図

では，反応に伴う成分の変化量の式に微分が登場する。成分Xの光解離における数密度 [X] の変化の速さは

$$\frac{d[\mathrm{X}]}{dt} = -J[\mathrm{X}]$$

と書ける。微分を含む方程式を微分方程式という。この式では，Xの数密度 $[\mathrm{X}](t)$ が反応時間 t の関数であり，ある時刻 t における [X] の変化の速さが $[\mathrm{X}](t)$ に比例することを表す（比例定数 J）。なお，実際の物理量は一つの x だけでなく複数の変数を用いて $y=f(x_1, x_2, \cdots, x_n)$ と書ける場合が多い。それぞれの変数 $x_1, x_2, \cdots, x_n$ がたがいに影響しなければ（独立ならば），ある変数 x_i に対する y の依存性を調べて，例えば y を最小化する x_i の条件を決めることは有効である。ただし，$x_1, x_2, \cdots, x_n$ がたがいに独立でなければ，x_i 以外の別の変数が x_i と y を同時に左右した可能性があるので，注意が必要である。

（4） **積分法**　　微分では，関数を狭い範囲に細かく分けて，変数の変化量あたりの関数の変化量（変化率）を知る。一方で，細分化した量を足し合わせて全体を知るのが積分である。関数 $y=g(x)$ の微分が $f(x)$，すなわち $dy/dx = g'(x) = f(x)$ のとき

$$y = \int f(x)dx + C$$

と書ける。これを不定積分といい，C は積分定数という任意の定数で，条件 $dy/dx = f(x)$ だけでは一つに決められない。例えば

$$\frac{dy}{dx} = 1 \text{ なら } y = x + C$$

$$\frac{dy}{dx} = x \text{ なら } y = \frac{1}{2}x^2 + C$$

である（それぞれ y を x にて微分すると dy/dx と一致することを確かめなさい）。積分は，微分の形から元の関数を求めるのに使える。

次に，関数 $y=g(x)$ のグラフ（**図 A.4**）で，$x=a$ から $x=b$ までの区間を幅 Δx ごとに n

付録

$\Delta x = x_{i+1} - x_i = \dfrac{b-a}{n}$
灰色の長方形の面積 $\Delta S_i = g(x_i)\Delta x$
すべての長方形の面積の総和 $\Sigma \Delta S_i$
$\Rightarrow x=a, x=b, y=g(x)$ に囲まれた面積
S は，$\Delta x \to 0$ での $\Sigma \Delta S_i$ の極限

関数 $y = g(x)$

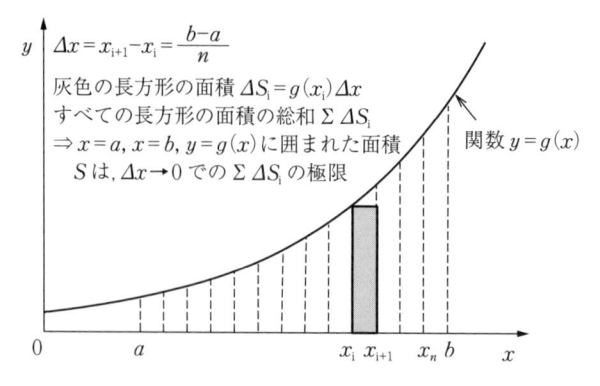

図 A.4 区分求積法と積分の説明図

等分して，その区間における $y = g(x)$ と x 軸で囲まれた領域の面積 S を考えてみよう。$x = x_i$ における i 番目の長方形の面積は $\Delta S_i = g(x_i)\Delta x$ なので，i=1 から i=n までの n 個の長方形の面積の総和は

$$\sum \Delta S_i = \sum g(x_i)\Delta x$$

である。ここで，$\Delta x \to 0$ の極限を考えれば，面積 S が求められる。

$$S = \lim_{\Delta x \to 0}\sum \Delta S_i = \lim_{\Delta x \to 0}\sum g(x_i)\Delta x$$

これを関数 $g(x)$ の積分区間 a から b に対する定積分といい

$$\int_a^b g(x)dx = \lim_{\Delta x \to 0}\sum g(x_i)\Delta x$$

と定義される。面積 S はこの定積分と一致する。細かく区切った区間ごとに値を算出して，広い範囲にわたって総和を求める作業が，積分である。例えば，自動車の走行速度が時間 t の関数 $v(t)$ と書けるとき，区間 $t=t_1$ から $t=t_2$ の $v(t)$ の t に関する定積分を計算すれば，t_1 から t_2 にかけての走行距離が求められる。本書では，光解離係数の算出式が代表例である（太陽光フラックス，吸収断面積，解離の量子収率，といった諸量の積について，すべての入射方向・波長・気温に対する総和を求める形の積分式によってトータルとしての光解離係数を算出する）。太陽光フラックスや吸収断面積の波長依存性のように，実際の大気現象に出てくる量の多くは解析解（関数形）で表せない。また，個々の量を関数で表せても，複数量の積の積分はさらに難しい。そのような場合，細かく区切った変数ごとに各量の数値を列挙した（分解能の高い）データベースを用意して，定積分の定義に戻って細かい区間 Δx ごとに $g(x_i)\Delta x$ を数値計算し，総和を求めればよい（数値積分☞ A.8 節例題）。

（5）いろいろな関数の微分と積分　　いくつかの代表的な関数の微分と積分を**表 A.2** にまとめる（積分定数は省略）。なお，物理量を微分・積分する際は単位の変化に注意しよう。例えば，距離 L 〔m〕を時間 t 〔s〕で微分すると速さ $v = dL/dt$ 〔m/s〕となる。dt に時

表 A.2 代表的な関数の微積分

関数 $y=f(x)$	積分 $\int f(x)dx$	微分 $\dfrac{dy}{dx}$
a	ax	0
x^n	$\dfrac{x^{n+1}}{n+1}$ *	nx^{n-1}
$\dfrac{1}{x}(=x^{-1})$	$\ln x$	$-x^{-2}$
$\ln x$	$x\ln x - x$	$\dfrac{1}{x}$
e^x	e^x	e^x
e^{ax}	$\dfrac{e^{ax}}{a}$	ae^{ax}
a^x	$\dfrac{a^x}{\ln a}$	$a^x \ln a$

* n は -1 以外の実数

間の単位があると考えればわかりやすい。合成関数の微積分など，ここで紹介しない事項は，数学の教科書を自習してほしい。

A.5 二体反応の反応速度定数

成分 A，B の間の二体反応の速度定数 k は，アレニウスの式

$$k = A\exp\left(-\frac{E}{RT}\right)$$

により表せる（☞2.9節）。大気微量成分の二体反応のいくつかについて，アレニウス式における値 A，E/R を表 A.3 に例示する。ただし，表に示したのはごく一部のみ。実際はほかに多くの反応がある。

表 A.3 大気微量成分の反応速度定数 k の例

反応式	A[*1]	E/R[*2]	$k(298\text{ K})$[*3]
$NO + O_3 \to NO_2 + O_2$	1.4(−12)	1 310	1.8(−14)
$NO + HO_2 \to NO_2 + O_2$	3.6(−12)	−270	8.8(−12)
$NO + CH_3O_2 \to NO_2 + CH_3O$	2.3(−12)	−360	7.7(−12)
$OH + O_3 \to HO_2 + O_2$	1.7(−12)	940	7.3(−14)
$OH + CH_4 \to CH_3 + H_2O$	1.85(−12)	1 690	6.4(−15)
$OH + C_2H_6 \to C_2H_5 + H_2O$	6.9(−12)	1 000	2.4(−13)
$O_3 + C_2H_4 \to \text{products}$	9.1(−15)	2 580	1.6(−18)
$Cl + O_3 \to ClO + O_2$	2.8(−11)	250	1.2(−11)

[*1] アレニウス式中の A [cm^3/molecule/s]，表では $a \times 10^b$ を $a(b)$ と表す。
[*2] アレニウス式中の E/R [K]。
[*3] $T=298$ K での k [cm^3/molecule/s]，表では $a \times 10^b$ を $a(b)$ と表す。

A.6　数値計算（2.9節の練習問題の解答例）

　大気微量成分の反応を考える際，変化量の式が解析解を持たない場合を含めて，数値計算による予測は重要である．2.9節の練習問題に挑戦し，反応の数値計算に触れてみよう．計算結果の例を**図A.5**に示す．

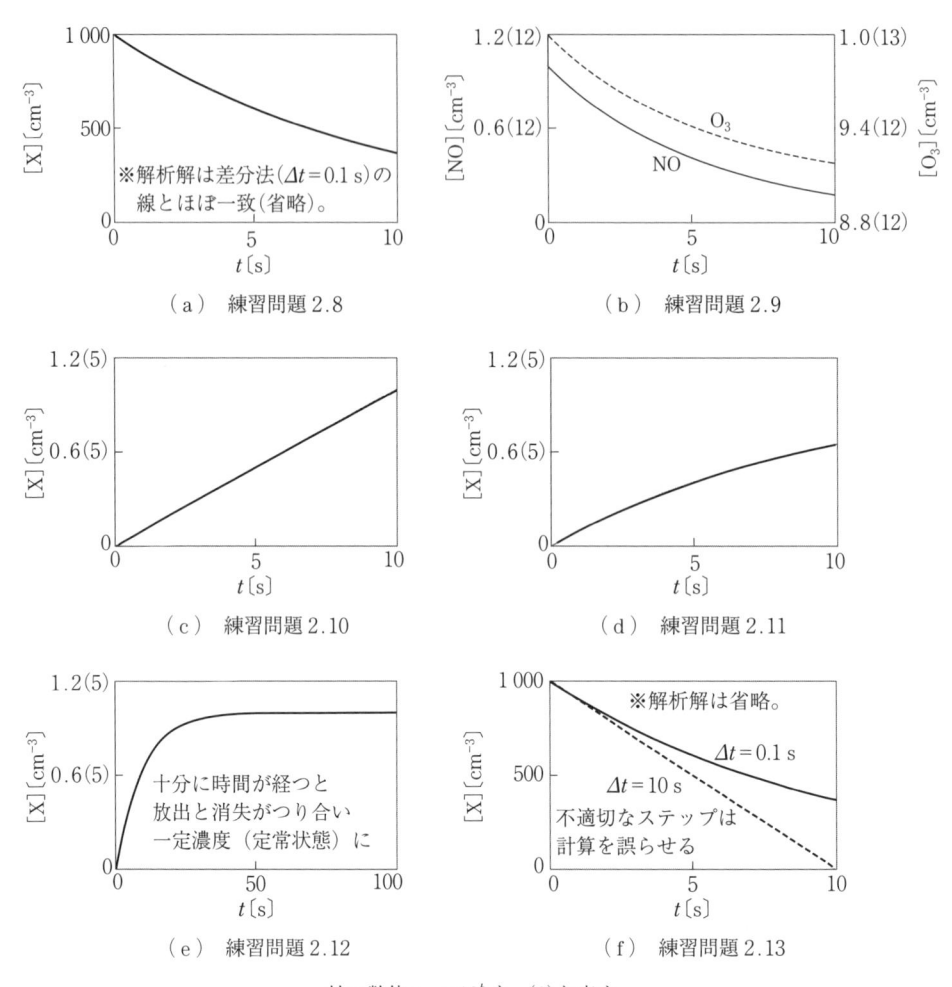

(a)　練習問題2.8
※解析解は差分法（$\Delta t = 0.1$ s）の線とほぼ一致（省略）．

(b)　練習問題2.9

(c)　練習問題2.10

(d)　練習問題2.11

(e)　練習問題2.12
十分に時間が経つと放出と消失がつり合い一定濃度（定常状態）に

(f)　練習問題2.13
※解析解は省略．
$\Delta t = 0.1$ s
$\Delta t = 10$ s
不適切なステップは計算を誤らせる

軸の数値：$a \times 10^b$ を $a(b)$ と表す．

図A.5　2.9節の練習問題への解答例

A.7 元素の周期表

大気微量成分の構成元素として重要な原子番号20までの周期表を示す（**図A.6**）。

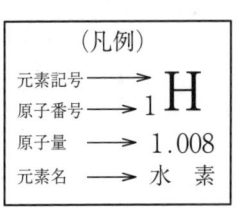

1 H 1.008 水　素							2 He 4.003 ヘリウム
3 Li 6.941 リチウム	4 Be 9.012 ベリリウム	5 B 10.81 ホウ素	6 C 12.01 炭　素	7 N 14.01 窒　素	8 O 16.00 酸　素	9 F 19.00 フッ素	10 Ne 20.18 ネオン
11 Na 22.99 ナトリウム	12 Mg 24.31 マグネシウム	13 Al 26.98 アルミニウム	14 Si 28.09 ケイ素	15 P 30.97 リ　ン	16 S 32.07 硫　黄	17 Cl 35.45 塩　素	18 Ar 39.95 アルゴン
19 K 39.10 カリウム	20 Ca 40.08 カルシウム						

（凡例）

元素記号 ⟶ H
原子番号 ⟶ 1
原子量 ⟶ 1.008
元素名 ⟶ 水素

図A.6 周期表の一部

A.8 大気環境関連の基礎データの例

光化学反応に重要な項目をいくつか補足しておく。

（1） VOCの例とその大気反応性（表A.4）

表A.4 VOCの例と大気反応性

名　称	分子式	$k(\mathrm{OH})^{*1}$	τ by OH^{*2}	MIR^{*3}	備　考
メタン	CH_4	6.4(−15)	10 y	0.014	アルカン類
エタン	C_2H_6	2.5(−13)	93 d	0.31	アルカン類
プロパン	C_3H_8	1.1(−12)	21 d	0.56	アルカン類
エチレン	C_2H_4	8.5(−12)	2.7 d	9.1	アルケン類
プロピレン	C_3H_6	2.6(−11)	0.9 d	11.6	アルケン類
イソプレン	C_5H_8	1.0(−10)	0.2 d	10.7	BVOC
ベンゼン	C_6H_6	1.2(−12)	19 d	0.81	芳香族化合物
トルエン	$C_6H_5CH_3$	5.6(−12)	4.1 d	4.0	芳香族化合物
o-キシレン	$C_6H_4(CH_3)_2$	1.4(−11)	1.7 d	7.5	芳香族化合物
m-キシレン	$C_6H_4(CH_3)_2$	2.3(−11)	1.0 d	10.6	芳香族化合物
p-キシレン	$C_6H_4(CH_3)_2$	1.4(−11)	1.7 d	4.2	芳香族化合物

*1　VOC+OHの反応速度定数（298 K, 単位 cm^3 s^{-1}）。$a \times 10^b$ を $a(b)$ と表す。
*2　OH反応による大気寿命（298 K, 日中12時間のみ [OH]=1.0×10^6cm^{-3}）。
*3　オゾン生成能を表す指標の一つ。値が大きいほどオゾン生成能が高い。

（2） 太陽光スペクトルと光解離反応（吸収スペクトルと解離量子収率）（図 A.7）

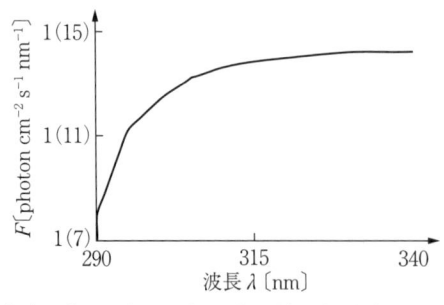

(a) 太陽が真上にある（天頂角 0°）地表での太陽光スペクトル（光化学作用フラックス）

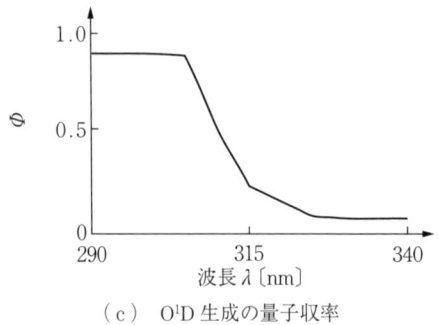

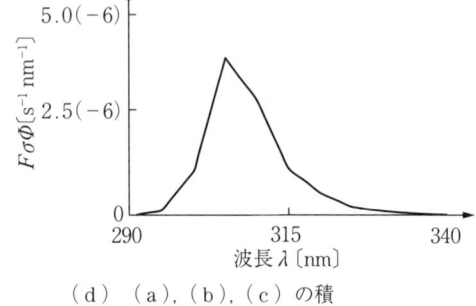

(b) O_3 の吸収スペクトル

(c) O^1D 生成の量子収率

(d) (a), (b), (c) の積（=波長ごとの光解離速度に相当）

$O_3 + h\nu \rightarrow O^1D + O_2$ の例（O^1D 生成に効く波長範囲を抜粋）
軸の数値：$a \times 10^b$ を $a(b)$ と表す．

図 A.7 光解離係数 J を決める要因の波長依存

（3） 解離係数の算出手順（例題 A.8）

【例題 A.8】 O_3 が光吸収して $O(^1D)$ を生成する光解離現象について

地表（高度 0 km）での太陽光スペクトル（光化学作用フラックス F の波長依存性）

O_3 の吸収スペクトル（吸収断面積 σ の波長依存性）

$O(^1D)$ 生成の量子収率 Φ の波長依存性

の各数値を**表 A.5**に示す．

ただし簡単のために，$O(^1D)$ 生成に有効な波長領域を抜粋してある．例に従い表の空欄をすべて埋め，最終的に光解離係数 $J(O^1D)$ を求めて，数値積分を体験してみよう．

解答例 表 A.5 の空欄を計算すると（注：$a \times 10^b$ を $a(b)$ と表している）

① 6.0(−7)　② 4.5(−6)　③ 1.6(−5)　④ 1.2(−5)
⑤ 4.7(−6)　⑥ 2.3(−6)　⑦ 8.8(−7)　⑧ 4.7(−7)
⑨ 2.3(−7)

となり，（例）を含めて総和を計算すると

$$J(O^1D) = \underline{4.1 \times 10^{-5} \, s^{-1}}$$

表 A.5　光解離係数 J を決める各要因の値の波長依存

λ [nm]	$\Delta\lambda$ [nm]	F^{*1}	σ^{*2}	Φ^{*3}	$F\sigma\Phi\Delta\lambda$ [s^{-1}]
290	5	1.0(8)	1.4(−18)	0.90	(例) 6.3(−10)
295	5	1.7(11)	7.8(−19)	0.90	＿＿＿＿＿ ①
300	5	2.5(12)	4.0(−19)	0.90	＿＿＿＿＿ ②
305	5	1.7(13)	2.1(−19)	0.89	＿＿＿＿＿ ③
310	5	4.1(13)	1.1(−19)	0.52	＿＿＿＿＿ ④
315	5	7.1(13)	5.5(−20)	0.24	＿＿＿＿＿ ⑤
320	5	9.6(13)	2.8(−20)	0.17	＿＿＿＿＿ ⑥
325	5	1.3(14)	1.5(−20)	0.09	＿＿＿＿＿ ⑦
330	5	1.6(14)	7.4(−21)	0.08	＿＿＿＿＿ ⑧
335	5	1.6(14)	3.6(−21)	0.08	＿＿＿＿＿ ⑨
340	5	1.7(14)	1.6(−21)	0.08	(例) 1.1(−7)

$$\Rightarrow J(\mathrm{O^1D}) = \Sigma\, F\sigma\Phi\Delta\lambda = \underline{\qquad}\ \mathrm{s}^{-1}$$

*1　光化学作用フラックス [photons cm^{-2} s^{-1} nm^{-1}]。$a\times10^b$ を $a(b)$ と表す。
*2　O_3 の吸収断面積 [cm^2]。$a\times10^b$ を $a(b)$ と表す。
*3　O_3 が $\mathrm{O^1D}$ に解離する量子収率。

（4）物理定数や基本的な数値（表 A.6）

表 A.6　物理定数や基本的な数値・量

定　　数	記号と数値・量
円周率	$\pi = 3.14159$
自然対数の底	$e = 2.71828$
真空中の光速	$c_0 = 2.997925\times10^8$ m s^{-1}
重力加速度	$g = 9.80665$ m s^{-1}
気体定数	$R = 8.3145$ J K^{-1} mol^{-1}
アボガドロ定数	$N_A = 6.022\times10^{23}$ mol^{-1}
標準大気圧	1 atm = 101 325 Pa

A.9　後方流跡線解析による気塊起源の推定

　大気観測をしていると，ある地点・ある時刻にて観測した大気試料が「どこからやってきたのか」「どのあたりを通ってきたのか」を知りたくなる。大気試料の通過した経路の履歴は，観測した試料の重要な特性であり，これを知るための計算の一つとして**後方流跡線解析**がある。観測地点にてある時刻 t に観測された試料（気塊）が「○○時間前にいた座標」を，気象場データを活用して逆算する。気象場データは，世界各地での気象観測結果のデータベースである。たとえれば「風向風速のデータを使って風の上流に遡っていく計算」といったイメージだろうか。現在はインターネット上に公開ツールがあり，後方流跡線解析計

算ができる（米国 NOAA HYSPLIT model；http://ready.arl.noaa.gov/HYSPLIT_traj.php （2015 年 1 月現在））[43]。英語での理解と入力が必要だが，試してほしい。この公開ツールを用いて後方流跡線解析を試みた例を図 A.8 に示す。ここでは，埼玉県所沢市の早稲田大学所沢キャンパス（北緯 35.78639 度，東経 139.399163 度）での観測結果の解析のために，2012/04/01 00:00 UTC（協定世界時，日本時間に換算するなら +09:00 を加える）から 72 時間遡る計算をした（低空で地表の影響を受けないように，計算の起点は上空 1 000 m とした）。図では，小さい点は 6 時間ごと，大きい点は 24 時間ごとの気塊の座標を表している。後方流跡線解析によって，観測した大気試料が中国や韓国を通ってきたのか，太平洋方面から飛来したのか，を判別できる。大陸から日本への越境汚染を論じるには，後方流跡線解析が有効である。ただし，計算のもととなる気象場データの空間的な粗さ（分解能）や計算方法に伴う限界によって，結果に大きな誤差を伴う場合がある。大気試料の起源を，大陸か太平洋かという数百 km オーダーで判別するのは可能だが，東京駅と上野駅のような数 km 程度の違いの判定は難しい。

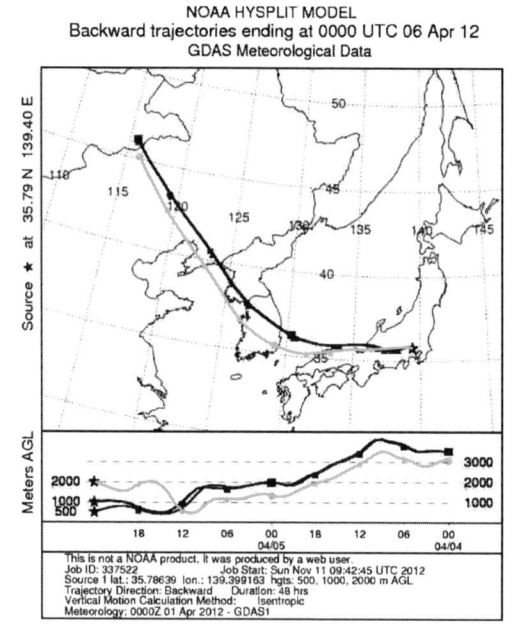

図 A.8　後方流跡線解析の結果例

A.10　ひとこと～報告書や記事を書くときは～

文章を書くうえでの注意点を示しておきたい。文章を書いたら必ず自分で全体を通して読み返す "推敲" をしよう。できれば，先輩や先生，上司など他人によるチェックも受けよ

A.10 ひとこと〜報告書や記事を書くときは〜

う。誤字や脱字を防ぐのは大前提として，主語が無い，主語がいつの間にか入れ替わっている，一文が長すぎる，文のつながりが不明確，無関係な事項を書いている，全体として言いたいことが伝わらない，という文章は読む気が失せる。せっかく理解して試験やレポートに回答しても，採点者や読者に内容が伝わらなくては意味がない。一度書いたからおしまい，ではなく何度も読み直す習慣をつけよう（最近では，ネット上の記事に限らず誤字脱字がひどいものや文として意味不明なものが多い！）。文献の引用にしても，適当にコピー＆ペーストして体裁を整えておしまい，ではダメである。引用元を明記しないと盗用・剽窃として問題となるのは無論だが，各所から引用した文と文のつながりが意味不明なレポートも多い。引用した文と周りの文との関連を明確にしつつ，自分の主張を述べるために自分なりにつなげてまとめよう。また，自分の意見を正しく伝えるには，接続詞や前後のつながりを含めて，正しい日本語を書くように意識しよう。

練習問題　次の二文の違いを，大気化学的背景や伝えたいニュアンスを交えて説明しなさい。
・都心から離れた郊外地域でも，高濃度の汚染物質が観測された。
・都心から離れた郊外地域で，高濃度の汚染物質が観測された。

引用・参考文献

本書の執筆にあたり，下記の文献などを参考にし，重要なものを引用させていただいた。

★ 書籍（和文）
1) 秋元　肇，河村公隆，中澤高清，鷲田伸明（編）：「対流圏大気の化学と地球環境」，学会出版センター（2002）
2) D.J.Jacob（著）　近藤　豊（訳）：「大気化学入門」，東京大学出版会（2002）
3) 日本分析機器工業会（編）：「よくわかる分析化学のすべて」，日刊工業新聞社（2001）
4) 日本化学会（編）：「第5版　実験化学講座　1.基礎編Ⅰ」，丸善（2003）
5) D.A.McQuarrie, J.D.Simon（著），千原秀昭，江口太郎，齋藤一弥（訳）：「マッカーリサイモン物理化学（上）分子論的アプローチ」，東京化学同人（1999）
6) 日本分析化学会（編）：「環境分析ガイドブック」，丸善（2011）
7) 杉原剛介，井上　亨，秋貞英雄：「化学熱力学中心の基礎物理化学　改訂第2版」，学術図書出版社（2003）
8) J.N.Miller, J.C.Miller（著），宗森　信，佐藤寿邦（訳）：「データのとり方とまとめ方　第2版」，共立出版（2004）
9) 中西準子，篠崎裕哉，井上和也：「詳細リスク評価書シリーズ24　オゾン−光化学オキシダント−」，丸善（2009）
10) 笠原三紀夫，東野　達（監修）：「大気と微粒子の話」，京都大学学術出版会（2008）
11) 日本エアロゾル学会，畠山史郎，三浦和彦（編著）：「みんなが知りたいPM2.5の疑問25」，成山堂書店（2014）
12) 畠山史郎：「シリーズ地球と人間の環境を考える03　酸性雨」，日本評論社（2003）
13) 中井里史：「シリーズ地球と人間の環境を考える09　シックハウス」，日本評論社（2004）
14) 室内環境学会（編）：「室内環境学概論」，東京電機大学出版局（2010）
15) 国立天文台（編）：「理科年表シリーズ　環境年表　平成21・22年」，丸善（2009）
16) 国立天文台（編）：「理科年表　平成25年（机上版）」，丸善出版（2012）

★ 書籍（英文）
17) B.J.Finlayson-Pitts, J.N.Pitts, Jr.：「Chemistry of the upper and lower atmosphere」，Academic Press（1999）
18) P.Warneck, J.Williams：「The Atmospheric Chemist's Companion」，Springer（2012）
19) M.Z.Jacobson：「Atmospheric Pollution: History, Science and Regulation」，Cambridge University Press（2002）

★ 白書・資料・報告書
20) 環境省：「環境・循環型社会・生物多様性白書（平成23年版）」（2011）
21) 国立環境研究所：「環境儀 No.5 VOC−揮発性有機化合物による都市大気汚染」（2002）

22) 国立環境研究所:「環境儀 No.26 成層圏オゾンの行方－3 次元化学モデルで見るオゾン層回復予測」(2007)
23) 国立環境研究所:「環境儀 No.33 越境大気汚染の日本への影響－光化学オキシダント増加の謎」(2009)
24) IPCC, 2007 : Climate Change 2007 : Synthesis Report. Contribution of Working Groups I, II and III to the Fourth Assessment Report of the Intergovernmental Panel on Climate Change [Core Writing Team, Pachauri, R.K and Reisinger, A.(eds.)]. IPCC, Geneva, Switzerland, 104 pp. (2007)

★ 学術論文
25) Akimoto, H. and Narita, H. : *Atmos. Environ.*, **28**, pp.213-225 (1994)
26) Atkinson, R. : *Atmos. Environ.*, **34**, pp.2 063-2 101 (2000)
27) Atkinson, R., and Arey, J. : *Chem. Rev.*, **103**, pp.4 605-4 638 (2003)
28) Atkinson, R., et al. : *Atmos. Chem. Phys.*, **4**, pp.1 461-1 738 (2004)
29) Atkinson, R., et al. : *Atmos. Chem. Phys.*, **6**, pp.3 625-4 055 (2006)
30) Atkinson, R., et al. : *Atmos. Chem. Phys.*, **7**, pp.981-1 191 (2007)
31) Guenther, A., et al. : *J. Geophys. Res.*, **100**, pp.8 873-8 892 (1995)
32) Kovacs, T.A. and Brune, W.H. : *J. Atmos. Chem.*, **39**, pp.105-122 (2001)
33) Sadanaga, Y., et al. : *Rev. Sci. Instrum.*, **75**, pp.2 648-2 655 (2004)

★ 新聞記事
34) 読売新聞:"新型のスモッグ公害"(1970 年 7 月 19 日,朝刊 1 面)
35) 朝日新聞:"減らぬ光化学スモッグ"(2013 年 9 月 5 日,朝刊 18 面)

★ **Web** サイト (URL はすべて 2015 年 1 月現在)
36) 国立環境研究所「環境数値データベース」
　　http://www.nies.go.jp/igreen/index.html
37) 厚生労働省「職場のあんぜんサイト」
　　http://anzeninfo.mhlw.go.jp/index.html
38) 米国 NIST「Chemistry WebBook」
　　http://webbook.nist.gov/chemistry/
39) 米国 NASA(南極オゾンホールについてのページ)
　　http://www.nasa.gov/audience/foreducators/postsecondary/features/F_Ozone.html
40) 米国 NASA(オゾンホールのオゾン全量の経年変動についてのページ)
　　http://ozonewatch.gsfc.nasa.gov/statistics/annual_data.html
41) 米国 NASA(世界平均の地表気温の経年変動についてのページ)
　　http://data.giss.nasa.gov/gistemp/tabledata_v3/GLB.Ts.txt
42) 米国 NOAA(ハワイ島マウナロアでの二酸化炭素濃度の経年変動についてのページ)
　　http://www.esrl.noaa.gov/gmd/ccgg/trends/
43) 米国 NOAA(後方流跡線解析についてのページ)
　　http://ready.arl.noaa.gov/HYSPLIT_traj.php

索　　引

【あ】
圧　力　18
アボガドロ定数　10
アルベド　126
アレニウスの式　53

【い】
閾　値　154
一次反応　51
一次放出物　42
移動発生源　87

【う】
ウィーン条約　122
ウィーンの変位則　126

【え】
エアロゾル　132
越境大気汚染　109

【お】
オキシダント　65
オゾン　69
オゾン生成能　104
オゾン生成レジーム　97
オゾン全量　120
オゾン層保護法　122
オゾンゾンデ　148
オゾン破壊係数　123
オゾンホール　120
温室効果　127
温室効果気体　125, 127
温　度　20

【か】
化学反応式　49
拡　散　42
確　度　150
化合物　66
化石燃料の燃焼　47

活性化エネルギー　53
換気回数　142
環境科学　2
環境化学　3
環境基準　65, 155
環境基本法　65
環境省大気汚染物質広域
　　監視システム　103
環境たばこ煙　144
環境負荷　157
環境リスク　15, 153
還元剤　66
乾性沈着　43
感　度　150

【き】
気　圧　18
擬一次反応　54
気液平衡　35
気　温　20
危険性　153
気候変動　124
気候変動に関する
　　政府間パネル　130
揮発性有機化合物　86
基本単位　160
吸収スペクトル　73
吸収断面積　73
急性影響　140, 153
急性毒性　153
京都議定書　125
共便益　114
極域成層圏雲　121
極　限　58

【く】
空　気　16
偶然誤差　150
組立単位　160
クロロフルオロカーボン類　119

【け】
経気道曝露　137
経口曝露　153
計　測　150
系統誤差　150
経皮曝露　153
原　子　10
検出下限　150
検出限界　150
原子量　10
元　素　9
元素記号　9
元素の周期表　11
検量線　150

【こ】
公　害　6
公害対策基本法　65
光解離　51, 74
光解離係数　51
光化学オキシダント　64
光化学オキシダント問題　64
光化学スモッグ　64
光化学反応　64, 70
校　正　150
後方流跡線解析　171
黒　体　125
黒体放射　125
誤　差　161
固定発生源　87
混合試料　149

【さ】
差分法　57
酸　化　65
酸化剤　66
酸化数　66
酸性雨　142
酸性降下物　143
三体反応　50, 55

【し】

紫外吸光法	67
紫外光	76
時間分解能	101, 150
しきい値	154
時系列データ	101
自然環境	2
自然起源	45
シックハウス症候群	139
実在気体	26
湿性沈着	43
実大気観測	146
室内実験	146
質量保存則	44
シャルルの法則	23
重量密度	32
受動喫煙	145
蒸気圧	35
蒸気圧曲線	35
消失先	41
衝突頻度	49
正味の反応式	50
触媒	138
触媒反応サイクル	119
人為起源	45

【す】

水圏環境	142
数値	159
数値計算のステップ	60
数密度	29
ステファン・ボルツマン定数	126
スペクトル	77
スモッグ	63

【せ】

生成物	42, 49
成層圏	38
精度	150
製品安全データシート	154
赤外光	76
摂氏温度	20
絶対温度	20
接頭辞	160
全圧	27
前駆体	86
全炭化水素	98

【そ】

相対湿度	33
組成	149
素反応	50, 55, 60, 83
そらまめ君	103

【た】

大気	16
大気汚染	62
大気汚染防止法	65
大気環境化学	3
大気圏	16
大気光化学反応	70
大気寿命	54, 81
第三体	55
体積	21
体積混合比	28
代替フロン	123
太陽定数	126
太陽放射	125
対流圏	38
単位	159
単位系	160
短寿命種	82
短寿命成分	82
単色光	77
単体	66

【ち】

地球温暖化	124
地球温暖化ポテンシャル	129
地球温暖化問題	129
窒素酸化物	86
チャップマンメカニズム	118
長寿命種	82
長寿命成分	82
貯留成分	48
沈着	43

【て】

定常状態	59, 80
定性的	14
定性分析	14, 150
定量的	14
定量分析	14, 150

【と】

等高線図	94
同素体	69
ドブソンユニット	120
ドルトンの法則	27

【な】

ナイトレートラジカル	54

【に】

二次生成	43
二次生成物	43
二次反応	53
二次有機エアロゾル	136
二体反応	49
日変化	100

【ね】

熱力学温度	20

【は】

排煙脱硝	156
バイオマス燃焼	47
排出規制	156
ハイドロクロロフルオロカーボン	124
曝露量	138, 153
バックグラウンド大気	45
バックグラウンド濃度	54
発生源	41
反応	48
反応系	55
反応速度	49
反応速度式	50
反応速度定数	50
反応の時定数	52
反応物	42, 49
半反応式	66

【ひ】

非メタン炭化水素	98
標準ガス	147

【ふ】

ファンデルワールスの状態式	26
フィードバック	46
不均一反応	138

不対電子	78	放射平衡	126	ラジカル反応性	105
物質量	11, 21	暴走温室効果	128	ラジカル連鎖反応	83
物理量	159	飽和蒸気圧	33, 35		
浮遊粒子状物質	132	ポテンシャルオゾン	108	【り】	
フラックス	72			理想気体	22
フリーラジカル	78	【ま】		律速段階	55, 61, 85
分 圧	27	慢性影響	140, 154	立体角	73
分 子	11	慢性毒性	154	粒 径	132
分子数	21			量	159
分子量	12	【も】		量子収率	74
分 析	14, 150	モデル計算	146		
		モル	11, 21	【れ】	
【へ】		モル質量	12	励起状態	73
平均滞留時間	143	モル分率	27	連鎖長	85
平均モル質量	31	モントリオール議定書	122	連鎖反応	60, 83
平衡状態	55			連続の方程式	44
ペルオキシアセチルナイトレート		【ゆ】			
	48	有効数字	161	【ろ】	
				ロサンゼルス型スモッグ	63
【ほ】		【よ】		ロンドン煙害	63
ボイル＝シャルルの法則	23	ヨウ化カリウム法	67	ロンドン型スモッグ	63
ボイルの法則	22				
放射強制力	129	【ら】			
放射フラックス	72	ラジカル	71		

【B】		【I】		$PM_{2.5}$	136
BVOC	88	IPCC	130	PO	108
				PSC	121
【C】		【M】			
CFCs	120	MIR	104	【Q】	
		MSDS	154	quantity calculus	160
【D】					
DU	120	【N】		【S】	
		NMHCs	98	SI 接頭辞	160
【F】		NO_3	54	SI 単位系	160
fuel NOx	47	NOx	47, 86		
		NOx 律速	95	【T】	
【G】				thermal NOx	47
GWP	129	【O】			
		ODP	123	【V】	
【H】		OH ラジカル	54, 78	VOC	86
HCFCs	124			VOC 律速	96
		【P】			
		PAN	48		

―― 著者略歴 ――

1996年 東京大学理学部化学科卒業
2001年 東京大学大学院理学系研究科化学専攻博士課程修了
 博士（理学）
2008年 首都大学東京戦略研究センター准教授
2012年 早稲田大学人間科学学術院准教授
2015年 早稲田大学人間科学学術院教授
 現在に至る

はじめての大気環境化学
First Step in Studying Atmospheric and Environmental Chemistry
Ⓒ Jun Matsumoto 2015

2015年4月30日 初版第1刷発行 ★

検印省略	著 者	松本　淳
	発行者	株式会社　コロナ社
	代表者	牛来真也
	印刷所	萩原印刷株式会社

112-0011 東京都文京区千石4-46-10
発行所　株式会社　コロナ社
CORONA PUBLISHING CO., LTD.
Tokyo Japan
振替 00140-8-14844・電話(03)3941-3131(代)
ホームページ http://www.coronasha.co.jp

ISBN 978-4-339-06636-4 　（松岡）　（製本：愛千製本所）
Printed in Japan

本書のコピー，スキャン，デジタル化等の無断複製・転載は著作権法上での例外を除き禁じられております。購入者以外の第三者による本書の電子データ化及び電子書籍化は，いかなる場合も認めておりません。

落丁・乱丁本はお取替えいたします

エコトピア科学シリーズ

■名古屋大学エコトピア科学研究所 編　（各巻A5判）

配本順			頁	本体
1.（1回）	エコトピア科学概論 ― 持続可能な環境調和型社会実現のために ―	田原　譲他著	208	2800円
2.	環境調和型社会のためのエネルギー科学	長崎正雅他著		
3.	環境調和型社会のための環境科学	楠　美智子他著		
4.	環境調和型社会のためのナノ材料科学	余語利信他著	近刊	
5.	環境調和型社会のための情報・通信科学	内山知実他著		

シリーズ　21世紀のエネルギー

■日本エネルギー学会編　（各巻A5判）

			頁	本体
1.	21世紀が危ない ― 環境問題とエネルギー ―	小島紀徳著	144	1700円
2.	エネルギーと国の役割 ― 地球温暖化時代の税制を考える ―	十市・小川 佐川 共著	154	1700円
3.	風と太陽と海 ― さわやかな自然エネルギー ―	牛山　泉他著	158	1900円
4.	物質文明を超えて ― 資源・環境革命の21世紀 ―	佐伯康治著	168	2000円
5.	Cの科学と技術 ― 炭素材料の不思議 ―	白石・大谷 京谷・山田 共著	148	1700円
6.	ごみゼロ社会は実現できるか	行本・西 立田 共著	142	1700円
7.	太陽の恵みバイオマス ― CO_2を出さないこれからのエネルギー ―	松村幸彦著	156	1800円
8.	石油資源の行方 ― 石油資源はあとどれくらいあるのか ―	JOGMEC調査部編	188	2300円
9.	原子力の過去・現在・未来 ― 原子力の復権はあるか ―	山地憲治著	170	2000円
10.	太陽熱発電・燃料化技術 ― 太陽熱から電力・燃料をつくる ―	吉田・児玉 郷右近 共著	174	2200円
11.	「エネルギー学」への招待 ― 持続可能な発展に向けて ―	内山洋司編著	176	2200円

以下続刊

21世紀の太陽電池技術	荒川裕則著	キャパシタ ― これからの「電池ではない電池」―	直井・石川・白石共著	
マルチガス削減 ― エネルギー起源CO_2以外の温暖化要因を含めた総合対策 ―	黒沢敦志著	バイオマスタウンとバイオマス利用設備100	森塚・山本・吉田共著	
新しいバイオ固形燃料 ― バイオコークス ―	井田民男著			

定価は本体価格+税です。
定価は変更されることがありますのでご了承下さい。

図書目録進呈◆

地球環境のための技術としくみシリーズ

(各巻A5判)

コロナ社創立75周年記念出版 〔創立1927年〕

■編集委員長　松井三郎
■編集委員　小林正美・松岡　譲・盛岡　通・森澤眞輔

	配本順			頁	本体
1.	(1回)	今なぜ地球環境なのか	松井三郎編著	230	3200円
		松下和夫・中村正久・髙橋一生・青山俊介・嘉田良平 共著			
2.	(6回)	生活水資源の循環技術	森澤眞輔編著	304	4200円
		松井三郎・細井由彦・伊藤禎彦・花木啓祐 荒巻俊也・国包章一・山村尊房 共著			
3.	(3回)	地球水資源の管理技術	森澤眞輔編著	292	4000円
		松岡　譲・髙橋　潔・津野　洋・古城方和 楠田哲也・三村信男・池淵周一 共著			
4.	(2回)	土壌圏の管理技術	森澤眞輔編著	240	3400円
		米田　稔・平田健正・村上雅博 共著			
5.		資源循環型社会の技術システム	盛岡　通編著		
		河村清史・吉田　登・藤田　壮・花嶋正孝 宮脇健太郎・後藤敏彦・東海明宏 共著			
6.	(7回)	エネルギーと環境の技術開発	松岡　譲編著	262	3600円
		森　俊介・槌屋治紀・藤井康正 共著			
7.		大気環境の技術とその展開	松岡　譲編著		
		森口祐一・島田幸司・牧野尚夫・白井裕三・甲斐沼美紀子 共著			
8.	(4回)	木造都市の設計技術		282	4000円
		小林正美・竹内典之・髙橋康夫・山岸常人 外山　義・井上由起子・菅野正広・鉾井修一 吉田治典・鈴木祥之・渡邉史夫・高松　伸 共著			
9.		環境調和型交通の技術システム	盛岡　通編著		
		新田保次・鹿島　茂・岩井信夫・中川　大 細川恭史・林　良嗣・花岡伸也・青山吉隆 共著			
10.		都市の環境計画の技術としくみ	盛岡　通編著		
		神吉紀世子・室崎益輝・藤田　壮・島谷幸宏 福井弘道・野村康彦・世古一穂 共著			
11.	(5回)	地球環境保全の法としくみ	松井三郎編著	330	4400円
		岩間　徹・浅野直人・川勝健志・植田和弘 倉阪秀史・岡島成行・平野　喬 共著			

定価は本体価格+税です。
定価は変更されることがありますのでご了承下さい。

図書目録進呈◆

技術英語・学術論文書き方関連書籍

Wordによる論文・技術文書・レポート作成術
－Word 2013/2010/2007 対応－
神谷幸宏 著
A5／138頁／本体1,800円／並製

技術レポート作成と発表の基礎技法
野中謙一郎・渡邉力夫・島野健仁郎・京相雅樹・白木尚人 共著
A5／160頁／本体2,000円／並製

マスターしておきたい 技術英語の基本
Richard Cowell・佘　錦華 共著
A5／190頁／本体2,400円／並製

科学英語の書き方とプレゼンテーション
日本機械学会 編／石田幸男 編著
A5／184頁／本体2,200円／並製

続 科学英語の書き方とプレゼンテーション
－スライド・スピーチ・メールの実際－
日本機械学会 編／石田幸男 編著
A5／176頁／本体2,200円／並製

いざ国際舞台へ！
理工系英語論文と口頭発表の実際
富山真知子・富山　健 共著
A5／176頁／本体2,200円／並製

知的な科学・技術文章の書き方
－実験リポート作成から学術論文構築まで－
中島利勝・塚本真也 共著
A5／244頁／本体1,900円／並製

日本工学教育協会賞（著作賞）受賞

知的な科学・技術文章の徹底演習
塚本真也 著
A5／206頁／本体1,800円／並製

工学教育賞（日本工学教育協会）受賞

科学技術英語論文の徹底添削
－ライティングレベルに対応した添削指導－
絹川麻理・塚本真也 共著
A5／200頁／本体2,400円／並製

定価は本体価格+税です。
定価は変更されることがありますのでご了承下さい。

図書目録進呈◆